JN093556

よくわかる最新

シーケンス制御と回路図の基本

制御回路の作成手法と手順を初歩から学ぶ!

武永行正　著

［第2版］

秀和システム

はじめに

生産工場では、様々な機械が自動で動き、人の代わりに作業を行っています。この機械のほとんどがラダー図と呼ばれる言語でプログラミングされ、制御されています。

近年は小学校でのプログラミング教育も始まっており、プログラミングに関心を持つ方も多いと思います。プログラミングというと、WEBプログラミングなどパソコンやスマホ用のプログラムをイメージすることが多いと思いますが、本書で取り扱うラダー図は、工場の生産設備などを動かすために必要なプログラム言語です。

そして、機械が動き自動的に物を組み立てる自動制御の基本がシーケンス制御です。シーケンス制御の事例は私たちの身の回りにもたくさんあり、ふだん気付かないところにも多く使われています。シーケンス制御というのはプログラミングそのものではなく、プログラミング思考に近い制御の考え方です。

難しそうなイメージもありますが、シーケンス制御の上達のポイントは、いかに回路の流れをイメージできるかです。ぜひ、機械を自由に制御できる楽しみを経験していただければと思います。

本書は、これからシーケンス制御を学習される方向けに、基本であるリレーの扱い方から、シーケンサーを用いたラダー図の作成、実際の現場での使い方までを解説しています。

本書では簡単なリレー回路の作成、シーケンサーへの配線作業、ラダー図の作成、シーケンサーの作動などの方法、そして制御の考え方（プログラミング思考）の習得を目標としています。

なお、本書では三菱電機製のシーケンサーを使用していますが、シーケンス制御については他メーカーのものでも基本的に同じです（操作用ソフトの使い方はメーカーによって異なります）。

シーケンス制御の学習に本書を活用していただければ嬉しく思います。

2021年4月

武永　行正

How-nual 図解入門

よくわかる最新
シーケンス制御と回路図の基本［第2版］

CONTENTS

第3章 シーケンス制御に用いられる機器

第4章 シーケンス図の見方と描き方

第5章 シーケンス制御の回路

第6章 シーケンス制御回路を作る

第7章 シーケンス制御プログラムを作る

第1章

シーケンス制御とは

自動制御の手法としてシーケンス制御があります。シーケンス制御とはどのような制御であり、どのような場所で使用されているのでしょうか。本章では、シーケンス制御の概要を説明していきます。まずは、シーケンス制御について大まかなイメージをつかんでください。

1-1

シーケンス制御

生産工場などの自動化が進み、物を生産するのは人ではなく、機械が生産する時代に変化しています。自動化の中心となる仕組みがシーケンス制御です。

シーケンス制御とは

シーケンスという言葉ですが、直訳すると「順番に並んだ」などの意味になります。**シーケンス制御**なので「順番に並んだ制御」であり、順番どおりの制御ということになります。順番どおりの制御とは、あらかじめどのように動作させるかをプログラミングしておき、実際にプログラムどおりに動かす制御です。

例えば、全自動洗濯機は、スタートボタンを押せば、「給水➡洗い➡すすぎ➡脱水」までを自動で行ってくれます。これはあらかじめ「給水➡洗い➡すすぎ➡脱水」までのプログラムが入っているからです。この制御の部分が自動でなかった場合、「洗い」ボタンを押したあと、15分後に「すすぎ」ボタンを押しにくる必要があります。

あらかじめ動作が決まっているのですから、残りの作業も自動で行った方が断然効率がいいのです。このように自動化を行う仕組みがシーケンス制御です。

順番どおりしかできないの？

シーケンス制御は順番どおりの制御だと説明しましたが、順番どおりの制御しかできないのでしょうか？　基本的には順番どおりの制御です。ただし、条件などを設定して動作を変更することは可能です。

例えば、どのように動作するかあらかじめプログラミングしますが、複数のパターンをプログラミングしておきます。条件によって動作させるプログラミングを変更すれば、いろいろな動作が可能となります。実際はプログラム内に細かく**条件分岐***を入れて動作を変更させますので、自由度の高い制御が可能となります。

工場などで使用されている産業機器、自動生産ラインなどのほとんどは、シーケンス制御が取り入れられています。これからシーケンス制御を学習していくとわかると思いますが、シーケンス制御は、産業機器や設備の制御に適しているといえます。

---

* **条件分岐**　ある条件が満たされているかどうかによって、次に実行する処理を切り替える命令のこと。

シーケンス制御とは

洗濯は最後まで
まかせろ!!
次のボタンを
押してくれ
シーケンス制御のない
洗濯機では…
全自動洗濯機は
シーケンス制御の
カタマリだ!

1-2

身近なシーケンス制御

私たちの身の回りでもシーケンス制御は使われています。気が付かないかもしれませんが、私たちの生活にシーケンス制御は大きく関わっています。

洗濯機

一家に1台はあるのが洗濯機です。汚れた服などを洗濯してくれる大変便利な機械です。服を詰め込みすぎると怒って暴れ出すこともありますが、最近では洗濯物を入れてボタンを押せば、給水、洗濯からすすぎ、脱水まで自動で行ってくれます。

「全自動」と呼ばれるだけあってとてもハイテクに見えますが、実は順番に動作をしているだけです。細かくいえば、センサーなどで自分の状況を把握し、制御内容を調整していますが、基本的な流れはシーケンス制御となります。洗濯のコース設定では、コースによって各動作の時間や回数を変更したりしています。

エレベーター

誰もが乗ったことがあると思います。ボタンを押せば行きたい階へ連れて行ってくれる大変便利な乗り物です。デパートなどのエレベーターにはたくさんの人が乗り込みます。

こんなに便利なエレベーターですが、実はこれもシーケンス制御です。何も指令がないときは停止していますが、呼び出しボタンを押すと、呼び出した階まで移動してきます。到着したらドアが開き、しばらくするとドアが閉まります。

エレベーターに乗り込んだら、行きたい階のボタンを押せば移動します。途中で他の人が違う階のボタンを押すと、近くの階から停止します。

進行方向に沿って、目的の階に来たら止まるように制御されています。目的の階というのはエレベーターに乗り込んだ人それぞれで違うので、複数の階を設定できるようになっています。

洗濯機

▲ドラム式洗濯機　by Charismaniac

全自動洗濯機と
呼ばれるものは、洗濯物を
投入してボタンを押せば、
給水から脱水まで自動で
行ってくれる。

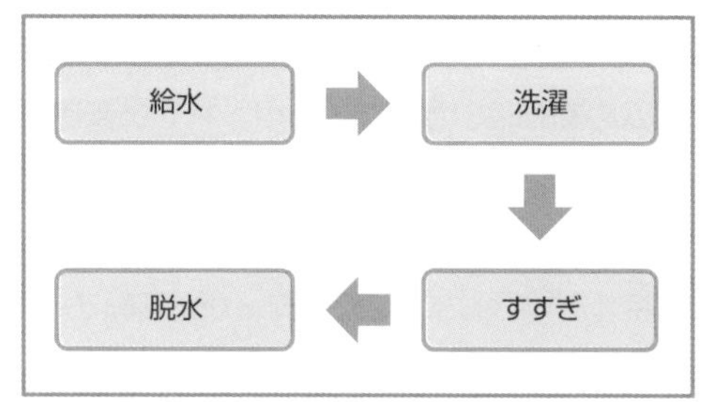

エレベーター

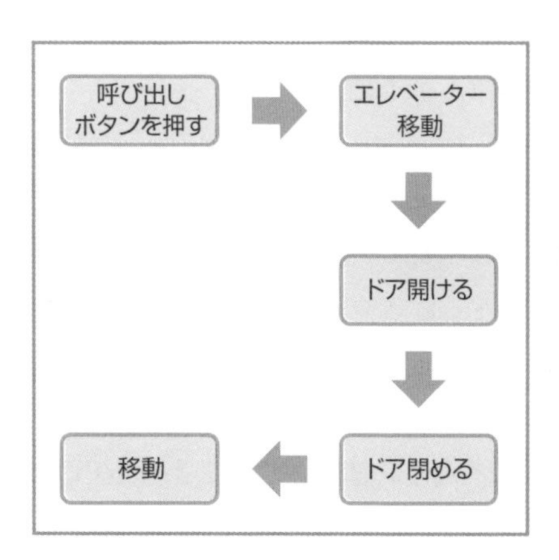

▲エレベーターのボタン　by davetron5000

1-3 シーケンス制御の発展

シーケンス制御は、古くから使用されている手法です。最新の工場では、ロボットなどが複雑な作業をこなし、華やかなイメージがありますが、それもシーケンス制御技術の最近の進歩によるものです。

カムの組み合わせによる動作制御

カムの動作は、現在でも使用されています。単純な連続動作に使用されます。車のエンジンのバルブ動作もカムで行っています。

複数のカムを並べモーターなどで回転させて、動作部分を押したり引いたりして機械全体を動かします。モーターが1回転すると1回の動作が完了します。

カムの動作制御には、ソフト設計よりも機械設計の力が必要です。動作変更が容易にできないため、現在ではあまり見かけなくなりました。

リレー制御

第2章での説明となりますが、**リレー**と呼ばれるものを使用します。リレーは電圧を加えるとON、開放するとOFFになります。このリレーを組み合わせることでシーケンス制御を実現します。

複雑なリレー制御は、現在ではあまり見かけなくなりましたが、簡単な回路はリレー制御で製作すると安価にでき上がります。リレー制御は、シーケンス制御の基本となります。本書でもリレー制御をまず覚えていただきます。

PLCなどを利用した制御

PLCとはProgrammable Logic Controllerの略で、これも第2章で詳しく説明します。プログラムによる制御には、PLC以外にもマイコンなど、いろいろな方式があります。本書ではPLCを中心に説明しますので、ここでは「PLCなど」と記載しました。PLCは、リレー回路をパソコンなどのコンピュータ上でプログラミングできる機器のことです。PLCは、時代と共にどんどん進化しています。現在では、**イーサネット***へ接続することも可能で、コンパクトな機種が増えています。

***イーサネット**　コンピュータのネットワーク規格の一つ。

カム制御

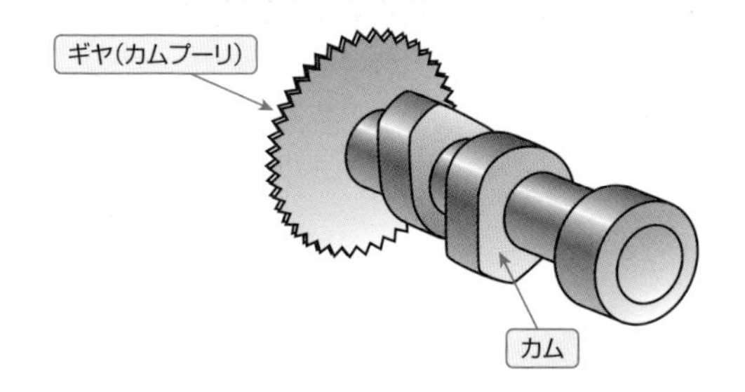

リレー制御（電磁リレー）

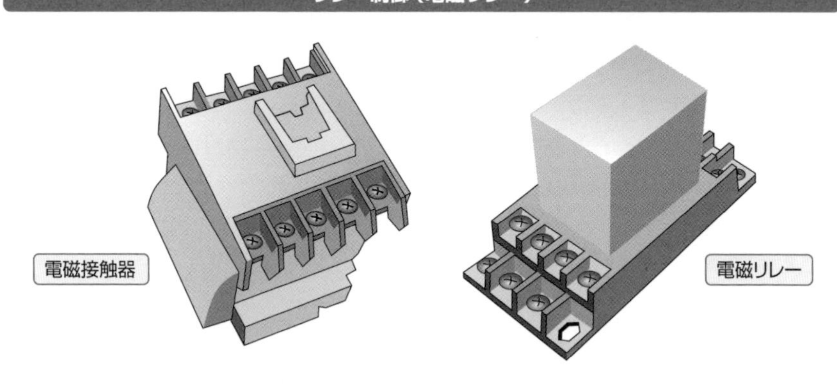

PLC制御

▲リレー　by Buto

1-4

自動化された製造装置

シーケンス制御は幅広く使われていますが、その中でも産業機器のほんの一部を紹介していきます。

ねじ締め装置

物を製造する場合は、ねじを使って組み立てを行うことが多いと思います。電動ドライバーなどで1本ずつねじ締めを行うのもよいのですが、ねじ締めポイントが決まっている（同じ場所を締める）のであれば、ロボットなどを利用して自動でねじ締めを行います。

ロボットと書きましたが、ねじ締め本数が1、2本程度と少ない場合は、シリンダーを組み合わせて製作した方がシンプルになります。実はねじ締め作業は、意外と時間がかかるので、自動化するメリットは大きいのです。

試験装置

試験装置などは、基本的に同じ動作の繰り返しになりますので、自動化してしまいます。高電圧で試験する場合などは、機械が行うので感電の危険性が少なくなります。

耐久試験のように、同じ動作を長時間繰り返す場合は、自動化した方が断然効率的です。耐久試験は、製品の可動部を何回も動作させて耐久性を確認する試験です。人が同じ動作を何回も行うと大変効率が悪いので、自動化してしまいます。このような場合は、簡単に自動化できることが多いのです。

搬送装置

コンベアなどで製品を運んだり、コンベアから製品を取り出したりします。また、工場の通路を、部品を載せて無人で搬送する装置もあります。

特定の位置にあるワーク*をハンドでつまみ上げ、搬送したい位置まで移送し、ワークを下ろすという一連の作業を行うユニットを**ピック&プレース**と呼び、PPと略して呼ぶことがあります。

***ワーク**　設備の組立対象（ベースやカバー等）をまとめて「ワーク」と呼ぶ。

ねじ締め装置

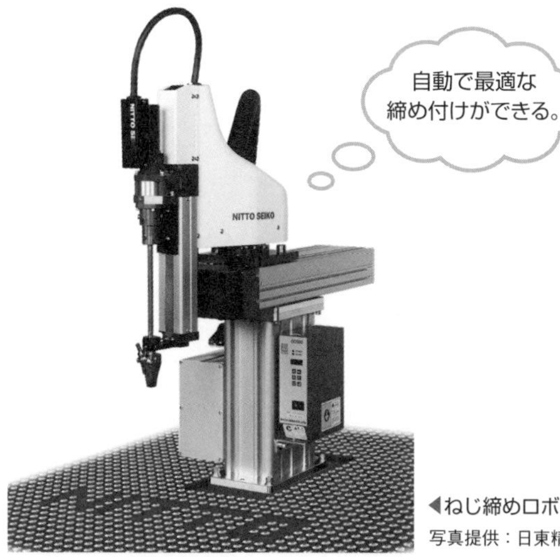

◀ねじ締めロボット
写真提供：日東精工株式会社

搬送装置

◀搬送ロボット
by Elettric 80

電圧と電流

電気には電圧と電流があります。これは水の流れをイメージすればわかりやすいと思います。

川があるとして、**電圧**は水が流れる勢いで、**電流**は水が流れる量です。川の途中が狭くなると、その部分で水の流れが少なくなります。これが**抵抗**です。

電気機器には適正な電圧があります。これから説明する制御機器にも適正な電圧があります。この電圧を守って機器を使用してください。電流は機器によってたくさん流れたり少ししか流れなかったりします。

これらの機器は**負荷**すなわち**抵抗**と見なせます。電圧と抵抗によって流れる電流が決まります。

シーケンス制御でも簡単な電気の知識は必要です。最初は使用しないかもしれませんが、下表の関係は頭に入れておいてください。

電圧＝電流×抵抗
電流＝電圧÷抵抗
抵抗＝電圧÷電流
電力＝電圧×電流

第2章

シーケンス制御の基本

　シーケンス制御を理解するにあたって、まず、リレーを使った制御を説明します。リレーを使った制御は、シーケンス制御の基本となり、とても重要な位置付けになります。本章では、リレーとは何か、リレーの使い方、リレーによる制御回路の製作まで理解しましょう。

2-1

シーケンス制御とPLC

PLCは「Programmable Logic Controller」の略で、シーケンス制御のプログラムを書き込む機器です。

PLCとは

シーケンス制御とは制御の手順であり、実際には様々な機器に様々なプログラムを書き込みます。マイコンにプログラムを書き込んで動作させせる場合、電源やノイズを除去する回路などを組み込まなければなりません。

このような回路が一式、パッケージになったようなものが**PLC**です。プログラムの書き換えは、動作中にも行えますし、部分的に変更することも可能です。

PLCの用途

費用としてはマイコン単体よりもかなり高価になります。用途としては、「専用機」と呼ばれる世の中に数台しか必要とされない設備、つまり、産業機器でいえば製品を組み立てたり、試験したりする設備（それ以外には基本的に使用できない）によく使われます。

それはマイコンなどと違い、**デバッグ***が容易で、生産する製品の仕様変更に対応できる汎用性もあるからです。一方、量産品には、高価すぎるため基本的には使用しません。量産品とは例えば家電などで、プログラムのデバッグは特に必要ありません。家電製品などは販売後のデバッグはほぼできないからです。コストを下げるため、また小型化するためにもマイコンなどを使用します。

シーケンサーとは

シーケンサーとは、三菱電機が生産している**PLC**です。三菱電機製のPLCは性能もよく、広く使用されています。そのためPLC全般のことを「シーケンサー」と呼ぶ人もいます。このような人にとっては、シーケンサーイコール三菱電機製とは限りませんので注意が必要です。

＊**デバッグ**　プログラムの誤りを探し、取り除くこと。

PLCとその用途

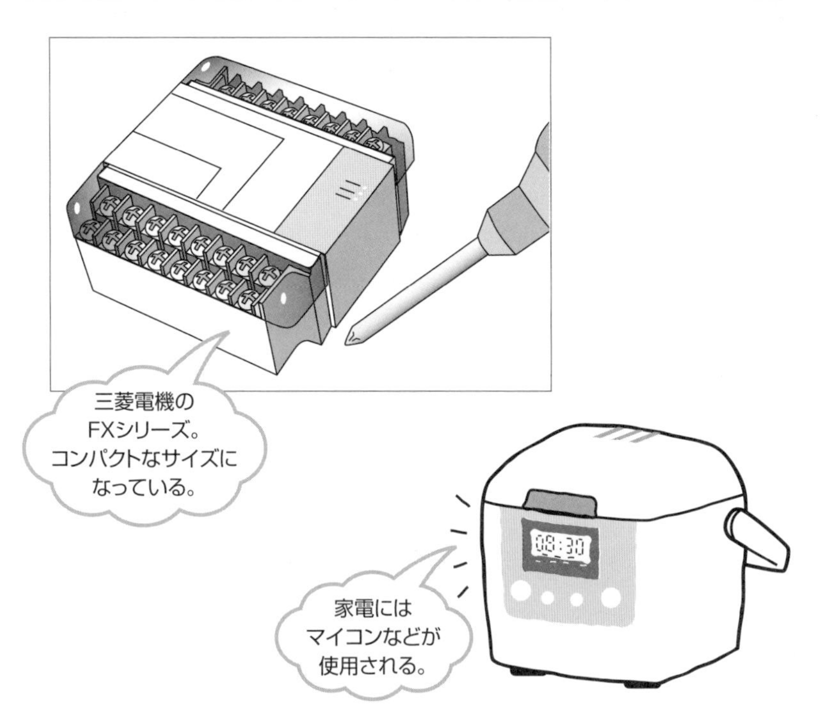

▲産業機器
by Bread KUKA Roboter GmbH, Bachmann

2-2
リレー（電磁継電器）とその役割

リレーは電磁コイルと接点で構成された機器です。小型のタイプから大型のタイプまで、用途により様々なタイプが存在します。

リレーとは

シーケンス制御なのになぜリレーなの？　と思うかもしれませんが、PLCのプログラムのもとになっているのが**リレー回路**です。リレー回路を理解すればPLCのプログラムを作るのは容易になります。では**リレー**とは、どのようなものでしょうか。

リレーの中には電磁コイルがあり、これに電流を流すと電磁石となり接点を引き付けます。電磁コイルに電流を流すことで接点をONできる間接的なスイッチのようなものです。

リレーにはLEDが付いているタイプもあり、動作中はLEDが点灯して、動作しているかどうか目で確認できるタイプもあります。また、動作するとカチカチと音がするので、耳をすませば動作を確認できます。

次ページの図で説明すると、コイルに電流を流していない状態では「C」と「B」がつながっています。コイルに電流を流すと接点を引き付けます。この状態では「C」と「A」がつながっています。つまり「C」と「A」の間がスイッチのようになっています。

先端の接触している部分を**接点**と呼びます。そして、「A」「B」「C」のことを**端子**と呼びます。つまり、下図のように接続すると、ランプが点灯します。

リレーの役割

リレーの役割は様々です。リレーの電磁コイル部分で消費する電力はわずかなものです。しかし接点部分は、電磁コイルよりも大きな電力を開閉できる能力を持っています。

制御回路は一般的に低い電圧（DC24Vなど）で作られますが、電圧が低いことから、例えばAC100Vの負荷（電気機器）を動作させることはできません。リレーを使用すれば、大きな負荷を動作させることが可能です。

リレーとリレー回路

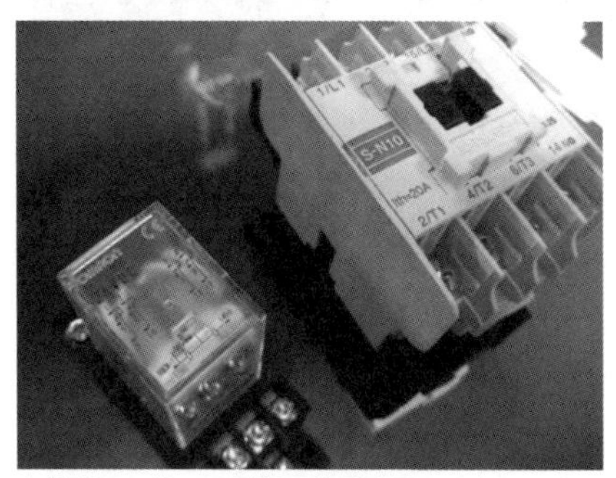

左側がシーケンス制御で使用するコントロールリレー。右側は**マグネットコンタクター**と呼ばれるタイプのリレー。

透明な部分がリレーとなる。内部の可動している様子を見ることができる。黒い部分は端子台。別売りなので要注意。

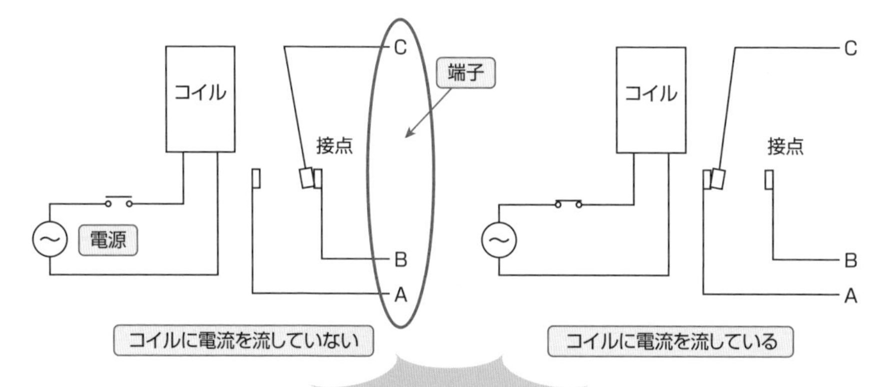

コイルには電圧や直流・交流の仕様があるので、確認する必要がある。

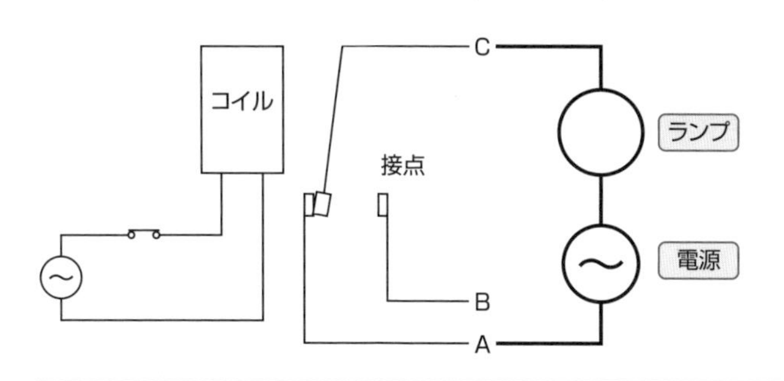

2-3 接点とその種類

接点とは、電気回路を開閉する部分に使われる部品です。リレーやスイッチなど、あらゆる箇所に使用されています。

接点とは

接点は、電気回路を開閉するときに発生するアークに耐える、酸化しにくい材料でできています。電流を遮断すると、遮断する瞬間に火花が出ます。コンセントを抜き差しするとき、青白い小さな火花が出ることがありますが、これが**アーク**です。

このアークは金属でも少しずつ溶かしたり腐食させますので、アークが発生する部分（電路開閉部分）には、接点が使用されます。

接点の種類

接点の役割も重要ですが、制御回路の場合、接点の種類も大切です。リレーの接点は、電磁コイルで動作する部分を**可動接点**と呼び、この可動接点を基準に、可動接点が動作したときに接触する接点側を**a接点**、可動接点が動作していない場合に接触する接点側を**b接点**と呼びます。

可動接点のように、a接点とb接点の基準になる部分を**COM**＊と呼びます。「コモン」と読んだり、単純に「コム」とも読みます。リレーをONしたとき、ふつうに入る接点をa接点、リレーがONしたときに切れる接点をb接点と覚えてください。

小型のマイクロスイッチなども同じような接点構成となります。a接点のことを**メーク接点**、**NO**＊と呼ぶことがあり、b接点のことを**ブレーク接点**、**NC**＊と呼ぶことがあります。

リレー端子台への接続方法

リレーの接点は、2個か4個のものが制御関係でよく使用されます。そして、リレーの下からは端子が出ていますが、端子台に挿して使うのが一般的です。端子台（ソケット）に挿した場合の端子の配列は、次ページの下図のようになります。

＊**COM**　Commonの略。
＊**NO**　Normally Openの略。
＊**NC**　Normally Closeの略。

接点の種類

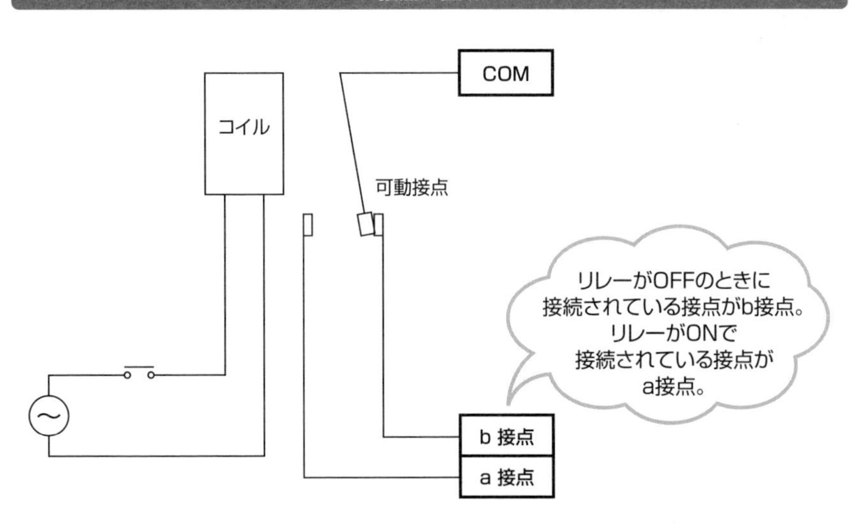

リレー端子台への接続方法

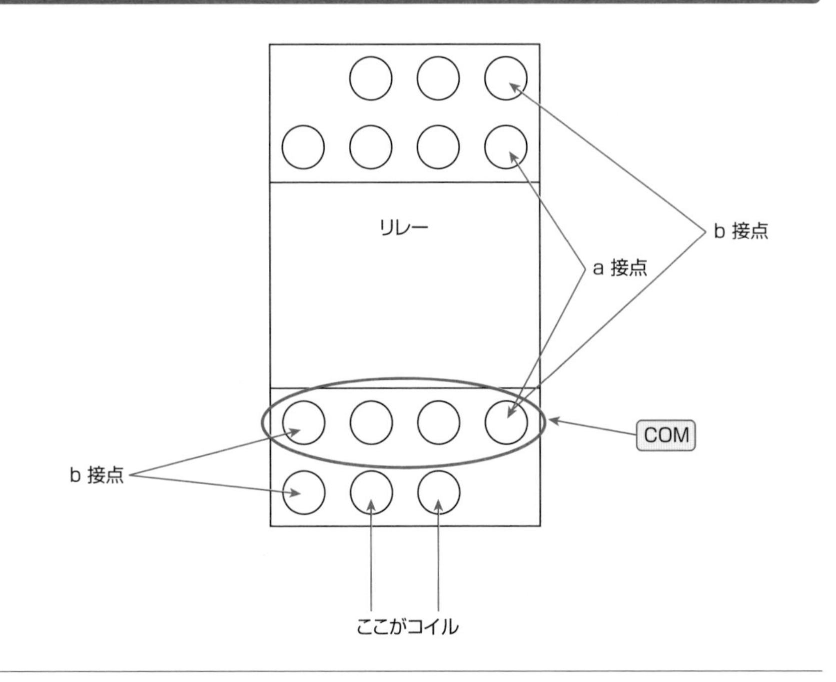

2-4

リレー回路

リレーの構造が理解できても、使い方がわからなければ意味がありません。まずは基本的な使い方を見ていきます。リレーがどのように使用されているか見てみましょう。

リレー回路について

次ページ上図（左）のような回路があるとします。押しボタンスイッチを押すと、リレーのコイルに電流が流れてコイルが動作します。するとリレーの接点も動作します。接点が動作することによって電球が点灯します。押しボタンスイッチを離すと、接点も離れて電球は消灯します。

お気付きかもしれませんが、実はこの回路、何の意味もない無駄な回路なのです。この場合、直接押しボタンスイッチで電球を点灯させればいいのです。では、上図（右）の回路図で考えてみましょう。

この回路では電球の部分をLEDに変更しています。押しボタンスイッチ部分が交流〈AC〉なので、そのままLEDを点灯させることはできません（LEDは直流〈DC〉のみに対応）。そこで、LEDの回路にはDC電源を供給し、リレーの接点を動作させて点灯させています。

この回路も細かく突っ込めば、直接、DC回路に押しボタンスイッチを付ければいいのですが、説明上、このまま話を進めます。このように、リレーによって電圧を変えたり、違う系統の回路を動作させたりできます。

タイマーについて

基本はリレーと同じです。**タイマー**は上にダイヤルがあり、このダイヤルがタイマーの設定時間となっています。例えば、下図の回路で説明すると、タイマーを1秒に設定しているとします。押しボタンスイッチを押すとタイマーのコイルに電流が流れます。しかし、まだこの時点では接点は動作しません。1秒後に動作します。

つまり、押しボタンスイッチを押して1秒後にランプが点灯するのです。このように、コイルに電流を流したあとの接点の動作時間を遅らせることができます。

リレーの回路記号と動作

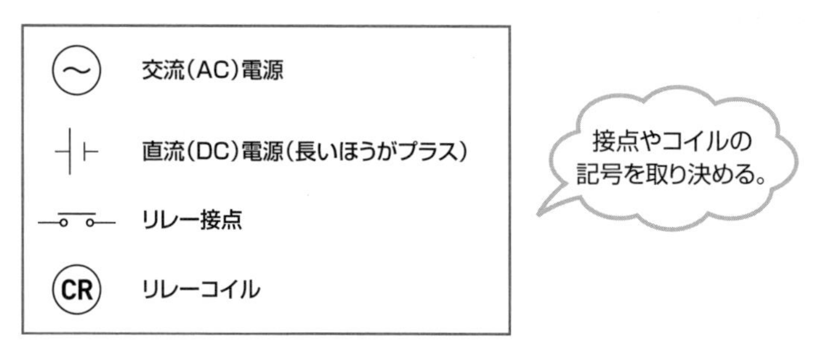

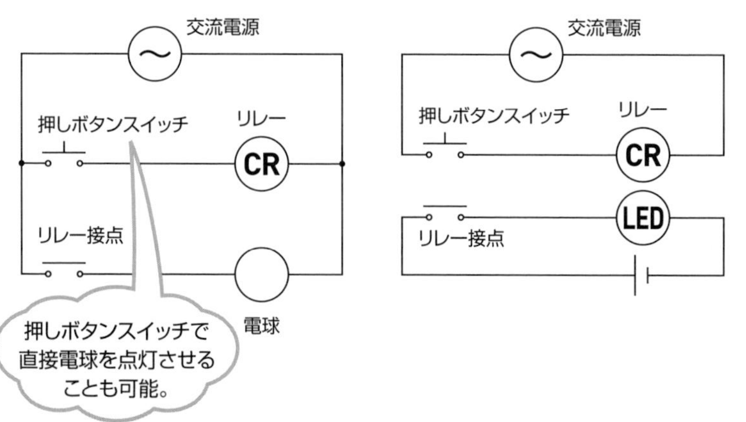

タイマーについて

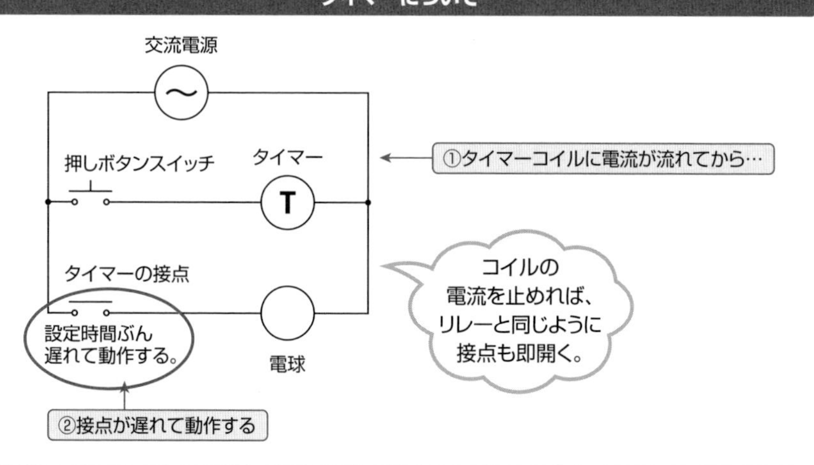

2-5
センサーの種類

「センサー」という言葉を聞いたことがあると思います。では、センサーは、どのように使うのでしょう。使い方になると、難しく感じるかもしれません。シーケンス制御では、センサーは必須です。一般的に使用頻度が高い光電センサーを見てみましょう。

光電センサー（透過形）

光電センサーは、センサーから光を飛ばして、その光を遮ると反応します。まずは、透過形と呼ばれる方式を見てみましょう。透過形センサーは、片方から光が出て、片方のセンサーで光を受け取ります。

では、次ページ上図のように、センサーの間を遮ってみましょう。光を遮ると光を受ける側のセンサーが光を受け取れなくなり、センサーが反応します。

このように、光を出す方（投光側）と光を受ける方（受光側）の2つに分かれているセンサーを**透過形センサー**と呼びます。

光電センサー（反射形）

次に反射形センサーについて見てみましょう。**反射形センサー**は、投光側と受光側が一体になったセンサーです。

次ページ下図のように、センサーの前に物を置くと、センサーから出た光が反射して戻ってきます。その光を受信してセンサーが反応します。自分で出した光を利用して、センサーの前に物があるかどうかを判断しているのです。

光電センサーの使い分け

以上のように、光電センサーは大きく分けて透過形と反射形があり、それぞれ特徴があります。透過形は、物の存在を検出する場合、安定して動作します。ただし、投光側と受光側の2つが必要で、両方とも取り付ける必要があります。

反射形は、投光側と受光側が同じであるため、取り付けは1ヵ所で済みます。ただし、検出対象の反射率や角度によっては、検出が不安定になる場合があります。

光電センサー（透過形）

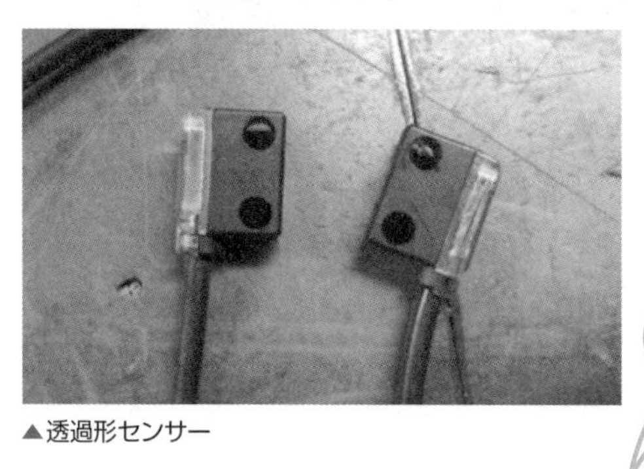

▲透過形センサー

センサーの途中を遮ると、
受光側に光が届かないので
センサーが反応する。

光を出す側　　光を拾う側

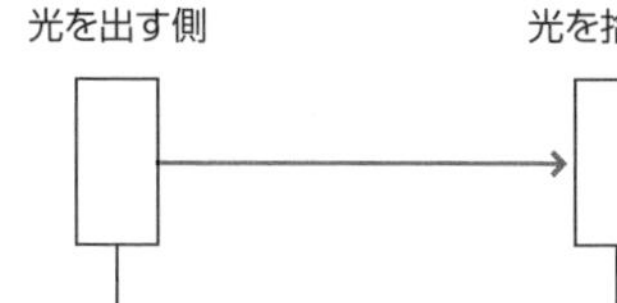

光を出す側

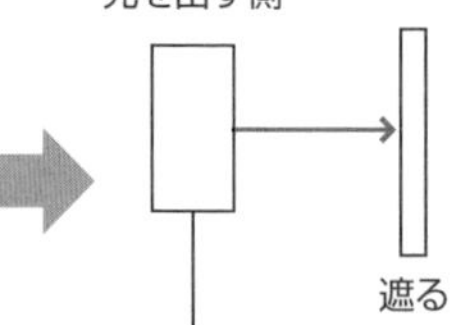

遮る

光を拾う側
光が来ないので反応

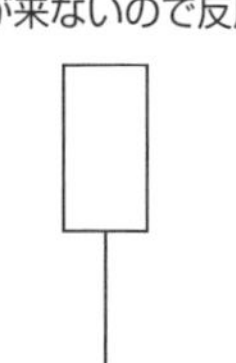

光電センサー（反射形）

▲反射形センサー

投光部と受光部が
ひとつになっている。
センサーの先に物があれば
反射して受光部に
返ってくる。

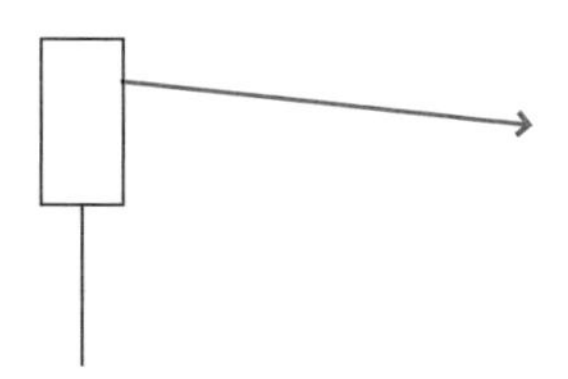

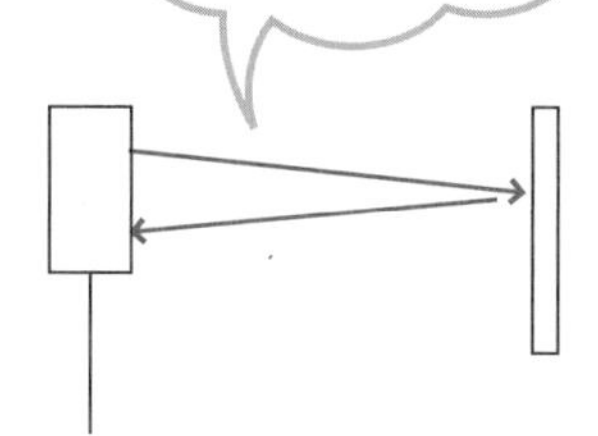

2-6

センサー信号の扱いと配線①

光電センサーを使用して、実際にリレーを動作させせます。配線作業自体は簡単です。配線前に知っておくべきことを説明したあと、配線について説明します。

配線前に知っておくべきこと

光電センサーの説明書には**ダークオン**や**ライトオン**という言葉が出てきます。センサーによっても違いますが、「D/O」や「L/O」と表示されています。スイッチで切り替え可能なタイプもあります。

ダークオンとライトオンでは、出力が反対になります。例えばダークオンは、センサーの受光側に光が届かなくなったとき（暗いからダーク）、センサー出力がONになります。透過形の場合は、センサー間に何か物がある場合、反射形の場合はセンサーの前に物がない場合です。ライトオンはその逆となります。つまり、反射形と透過形でも逆になるので注意してください。

センサーへの配線

センサーからは次ページ上図のように色が付いた線が出ています。茶色がDCの+（プラス）側です。産業機器の業界ではDC24Vをよく使用するため、ここにDC24Vの+を入れます。

次に、青色の線がDC24Vに対する－（マイナス）側です。そのまま接続します。投光側と受光側は同じです。この茶色と青色の線が電源線なので、一緒にして電源を供給しても問題ありません。

最後に黒色の線が残りました。これは信号線です。センサーが出力を出すと、この信号線が－になります。つまり、下図のように配線をすれば、センサーが反応したときにリレーが動作します。

リレー側には常に+を入れておきます。センサーが複数ある場合は、すべてのリレーに+を供給する必要があり、まとめて供給するため、**プラスコモン**と呼んだりします。そして、リレーのマイナス側をセンサーの信号線に接続すれば完成です。

センサーへの配線

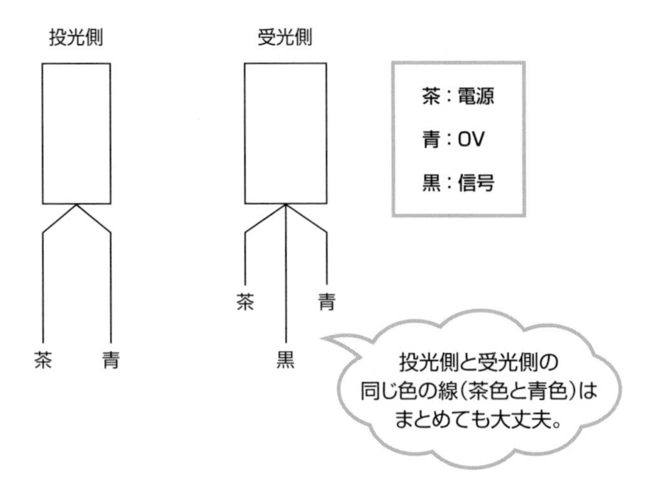
投光側
受光側
茶：電源
青：0V
黒：信号
茶
青
茶
青
黒
投光側と受光側の
同じ色の線(茶色と青色)は
まとめても大丈夫。

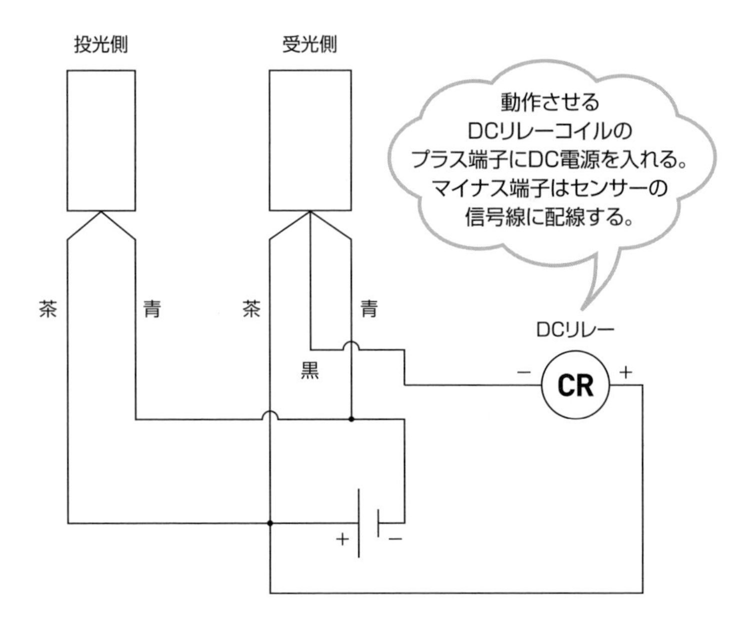
投光側
受光側
動作させる
DCリレーコイルの
プラス端子にDC電源を入れる。
マイナス端子はセンサーの
信号線に配線する。
茶
青
茶
青
DCリレー
黒
−
CR
+
+
−

2-7 センサー信号の扱いと配線②

もう1つ代表的なセンサーが、シリンダーセンサーと呼ばれるものです。シリンダー駆動の設備では必ず使用されますので、接続方法を覚えてください。

シリンダーセンサー

シリンダーセンサーについて簡単に説明します。シリンダーは、エアで動く機器で、**自動機***などによく使われています。シリンダーにエアを送ると動作しますが、本当に動作したか確認する必要があります。例えば、シリンダーが壊れていたり、途中で何かに引っかかったりして最後まで動作しない場合があります。

シリンダーが正常に動かない状態で設備が動作すると大変危険ですし、場合によっては不良品を大量に生産してしまう可能性があります。そのため、シリンダーを使用している設備を制御する場合は、必ずシリンダーの動作状況を確認する必要があります。シリンダー内にはピストンがあり、ピストンに磁石が付いています。この磁石に反応するのが**シリンダーセンサー**です。シリンダーが前進（実際には内部のピストンが前進）すると、シリンダーに付けられているセンサーが磁石に反応して動作します。

通常はシリンダーの前進側と後退側に取り付けます。これによって、シリンダーが前進しているのか、後退しているのかを判断しているのです。前進側、後退側の両方のセンサーが反応していない場合は、動作中か中間で停止しているということです。シリンダーセンサーのことを**リードスイッチ**と呼ぶこともあります。

シリンダーセンサーの配線

シリンダーセンサーの接続ですが、光電センサーよりも単純です。3線式タイプは、光電スイッチと同じ配線になります。

最近よく見かけるのが2線式です。この場合は、極性のあるただのスイッチと考えてください。リレーの＋側に24Vを接続します。そしてリレーの－側にシリンダーセンサーの茶色を接続します。シリンダーセンサーの青色側は、24V電源の－側に接続します。これで、シリンダーセンサーが動作したら、リレーも動作します。

***自動機**　事務作業や工事作業を自動で行う機械のこと。

シリンダーセンサー

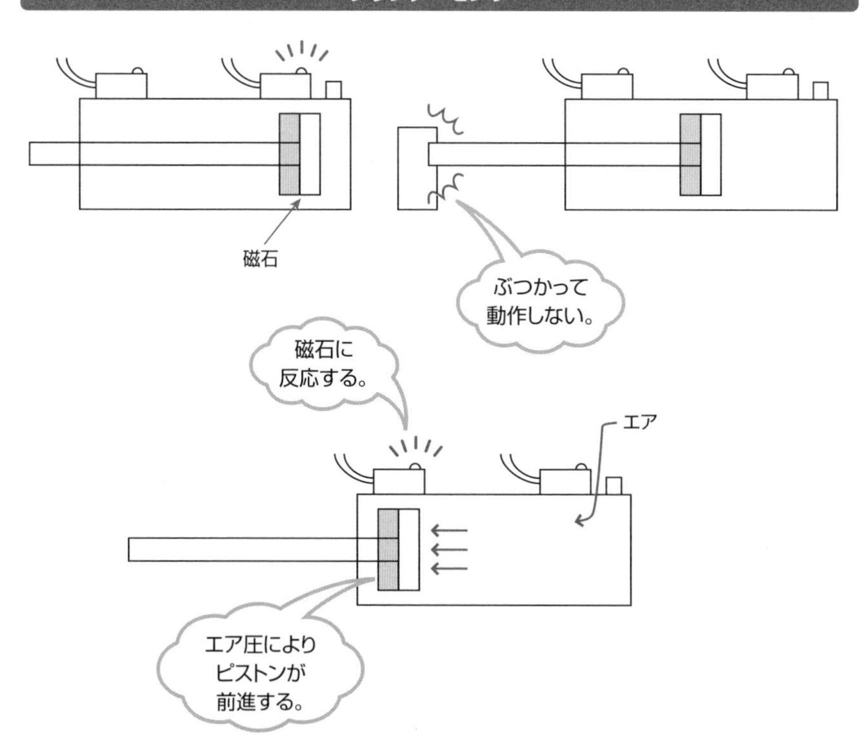

シリンダーセンサーへの配線（2線式）

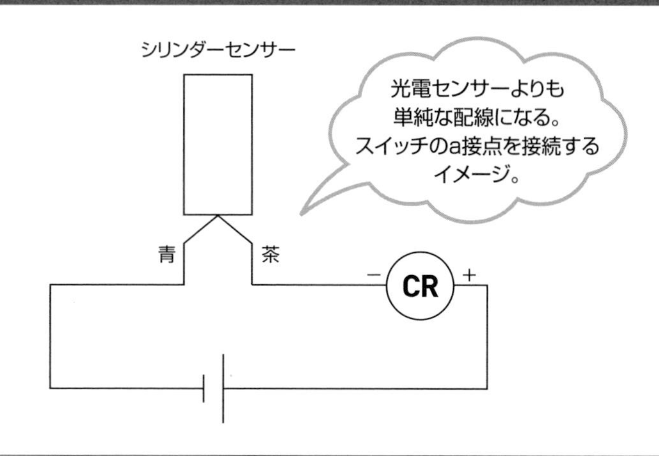

2-8 リレーによる制御

リレーについて簡単に説明しましたが、ここからは、制御用としてのリレーの使い方を説明していきます。といっても特に難しく考える必要はありません。配線を少し工夫すればできます。

リレー制御とは

リレーによる制御回路は**リレーシーケンス**とも呼ばれ、複数のリレーを使用していろいろな機器を制御します。制御というと難しく感じますが、基本は複数のリレーを順番に動作させていきます。そして、順番に動作したリレー接点を利用して、制御対象を動作させていきます。

単に順番に動作させるのではなく、例えば、押しボタンスイッチでリレーを動作させてシリンダーを前進、シリンダーが前進したときのシリンダーセンサーを利用してランプを点灯……というように、制御対象の状態を確認しながらリレーを動作させていきます。

リレー制御の重要性

リレー制御について理解することは、シーケンス制御を理解する上で重要です。また、「最終的にはPLCを使うから、リレー制御の知識はいらない」などということはありません。PLCへプログラムを書き込む段階になるとわかると思いますが、基本はリレー制御なのです。

リレー制御の回路図をパソコン上で簡単に作成したものを**ラダー図**と呼びますが、PLCにはラダー図を書き込んでいるのです。ラダー図についてはまたあとで説明しますが、リレー制御ができないとPLCも使いこなせないということです。

これから説明するリレー制御回路は、基本的にDC電源で制御しますが、リレーの電圧を変更すればACでも制御はできます。

リレー

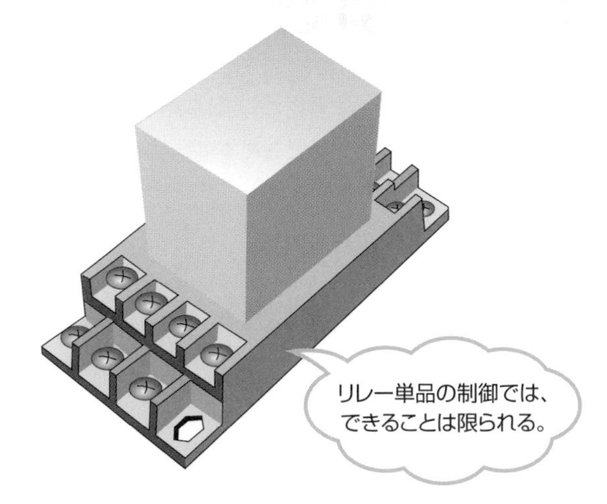

複数のリレー制御

▲PLC　by Elmschrat Coaching-Blog

複数のリレーを使用すると、
制御回路が製作できる。
基本は、制御に使用するリレーを
順番に動作させる。

2-9

簡単な制御回路を作る

リレーを使って制御回路を作ります。制御用としてリレーを使う場合は、これまでの説明とは少し違う使い方になります。といっても基本は同じなので、使い方をしっかり理解してください。

自己保持

一番上の図で、押しボタンを押せばリレーが動作しますし、離せばリレーも元に戻ります。これだけでは意味のない回路です。

では、この回路のスイッチの下に並列にリレーの接点を接続してみます（二番目の図)。押しボタンを押せばリレーが動作します。押しボタンを離してもリレーは動作し続けます。

押しボタンスイッチを押すとコイルが動作します。するとコイルの接点も動作します。これで、押しボタンスイッチの代わりにコイルの接点が自分で自分のコイルに電流を流し続けるのです。押しボタンスイッチを離してもコイルは動作し続けます。これを**自己保持**と呼びます。

自己保持の解除

自己保持については、注意しなければいけないことがあります。自分で保持するから自己保持なのですが、保持したあとは解除ができないのです。これは問題なので、解除する接点を入れる必要があります。

図のようにスイッチのb接点を入れました。コイルへの電源供給をやめれば自己保持は解除されます。メインの電源を切っても自己保持は解除されます。

一番下の回路図では、スイッチを押せばコイルは動作し、「切」のスイッチを押せば自己保持は解除されて、コイルも戻ります。

自己保持という言葉は聞いたことがあるかもしれませんが、シーケンス制御の基本となります。実際にはこの自己保持を順番に行って制御していきます。このように、リレーを駆使したシーケンス制御回路を**リレーシーケンス**と呼びます。

自己保持

押しボタンスイッチ

CR1

押しボタンを押せば
CR1のリレーはONするが、
押しボタンを離すと
リレーもOFFする。

押しボタンスイッチ

CR1

CR1

CR1がONすると、
押しボタンの代わりに
CR1の接点が
動作する。

自分で保持することから
「自己保持」と呼ぶ

自己保持の解除

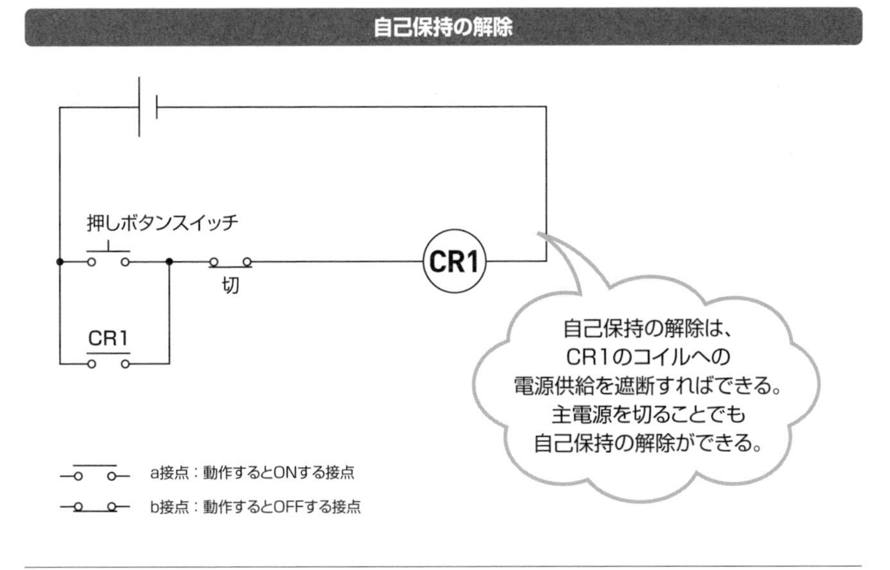

2-10

基本回路を理解する①

リレー制御では、基本的に自己保持を順番にかけ、最後に全部の自己保持を解除します。簡単な回路を紹介しましょう。

制御内容

次ページの図の回路の動作ですが、押しボタンを一度押すと自動運転、切のボタンを押すと停止となります。自動運転中に光電スイッチを反応させると、シリンダーを動作させます。シリンダーが動作完了したら、シリンダーを元に戻します。

シリンダーとは、エアを入れると前進したり後退したりするものです。ここでは詳しい説明はしませんが、**電磁弁**というものに電源を供給するとシリンダーは動きます。そこで、電磁弁にリレーで電源を供給するものと仮定します。

回路解説

この回路はDCで動作させています。ACでも可能ですが、センサーなどがあるためDCで行います。

まず上から順番に説明していきます。まず上の2個のコイル（CR10、CR11）は、センサーの信号用です。センサーを反応させるとリレーがカチカチ働きます。センサーなどが働く条件を入れたいのであれば、この部分に接点を入れるとできますが、この部分は単独で動作させるようにします。

リレー回路は、複雑になると自分でも理解が難しくなります。制御回路の組み方の基本ですが、誰でもわかるような回路づくりを目指しましょう。

まず、押しボタンを押すとCR1が入ります。これは自己保持をかけていますので、一度押せばCR1は入り続けます。そして切のボタンを押せばCR1は切れます。つまりCR1を自動運転とします。ランプが必要であればCR1のa接点で点灯させます。

次は**光電スイッチ**です。CR10が入り、CR1が入ればCR2が入ります。つまり光電センサーが反応したとき、自動運転であればCR2が入ります。このCR2でシリンダーの電磁弁を動作させればいいのです。このCR2も自己保持です。

リレーでシーケンス制御を行う場合は、基本的に自己保持を繰り返していきます。

制御回路

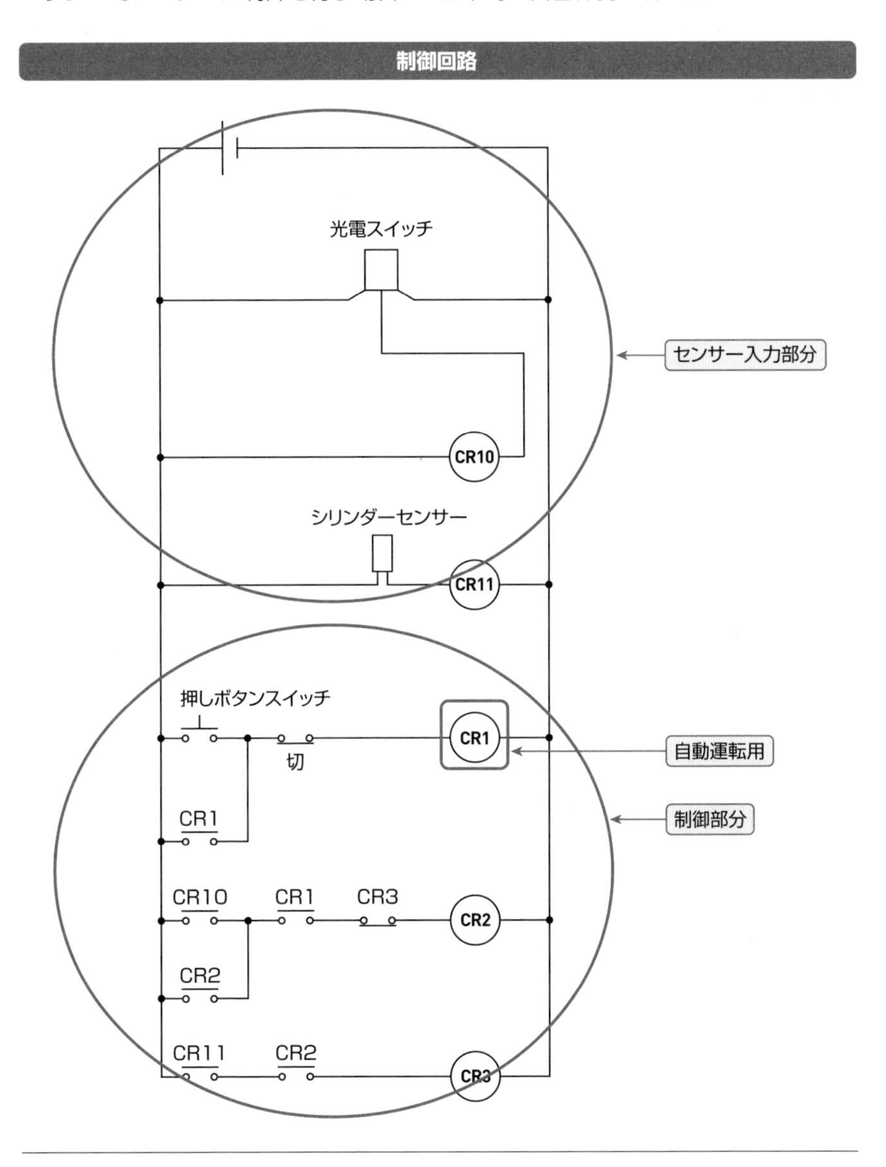

2-11

基本回路を理解する②

リレー制御の回路解説の続きです。前節では、光電センサーによってCR2が動作したところまで解説しました。

回路解説

CR2が入るとシリンダーが動作します。するとシリンダーが前進端に行くので、シリンダーセンサーが入ります。このシリンダーセンサーはCR11です。CR2が入ったときCR11が入る、つまり、シリンダーが動作したときセンサーが入るとCR3が動作します。

CR3が入るとどうなるでしょうか？　CR2の自己保持の条件にCR3のb接点が入っています。つまり、CR2の自己保持が解除されます。CR2が解除されるとシリンダーが戻ります。さらにCR3も解除されます。回路がリセットされるのです。

光電センサーを再度反応させれば、同じ制御を繰り返します。これがリレー制御の基本となります。

ここで条件なのですが、単独でCR11が入ってもCR3は動作しません。このように、条件を正確に入れることが重要です。そうしないと回路が途中から動作して大変危険な状態になります。次ページの回路図のように、順番にコイルを入れていく制御を一般的に**歩進制御**と呼んでいます。

また、条件を入れる場所によっても動作が変化します。この回路では、シリンダーが動作を開始した直後に切のボタンを押すと、押した瞬間にシリンダーは戻り、動作は停止します。この回路図ではCR10という接点に並列にCR2が接続してあり、自己保持になっています。このCR2の接続を、CR10とCR1に対して並列に接続してみましょう。

次ページの回路図で説明すると、接点のCR2の右側は、CR10とCR1の間に接続されています。この接続を外し、CR1とCR3の間に接続するのです。するとシリンダーの動作中に自動運転を切っても、シリンダーの動作が完了した時点で停止をします。これを**サイクル停止**と呼びます。このように、接点をどこに配置するかによって、動作が少し変化します。

回路解説

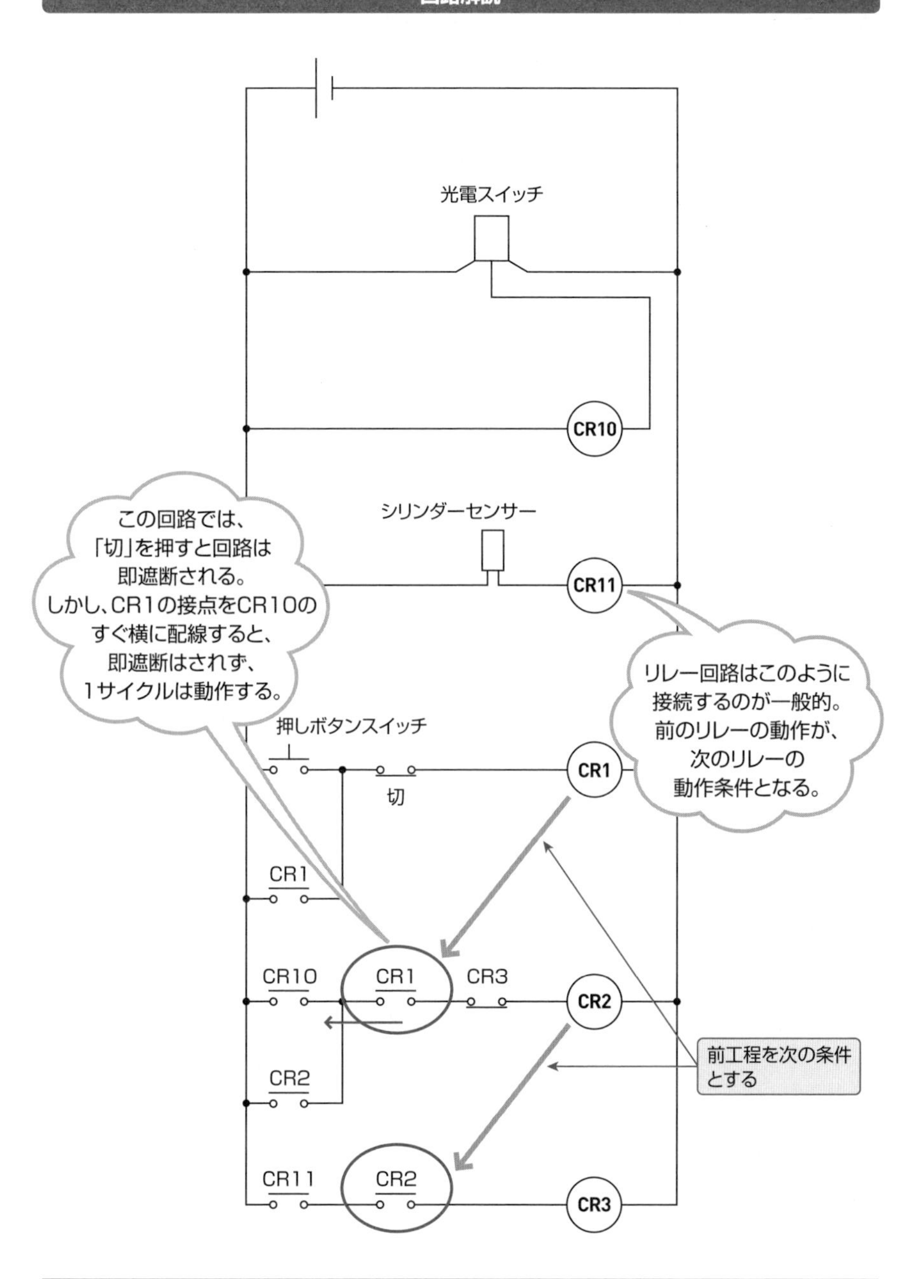

光電スイッチ
CR10
シリンダーセンサー
CR11
この回路では、
「切」を押すと回路は
即遮断される。
しかし、CR1の接点をCR10の
すぐ横に配線すると、
即遮断はされず、
1サイクルは動作する。
リレー回路はこのように
接続するのが一般的。
前のリレーの動作が、
次のリレーの
動作条件となる。
押しボタンスイッチ
切
CR1
CR1
CR10
CR1
CR3
CR2
CR2
前工程を次の条件
とする
CR11
CR2
CR3

注意点

リレー制御の解説の最後に注意点が1つあります。それは接点の反応速度です。コイルに電源を供給してから接点がつながるまで、20ms（0.02秒）程度必要です。さらに重要なのは、a接点が入るよりb接点が切れる方が早いのです。当たり前のことですが、回路図を描いているときは気付きにくいのです。

同時に動作すると考えて回路設計を行うと、リレーが**チャタリング**（カチャカチャと連続で入ったり切れたりする）します。これは、リレーが動作してa接点が入る前にコイルへの電源供給が切れるために起こる症状です。順番をしっかり確認して回路の設計をしましょう。

直流電源

直流電源は、交流とは違って電圧に変動がない電源です。PLC内部の電源も基本的には直流です。乾電池なども直流で、電源には＋（プラス）と－（マイナス）があります。電流はプラス側からマイナス側へ流れます。**DC電源**や**パワーサプライ**などと呼ばれます。

プラス側から出た電流は、その電源のマイナス側に接続しないと流れません。違う電源のマイナス側に接続しても流れないということです。直流電源は使いすぎると電圧が下がってきます。

注意が必要なのは、PLCにDC24Vの電源がありますが、使いすぎるとPLCが停止してしまうことです。手軽に使用できますが、センサーなどの軽い負荷に使用してください。

直流電源は消耗品であり、突然故障します。最近の設備はDC用の機器を多く使用していますので、電源が故障した場合、モニタなどが映らなくなります。このような場合は電源を疑ってみてください。

第3章

シーケンス制御に用いられる機器

シーケンス制御には、様々な機器が使われます。本章では、最低限必要な機器を紹介します。ここで紹介する機器はほんの一部ですが、シーケンス制御を学習する上で理解しておく必要があります。機器の使い方から簡単な原理まで説明しています。最低限知っておかなければいけないことなので、しっかり理解してください。

3-1

入力機器

洗濯機は動かすために必要なボタンを押さないといけません。パソコンもスイッチを押さないと電源が入りません。このように、装置に対して何か信号を送ることを「信号を入力する」といいます。そのためにはスイッチなどの入力機器を用います。

スイッチ

スイッチの内部には、リレーのように接点が入っています。スイッチにもリレーと同様にa接点、b接点があります。

押しボタンスイッチには種類があり、ボタンを押したときにONになり、離したときにOFFになるタイプを**モーメンタリ**といいます。ふつうのスイッチですね。

ほかに**オルタネイト**があります。こちらは一度押すとONします。離してもONのままです。もう一度押すとOFFになります。自己保持のようなことを、スイッチ側で機械的に行ってくれます。ちょうどボールペンのような感じですね。押すと芯が出てきて、もう一度押すと芯が収納されます。

スイッチの配線

スイッチにもa接点やb接点がありますが、中型の大きさ（スイッチに端子台が付いている）以上になると、リレーの接点のような構造ではなくなります。このサイズになると、ユーザー側で自由に接点構成を変更できるような設計になっています。

そのため、「COM*」に対してa接点やb接点ではなく、単純にa接点やb接点という接点となります。

a接点やb接点にはそれぞれ2個の端子が存在します。a接点とb接点の片方ずつの端子を接続することで、接続された端子は共通端子となり「COM」になります。

その他の入力機器

ここではスイッチについて説明しましたが、入力機器はほかにも様々なものがあります。光電センサーやシリンダーセンサーなども入力機器に含まれます。

＊**COM**　2-3節参照。

押しボタンスイッチ

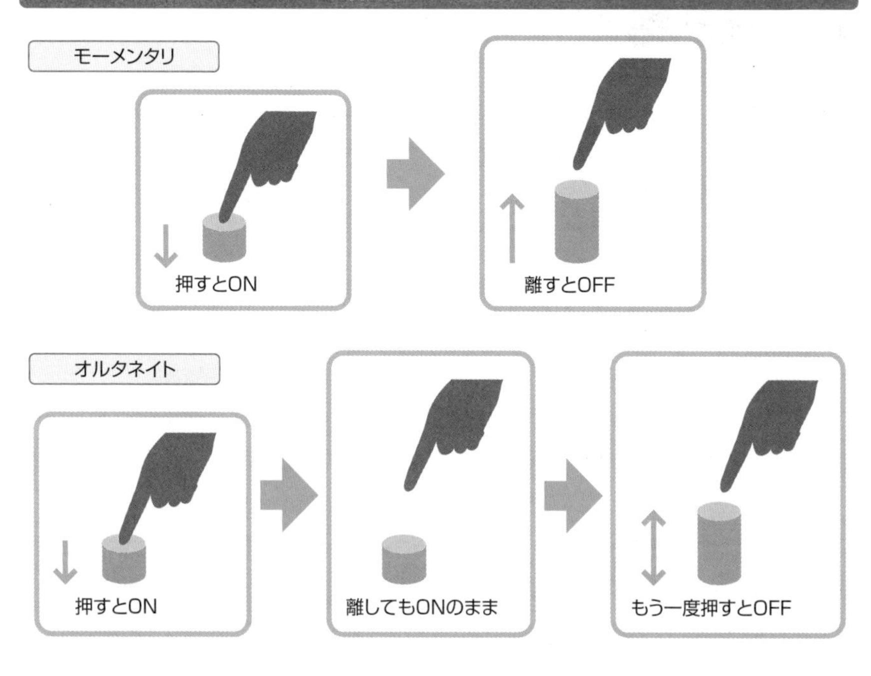

スイッチの接点

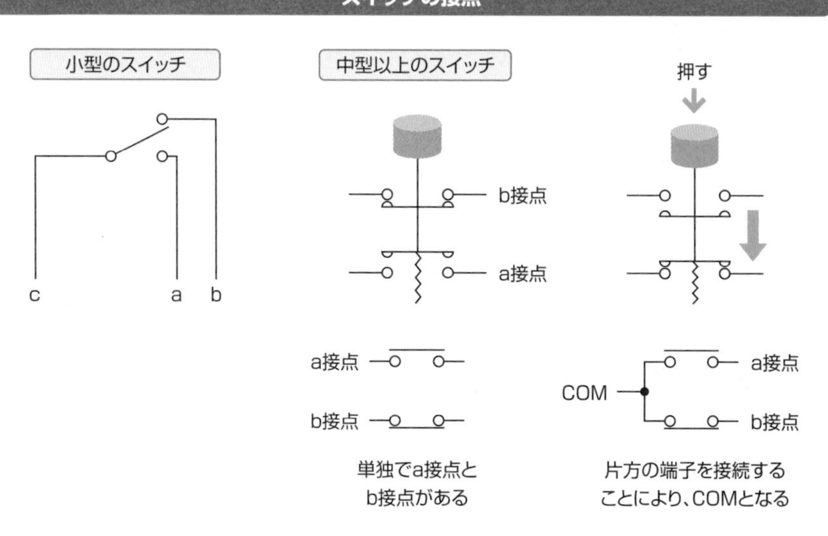

3-2 表示機器とタッチパネル

入力機器とは反対に出力する機器です。洗濯機が洗濯を完了すると、ブザーやランプなどで教えてくれます。このように、装置が信号その他を外に送り出すことを「出力する」といいます。

表示機器（ランプなど）

ランプなどの**表示機器**は、基本的に人が確認するために出力します。

例えば、自動制御された装置があるとします。この装置が、一見、動いているのか止まっているのかわからないと大変危険です。また、動作工程の途中でたまたま一時停止しているだけのときに、人が誤って手を入れて突然動き出したら大変危険です。そのようなときのために「運転中」というランプ表示を行います。

ランプには様々な大きさやタイプがあるため、用途に合ったランプを選定しましょう。最近はLEDタイプが主流で、球切れの心配が少なくおすすめです。

表示機器はランプだけではありません。7セグメントLEDのように数値表示ができるタイプもあります。

タッチパネル

タッチパネルと呼ばれる便利な機器もあります。車のカーナビのようなもので、PLCとシリアル通信で接続します。画面上にスイッチやランプを自由に配置でき、数値表示や文字表示もできます。画面も切り替えができますので、操作ボックスにスイッチやランプを大量に取り付けるよりも、シンプルに取り付けが可能です。

デメリットとしては、必ず画面を見ないと操作ができないことです。何がいいたいのかというと、ふつうのスイッチでは凹凸があるため、どこにボタンがあるか指の感覚でわかります。タッチパネルには凹凸がないためわかりません。

また、ふつうの押しボタンスイッチでは、ボタンの上に軽く指を置いて、必要なときに押すということもできますが、タッチパネルではできません。軽く指を置いた時点で反応してしまうからです。実際に使ってみると意外に気になったりします。

表示機器

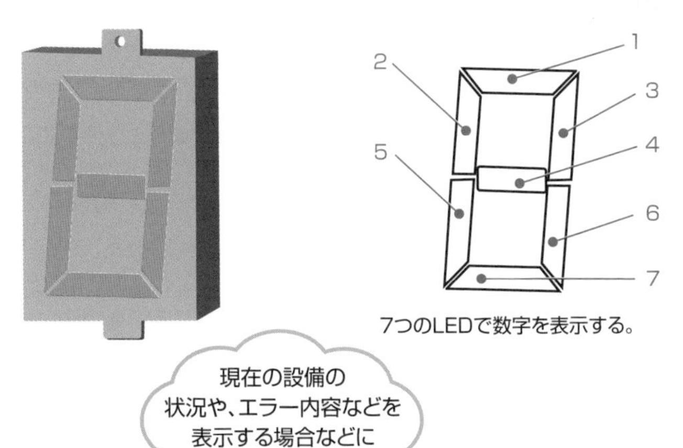

現在の設備の状況や、エラー内容などを表示する場合などに使います。

タッチパネル

▲タッチパネル　by Wilson DiasAbr

3-3

駆動機器

駆動機器は、実際に仕事をする部分、人間でたとえれば手足です。入力機器や表示機器を付けても、実際に機械を動作させないと意味がありません。ここでは、工場で使用頻度の高いエアシリンダーについて説明します。

エアシリンダー

産業機器での駆動方式としては**エア駆動**が主流です。エア駆動は、コンプレッサーでエア（空気）を圧縮し、その圧力でエアシリンダーを動作させます。エアシリンダーの制御は**電磁弁**または**ソレノイドバルブ***と呼ばれる機器で行いますが、まずエアシリンダーについて見ていきましょう。

エアシリンダーでは、シリンダー（筒状のボディ）の中にピストンがあり、ピストンにはピストンロッドが付いています。シリンダーにはエアを送る穴が２個開いています。その片方の穴にエアを送るとシリンダー内にエアがたまり、圧縮エアによりピストンを押し出します。これによりシリンダーは動作します。

シリンダーを戻すには、もう片方の穴にエアを入れれば反対側に動作します。このときエアを送っていない方の穴は開放しておく必要があります。このようなエア制御を行ってくれる機器が**電磁弁**です。

電磁弁（ソレノイドバルブ）

電磁弁は、エアシリンダーを動作させる機器で、リレーと同じようにコイルがあります。このコイルに電流を流すことで動作します。コイルはACとDC、電圧などが選定できますので、仕様に合ったものを購入してください。

ここでは、一般的な５ポートバルブについて説明します。５ポートバルブは５個のポートがあるタイプです。まずPに圧縮エアを入れます。ここがもとになります。するとBというポートにエアが出ます。b接点みたいな感じです。

コイルに電流を流し、電磁弁を動作させると、PポートとAポートがつながります。そしてBポートはRポートに接続されます。このRポートは大気開放です。音がうるさいので通常はマフラーを付けます。

***電磁弁（ソレノイドバルブ）**　流体を通す管での流れの開閉制御に用いる電気的な駆動弁のこと。

エアシリンダー

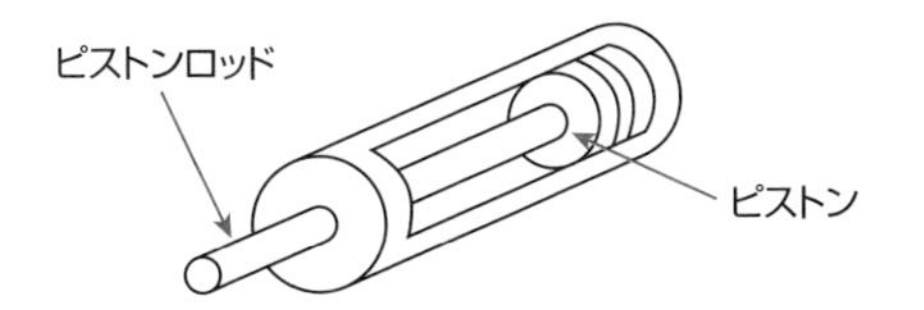

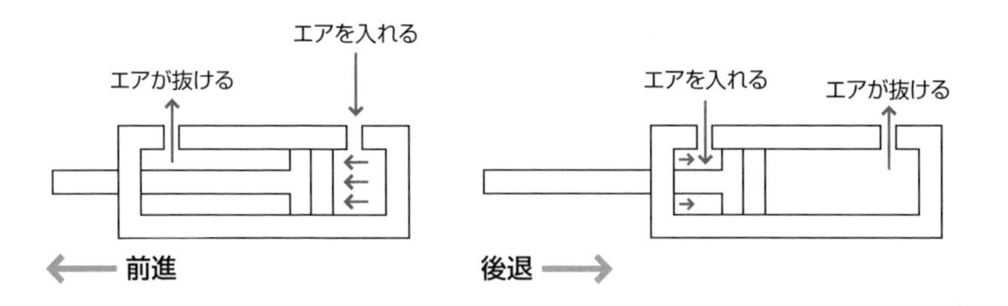

電磁弁（ソレノイドバルブ）

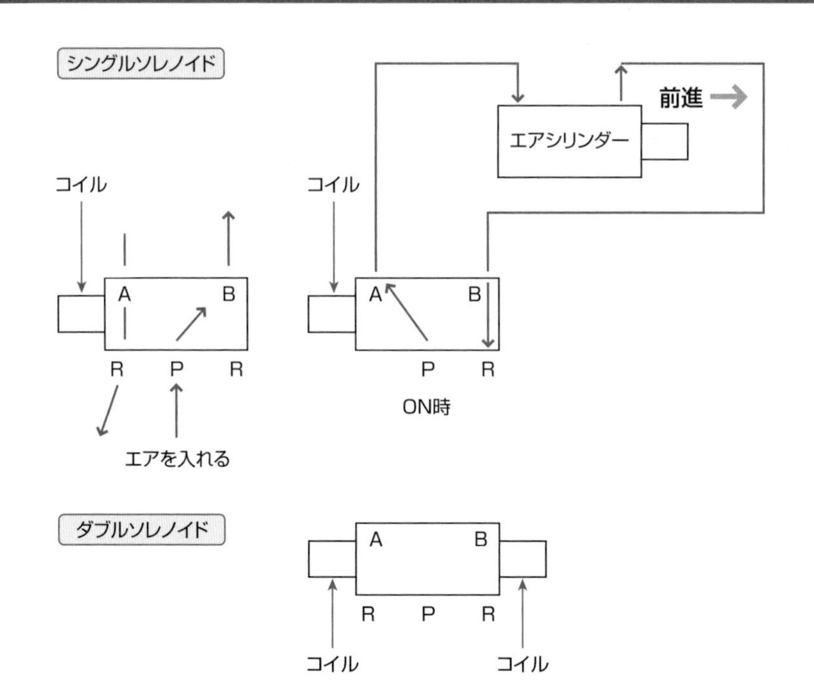

非常停止ボタンはひるまず押せ！

設備には通常、非常停止ボタンが付いています。その名のとおり緊急時に押します。何か危ない動作をしたときなどに押せばいいのですが、複雑な処理をする設備の場合、なかなか押したくありません。特に自分で作成したプログラムなら押したくないものです。

ですが、安全のためにも、何かあったら即押すようにしましょう。気持ち的には動作が完了したら押したいところですが、ふだんから押す習慣を付けておけば、もしものときもひるまず押せます。押す動作が0.1秒遅れただけで大変なことになるかもしれません。

非常停止で注意しないといけないのは、非常停止信号をシーケンサーに入力するよりも、電源を遮断した方が確実だということです。

昔、非常停止の処理をシーケンサーに入力してある設備があり、その処理を実行すると設備が停止する仕様でした。この設備が曲者（くせもの）で、非常停止の処理を実行しても何も表示されず、非常停止ボタンも点灯しないのです。

ある日、設備が動かなくなったとの連絡を受けて確認したところ、特に問題はないのですが、設備が動かない。配線の断線などを確認しても問題ないので、パソコンをつないでプログラムをモニタしました。コメントデータも入っていないので、I/Oから追っかけて調べていくと「非常停止」の文字が……。

もしやと思い確認したところ非常停止の処理が実行されていました。こんなことで1時間も無駄に……。しかも2人で……。まさか非常停止の処理が実行されているとは思っていなかったのです。思い込みには注意しましょう。

第4章

シーケンス図の見方と描き方

本章では、シーケンス図について説明します。シーケンス図ということで、制御らしい名前になってきましたが、難しく考える必要はありません。シーケンス図は制御に重点を置いた回路図です。シーケンス図の描き方、図記号について理解しましょう。

4-1

実態配線図とは

回路図には、様々な描き方があります。実際の配線の細かい部分まで表示する実態配線図のほかに、記号を使ってシンプルに表示する描き方などがあります。

実態配線図

実態配線図とは、機器同士を実際に配線したように描いた回路図です。実際に配線する場合には便利な回路図です。部品単体も実物に近いように描くと非常にわかりやすい回路図になります。

ただし、回路図が大きく、複雑化してきた場合、実態配線図として描いた回路図は、複雑になりすぎて、逆にわかりにくくなります。各機器の表示が細かくなり、配線の本数も増えていくため、配線をたどっていくだけで大変な作業になります。

また、機器をあまりに正確に描きすぎると、逆に回路図を理解しにくくなる現象が発生します。配線図どおりに組み立てる場合などは簡単でいいのですが、理解しながら組み立てるのは難しいと思います。

実態配線図の描き方

実態配線図の描き方ですが、実は「2-10　基本回路を理解する①」で説明した回路図も実態配線図です。実態配線図といっても、機器の形まで正確に描き、機器のどこにどの線をつなぐかまで詳しく示す描き方もあります。しかし、そこまで詳しくすると、描くことに時間がかかり、理解しにくい回路図ができ上がってしまいます。

実態配線図を描く場合、接点などは記号で描き、機器などは識別できる程度に描き、機器への配線の接続は、機器の端子台の番号などを表示するようにします。必ず接点の接続を描くようにしてください。

電源は描きます。電源の記号はACかDCかで違いますので、正確に描いてください。次ページの図のようにシンプルに描くことをおすすめします。

実態配線図

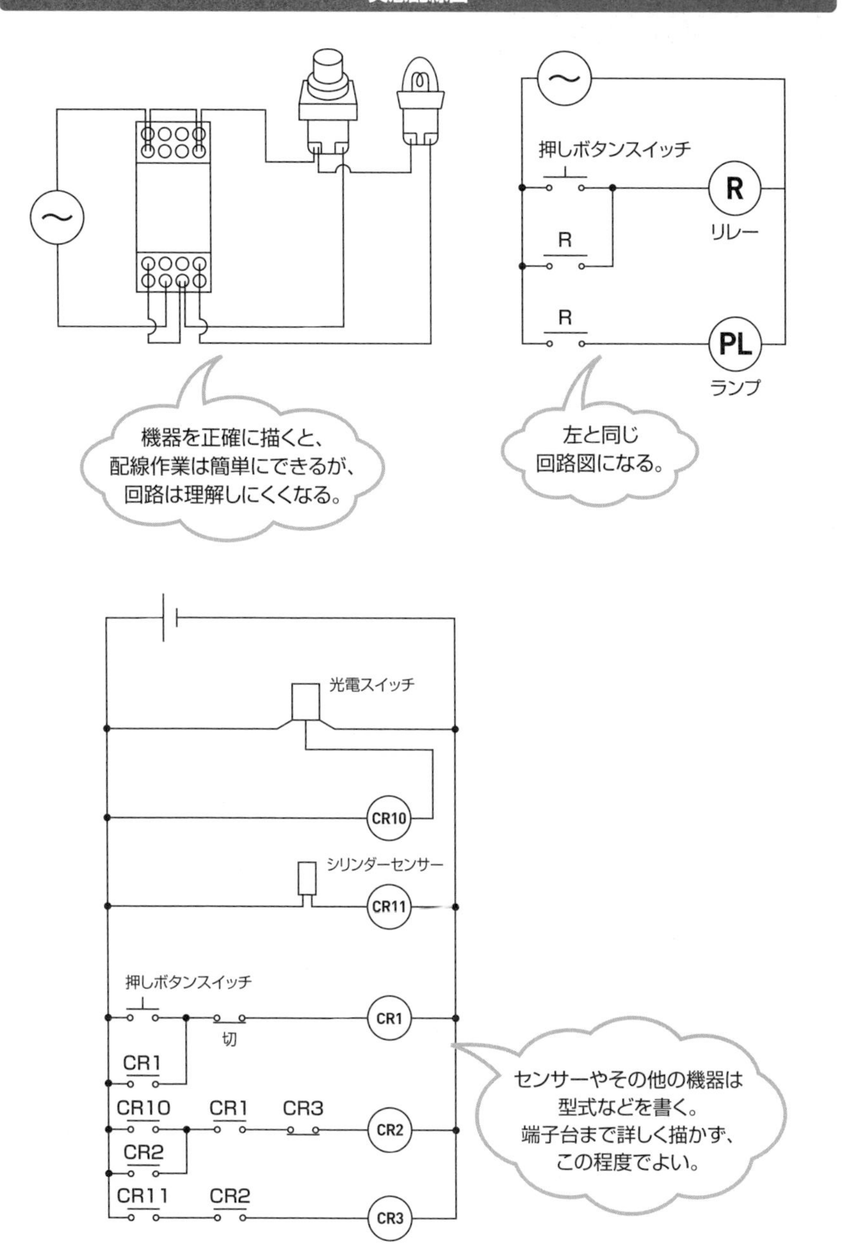
押しボタンスイッチ
R
リレー
R
R
PL
ランプ
機器を正確に描くと、
配線作業は簡単にできるが、
回路は理解しにくくなる。
左と同じ
回路図になる。
光電スイッチ
CR10
シリンダーセンサー
CR11
押しボタンスイッチ
CR1
切
CR1
CR10
CR1
CR3
CR2
CR2
CR11
CR2
CR3
センサーやその他の機器は
型式などを書く。
端子台まで詳しく描かず、
この程度でよい。

4-2 回路図の記号

電気回路に使用されている記号について少し触れておきます。電気回路で使う記号のことを**図記号**と呼びます。図記号はJIS規格で定められています。

図記号とは

図記号はJIS（日本産業規格）で定められています。**JIS規格**と呼ばれていますが、難しいことは省略して、ここでは必要なことだけ説明します。

私たち日本人は日本語を使います。日本語によってお互いの意見を交わし合いコミュニケーションをはかっています。当たり前ですが、それは日本語という共通の言葉があり、みんな日本語を知っているからできることです。日本語の通じない外国に行くと、会話すらできません。

図記号にも同じことがいえます。筆者がいままで説明してきた回路図は、筆者が勝手に作った図記号ではありません。JISで定められている図記号を使用しています。それぞれが好き勝手に図記号を作って回路図を描いていたら、他の人が見ても理解できません。

そこで、JIS規格によりあらかじめ決められた図記号を使用すれば、誰が見てもわかる回路図になります。

図記号

次ページに、シーケンス制御で使用する代表的な図記号を示します。「あれっ!?」と思うかもしれませんが、筆者がいままで回路図で使用してきた図記号は旧図記号です。なぜ、古い図記号を使用したのかというと、旧図記号の方が接点は接点らしい記号でわかりやすいからです。

まだ旧図記号で描く人も多くいますし、旧図記号で描いても一般的には通用します。しかし、いつまでも古い図記号を使用するわけにもいきませんので、ここからは現行の**JIS C 0617**（**電気用図記号**）に沿った図記号を使用していきます。

電気用図記号の例

a接点（メーク接点）	
JIS C 0617	旧図記号

b接点（ブレーク接点）	
JIS C 0617	旧図記号

手動操作スイッチ	
JIS C 0617	旧図記号

押しボタンスイッチ	
JIS C 0617	旧図記号

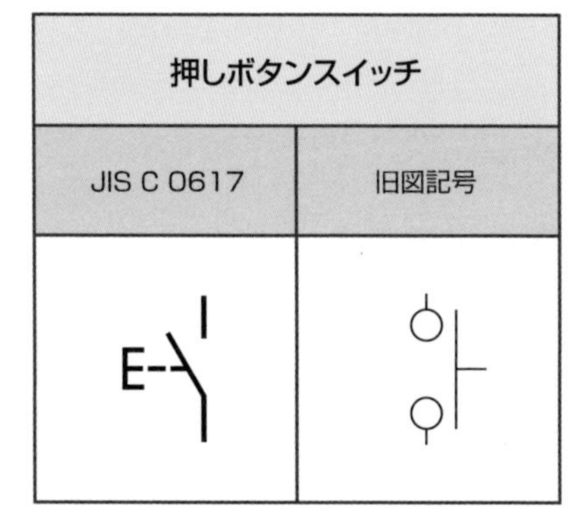

コイル	
JIS C 0617	旧図記号

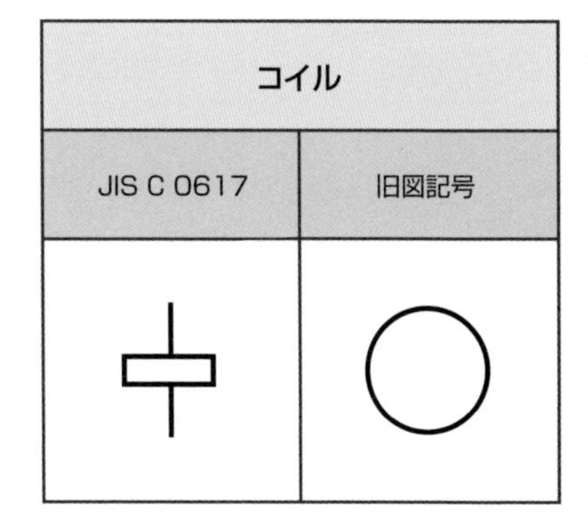

ランプ	
JIS C 0617	旧図記号

4-3 シーケンス図とは

シーケンス図は、制御の流れに重点を置いて描く回路図です。そのため、制御内容が非常に理解しやすくなります。

シーケンス図

ここからの説明では図記号を旧図記号からJIS C 0617に変更します。シーケンス図は、制御部分に重点を置いた回路図となります。そのため、電源などの図記号は省かれます。

これまで説明した回路図は、電源から始まって、接点や負荷を通り、最後に電源に帰ってくる閉回路で描かれていました。シーケンス図は、電源部分が省かれるため閉回路にはなりません。描き方は、特に難しくはなく、いままで説明した回路図から単純に電源部分を取れば完成です。

縦書きと横書き

シーケンス図には、縦書きと横書きがあります。どちらを使用してもかまいませんが、本書では横書きシーケンス図を使用します。

制御の流れる方向ですが、縦書きの場合は左から右へ。横書きの場合は上から下になります。ここでいう制御の流れる方向とは制御工程のことです。

このような制御の順番を、縦書きであれば左から右へ、横書きであれば上から下へ向けて描くという意味です。

ただし、実際のところ、近年はPLCが広く使われるようになり、シーケンス図というものは見る機会が減ってしまいました（業界によっては違うかもしれませんが）。本書で説明しているリレー回路図も、基本的にはシーケンス図のように描いていますので、シーケンス図については最低限の説明にとどめます。

実態配線図とシーケンス図

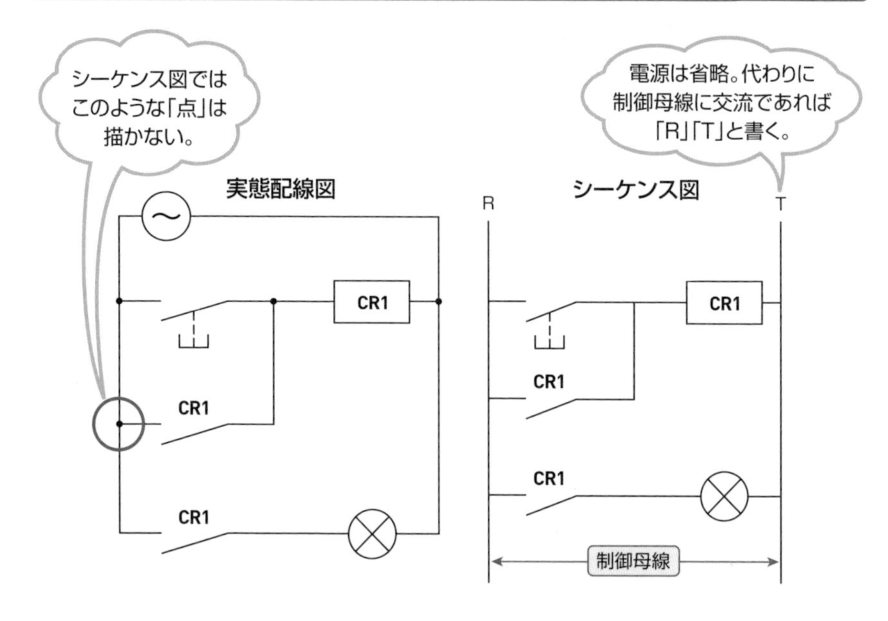

横書きシーケンス図

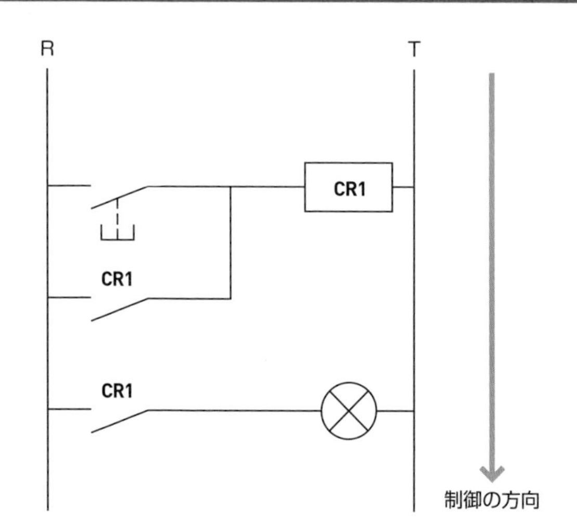

4-4 シーケンス図の描き方

実際にシーケンス図を描いてみましょう。リレー回路（リレーシーケンス）を理解していれば、難しくはありません。制御部分を残して、制御と関係のない回路を外せばいいのです。

シーケンス図の描き方

横書きシーケンス図の描き方を説明します。「2-10　基本回路を理解する①」で使用した回路図を使用します。まず、DC電源の図記号を削除します。電源線の縦に2本平行に引いている部分は残します。この線を**制御母線**と呼びます。

次に、制御母線の下の角になっている部分をそのまま下に伸ばします。今回はDC電源なので、制御母線の上に「P」と「N」を書きます。「P」がプラス側になります。もし、交流電源であれば「R」「T」と書きます。これは一般的な書き方なので、別に書き方の指示があれば、その指示に従って書いてください。センサーは省略しています。

リレーの右側に動作内容を書きます。このリレー（コイル）がどのような動作を行うかを書きます。これにより制御内容がさらにわかりやすくなります。リレー接点の上には通常どおり、どのリレーの接点かわかるように、リレーの番号を書きます。このように回路図上に書く文字を**コメント**と呼びます。

押しボタンスイッチの接点に「運転PB」と表示してありますが、「PB」はプッシュボタンの略です。「運転PB」で運転用の押しボタンという意味になります。

出力部分

制御部分のシーケンス図を描きましたが、これに、ランプとシリンダーを動作させるための電磁弁を付け加えます。シリンダーの場合、配線を行うのは電磁弁なので回路図には電磁弁を描きます。シリンダーは描きません。

ランプや電磁弁の図記号の横にもコメントを書いておきます。図記号だけですと、何のランプが点灯するのか、どのシリンダーが動作するのかわからないためです。

最後に電磁弁をCR3のリレーでカットしていますが、なくても動作は同じです。CR3が入った瞬間にCR2が切れるため、動作の参考用に入れています。

シーケンス図

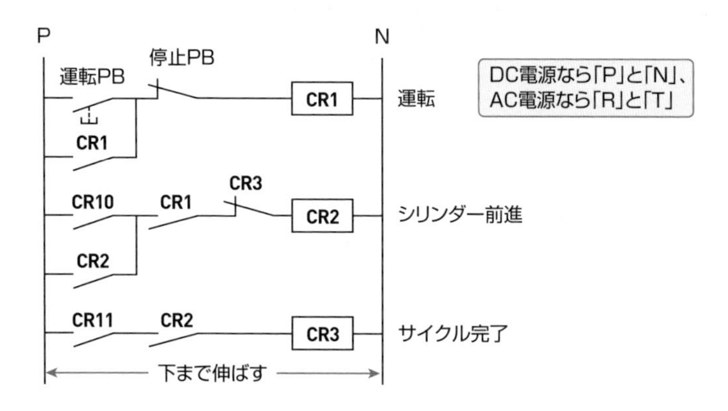

出力を追加したシーケンス図

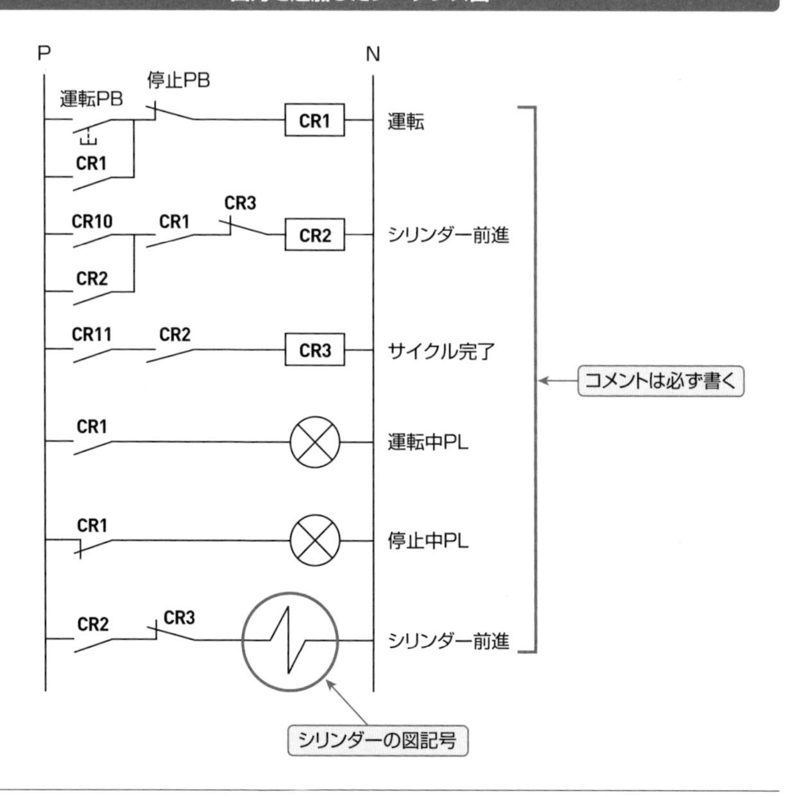

COLUMN

交流電源

交流は家庭のコンセントなどに使用されている電源です。家庭のコンセントはAC100Vで電線が2本あります。片方の電線は**アース**と呼ばれ、地面と接続されています。もう片方の電線に電圧がかかっていますが、60Hzであれば1秒間に60回、電圧がプラス側になったりマイナス側になったり切り替わります。

電圧の高い方から低い方へ電流が流れます。交流の場合、アース側から電流が流れたり、アース側へ電流が流れたりを繰り返し、電流が行ったり来たりしています。そのため、交流には極性がないといわれています。

交流の場合、片方の線がアースのためアース側は触れても感電しませんが、もう片方は感電します。この場合、地面（アース）と電線の電圧で**対地電圧**と呼びます。

昔、海外で単相200Vの設備に、電源線をつなごうとしたのですが、電線が1本しか来ていません。実は対地電圧200Vの線が1本用意されていただけで、アース側は工場の適当な柱から取ってくださいとのことでした。驚きの配線方法でした。

第5章

シーケンス制御の回路

いよいよ本格的に制御の説明に入ります。シーケンス制御ではラダー図を使用します。いままではリレー回路やシーケンス図でしたが、この章でラダー図を導入します。また、シーケンス制御における原点復帰と自動運転の説明をします。ラダー図のプログラミングまではもう少しです。がんばって学習していきましょう。

5-1

ON-OFF回路

接点の説明です。リレー回路の説明などで詳しく触れましたが、復習も兼ねて再度説明します。a接点とb接点は大変重要なので、必ず理解しておきましょう。

a接点とb接点

復習を兼ねて、まず、接点を使用してランプをON-OFFしてみます。

まずはa接点を使います。スイッチを押すと、回路がONしてランプが点灯します。スイッチを離すと、回路がOFFしてランプが消灯します。

次はb接点を使います。何もしないときは、回路がONしてランプが点灯しています。スイッチを押すと、回路がOFFしてランプが消灯します。a接点とb接点では動作が逆になります。

ここまでは、いままでの説明で理解しているはずです。

リレーの接点

次は、間にリレーを入れてみます。スイッチを押すとまずリレーがONします。そのリレーの接点を利用してランプが点灯します。何でもない回路です。なぜ、間にリレーを入れる必要があるのでしょう？　なくても問題ありません。

しかし、シーケンス制御では、このような回路を頻繁に使います。それは接点の数を増やせるためです。例えば、スイッチであれば、完全に絶縁された接点は通常1～2個程度です。小型のものになると1個です。しかし、リレーの場合は標準のコントロールリレー（MY4Nなど）でも4個付いています。

もし、スイッチに接点が1個しか付いていなくても、このようにリレーを入れれば接点が4個になるのです。スイッチ1個に対して、動作させる接点を増やすことができます。

さらに、リレーの接点同士は絶縁されているため、別系統の回路が4パターン作れるということです。例えば、スイッチを押すと、AC100VのランプとDC24Vのランプを同時に点灯させることができるのです。

a接点とb接点

a接点

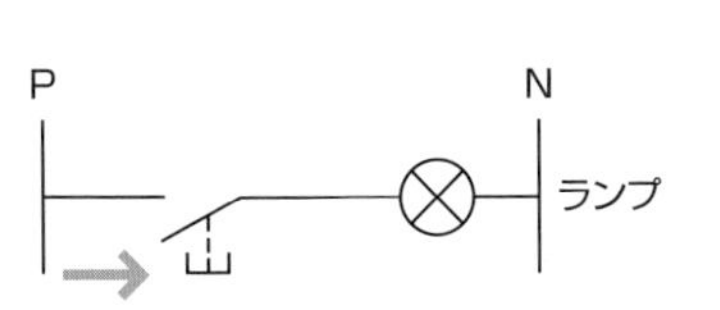

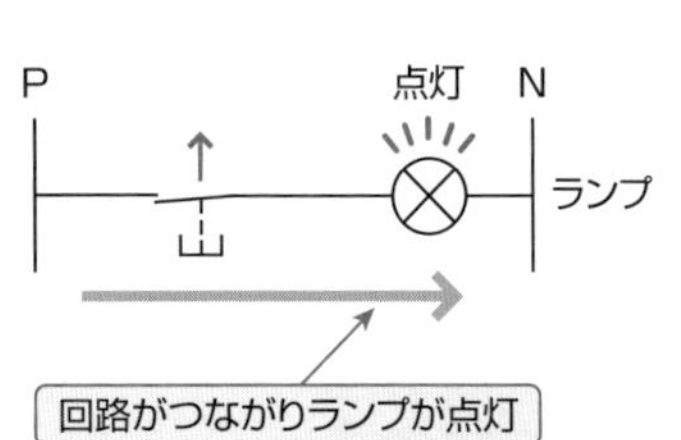

b接点

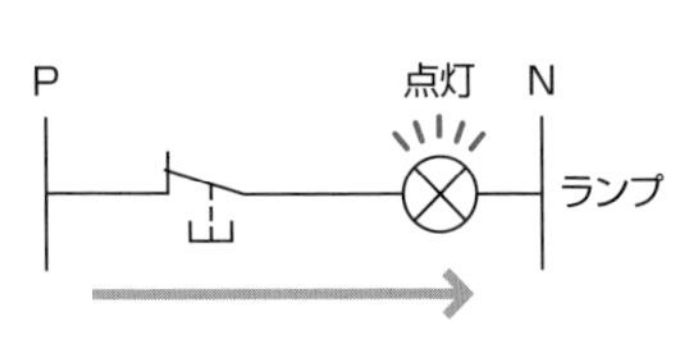

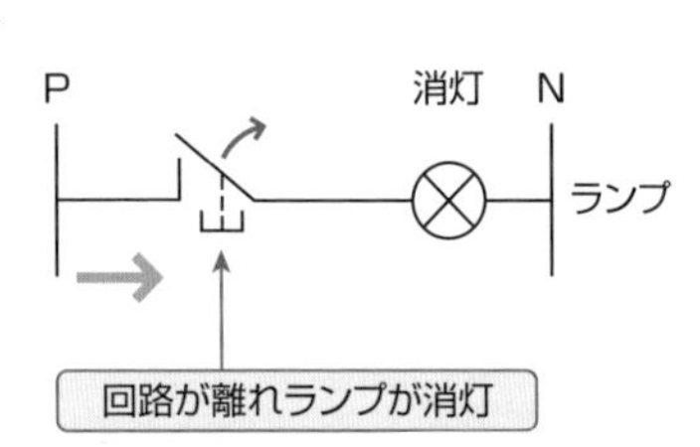

リレーの接点

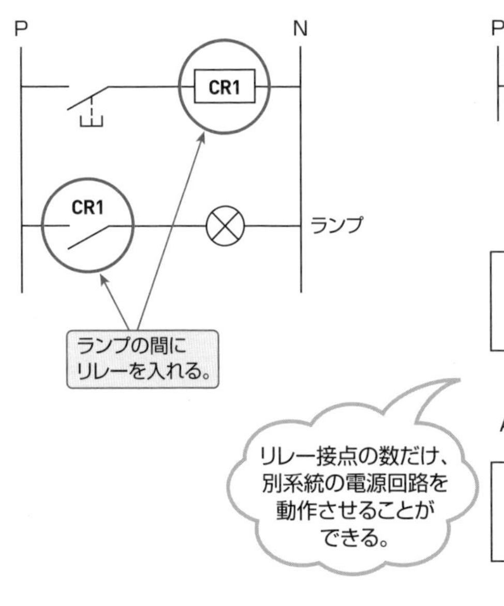

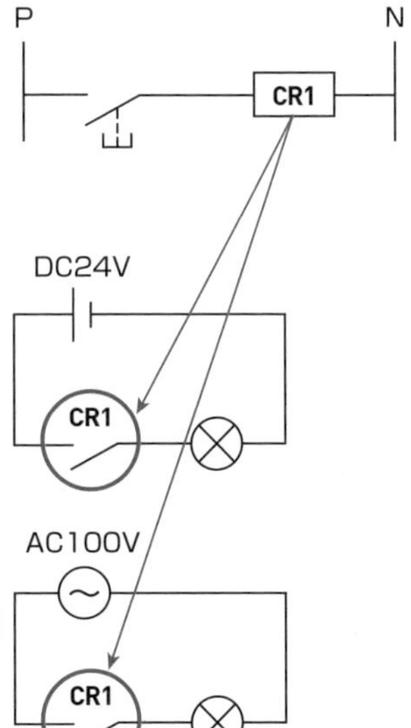

5-2 AND回路

AND回路とは直列回路のことです。実は、いままでの回路ですでに使っていますので、気付かないうちに理解しているはずです。改めて、AND回路について詳しく説明していきます。

AND回路とは

AND回路とは、**直列回路**のことで、接点を２個以上、連続で接続することです。これは条件を意味します。例えば、接点①と接点②が直列に接続されているとします。このときの条件は、接点①と接点②が同時に入ったときなので、**AND**と呼びます。

次ページ上図のようになりますが、接点①だけではランプは点灯しません。接点②だけでもランプは点灯しません。では、どうすればランプは点灯するのでしょうか？

接点①と接点②が同時に入ったとき、ランプは点灯します。接点①と②が押しボタンスイッチであった場合、両方のボタンを押さないとランプは点灯しないということです。

このように、複数の接点が同時に入ったときの条件を**AND条件**といいます。次ページ上図の場合は「①の接点と②の接点が入ったとき」です。

接点の数と種類

接点の数は３個以上でも設定可能です。また、接点はｂ接点でも問題ありません。この場合、例えば、②の接点をｂ接点とすると、①の接点が入ったときのみランプは点灯します。

接点が押しボタンスイッチであれば、①のスイッチを押して、②のスイッチを押さない場合のみ、ランプは点灯します。両方のスイッチを押してもランプは点灯しません。

このように、接点の数と種類を組み合わせることで、様々な条件設定ができるようになります。

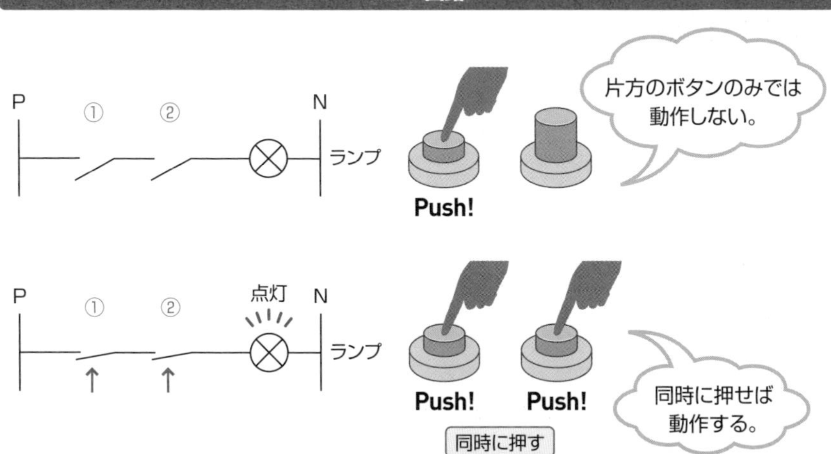

接点の数と種類の組合わせ

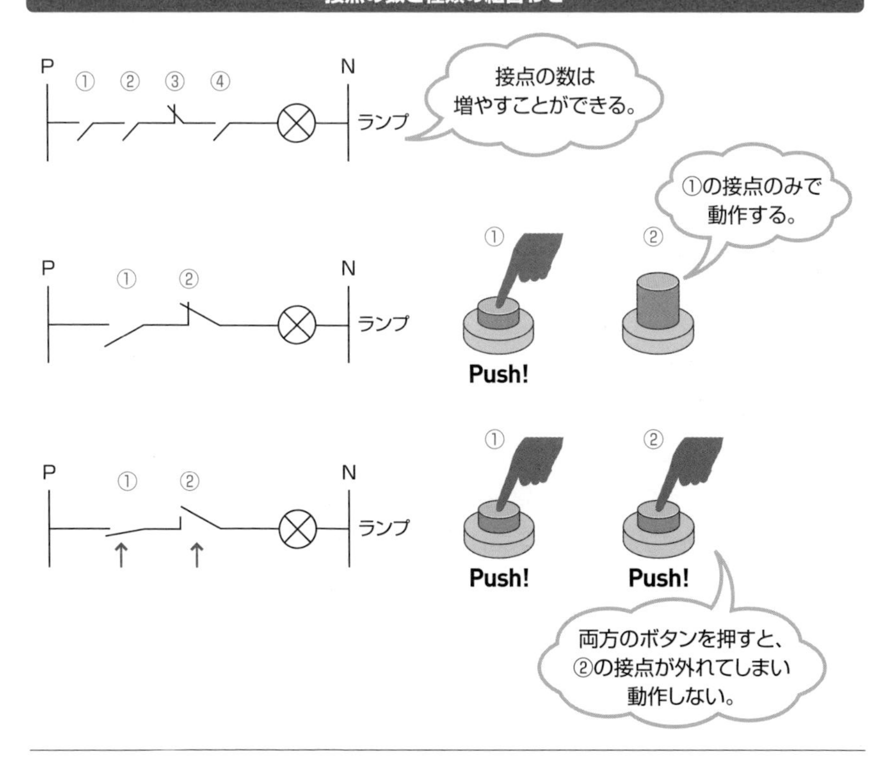

5-3
OR回路

OR回路とは並列回路のことです。AND回路と同じく、いままで説明した回路図の中ですでに使用しています。AND回路と組み合わせて使用することで、様々な条件を設定できます。

OR回路とは

OR回路とは、**並列回路**のことです。AND回路では、接点を横方向に連続で接続しましたが、OR回路では縦方向に連続で接続します。OR回路も条件を意味します。例えば、接点①と接点②がOR回路で接続されているとします。このときの条件は、接点①または接点②のどちらかが入ったときなので、**OR**と呼びます。

AND条件とは異なり、①か②のどちらか片方の接点が入ったらランプは点灯します。次ページ上図のようになりますが、①の接点がONするとランプは点灯します。②の接点がONしてもランプは点灯します。①と②の接点が同時にONしてもランプは点灯します。

このように、複数の条件のうち1つが入ったとき動作する条件を、**OR条件**といいます。

接点の数と種類

接点の数は3個以上でも設定可能です。また、接点はb接点でも問題ありません。AND回路とOR回路を組み合わせることも可能です。実際の作業では、ANDとORを上手に組み合わせて条件設定をしていきます。

ここで面白いことが起こります。例えば、AND回路の条件をすべてb接点にしてみたらどうでしょうか。何もないときランプは点灯していますが、どれか1つの接点が入ったらランプは消灯します。OR回路のような動作に変わるのです。

OR回路でも同じようなことが起こります。すべての条件をb接点にすると、AND回路のような動作になるのです。これでは混乱してしまうので、最初のうちはa接点を使用して回路を作ってください。

OR回路

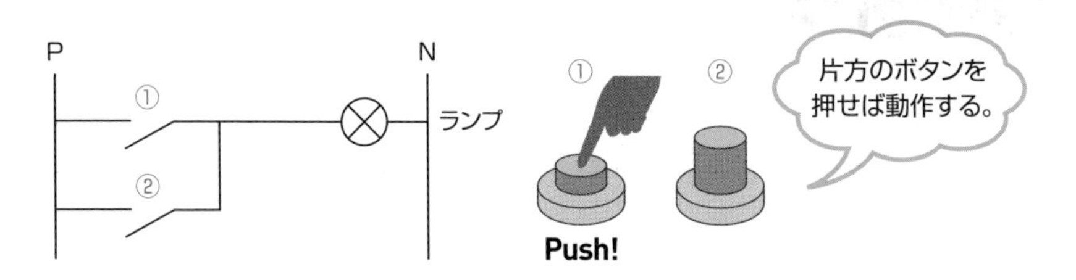

AND回路とOR回路の組み合わせ

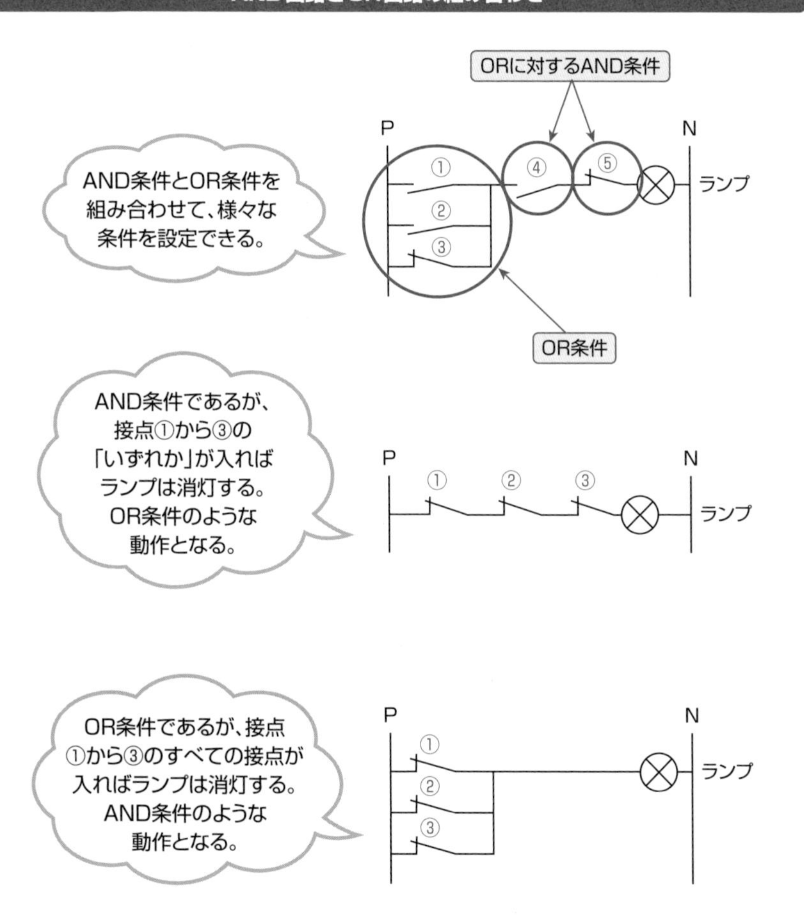

5-4

自己保持回路

第2章で簡単に説明した自己保持は、リレーシーケンスにおいて大変重要な部分となります。また、PLCを使用したプログラミングにおいても自己保持は基本となります。確実に理解する必要があります。

自己保持回路とは

自己保持回路をシーケンス図で描くと、次ページの左上図のような形になります。自己保持用の接点は必ず左下側に寄せてください。リレー回路の性質上、右上図のような描き方でも動作しますが、基本的に自己保持用接点は左下寄せがわかりやすいからです。

ここで「わかりやすい」とは、一般的に左上図のように回路を描くからです。自分だけがわかりやすい描き方や、一般的なことが嫌いで描き方をわざと変更することは、おすすめしません。良いプログラムの基本は、誰が見てもわかりやすいことです。

自分勝手な描き方では、他の人にとってわかりにくく、自分の回路の制御内容を他の人に伝えるのも困難になり、また、他の人が描いた一般的な回路図を読むことも困難になります。

話を戻して、左中図の接点①をONするとコイルが入ります。コイルの接点を接点②とします。接点②を接点①に対してORでくくると、自己保持回路が完結します。接点①をOFFしても、代わりに接点②がONしているため、回路はONし続けます。

自己保持の解除

この回路をOFFするには、電源供給を遮断するしかありません。電源そのものをOFFしてもいいのですが、コイルに供給する電源を遮断するだけで、回路はOFFできます。

そこで、左下図のように接点③をb接点で取り付けます。接点③のコイルがONすると自己保持は解除されます。以上が、基本的な自己保持回路です。

PLCへのプログラミングにおいても、自己保持は重要な役割を持っているため、確実に理解する必要があります。

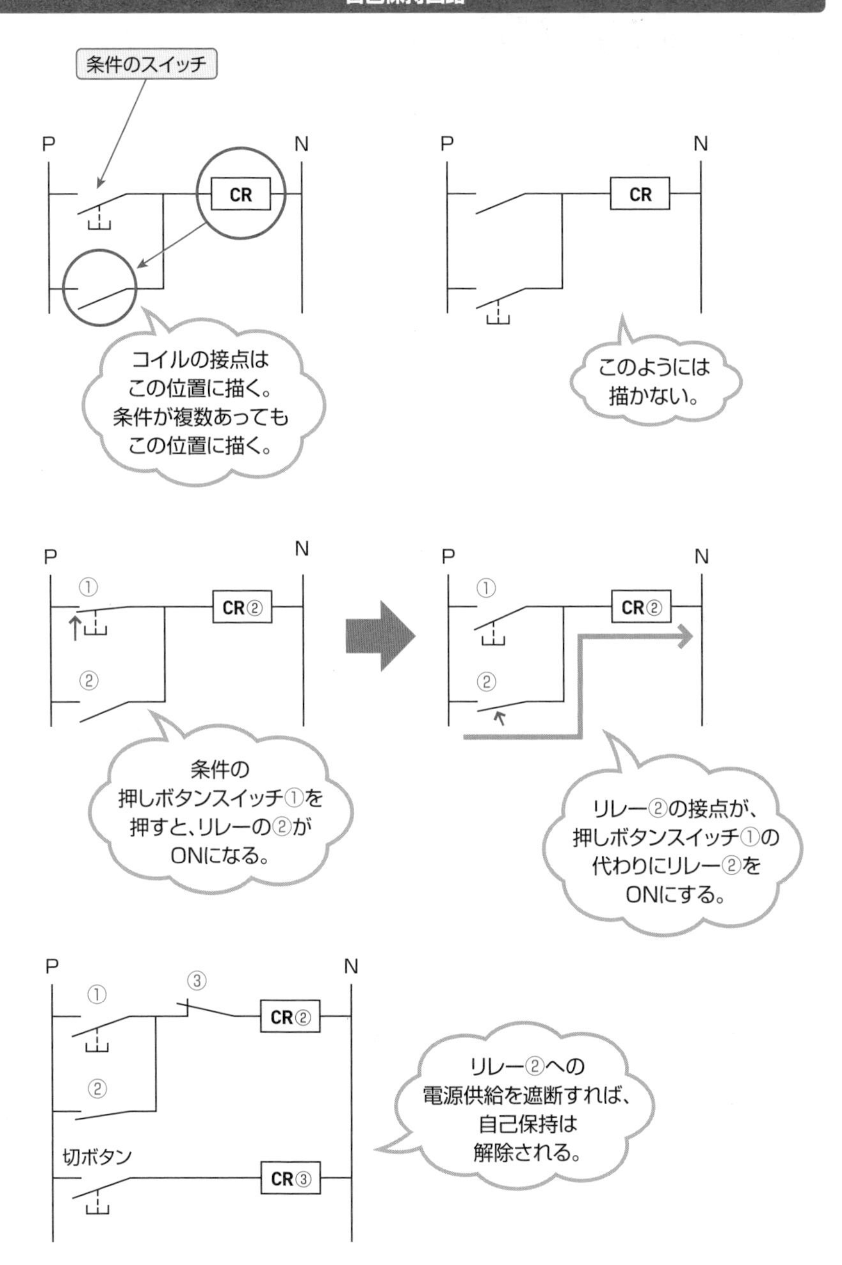
自己保持回路
条件のスイッチ
P
N
CR
コイルの接点は
この位置に描く。
条件が複数あっても
この位置に描く。
P
N
CR
このようには
描かない。
P
N
①
CR②
②
条件の
押しボタンスイッチ①を
押すと、リレーの②が
ONになる。
P
N
①
CR②
②
リレー②の接点が、
押しボタンスイッチ①の
代わりにリレー②を
ONにする。
P
N
①
③
CR②
②
切ボタン
CR③
リレー②への
電源供給を遮断すれば、
自己保持は
解除される。

5-5
インターロック回路

インターロック回路とは、2つの出力を同時に出力させないための回路です。基本的には、先に出力された方を優先します。同時に出力されると機器の破損や危険が生じる場合に使用します。

インターロックとは

そもそもインターロックは、安全関係の機構などで出てくる言葉です。例えば、設備のカバーです。カバーが開いた状態で設備が動作すると大変危険です。もし設備内に手を入れると、けがをする可能性があります。

このようなことを考慮して、設備のカバーが開いた状態では設備は動作せず、動作中にカバーが開いたら設備は停止する──という仕組みのカバーのことを**安全カバー**と呼び、このような機構を**インターロック**と呼びます。

インターロック回路とは

インターロックには、ほかにも**優先回路**という使い方があります。**インターロック回路**と呼びますが、制御回路を組む上では、インターロックをこちらの用途で使うことの方が多いはずです。

どのように使うのかを説明しますと、まず、2つの出力があるとします。仮に出力①と出力②としておきます。スイッチ①で出力①が動作し、スイッチ②で出力②が動作します。ここで条件を設定します。出力①と出力②は同時に出力してはいけないこととします。しかし、スイッチ①とスイッチ②を同時に押すと、出力①と出力②は同時に出力してしまいます。この同時出力を防ぐために、右ページの中図のように片方のコイルの接点を使用して、電気的に出力できなくします。

この場合、出力①のb接点を出力②の前に入れています。同時に出力があった場合、出力①が出力され、出力②は出力されません。出力①が優先的に出力される回路となります。

これを**インターロック**と呼び、通常、互いの接点に入れます。互いにインターロックをかけると、最初に出力された方が優先されます。

インターロック回路

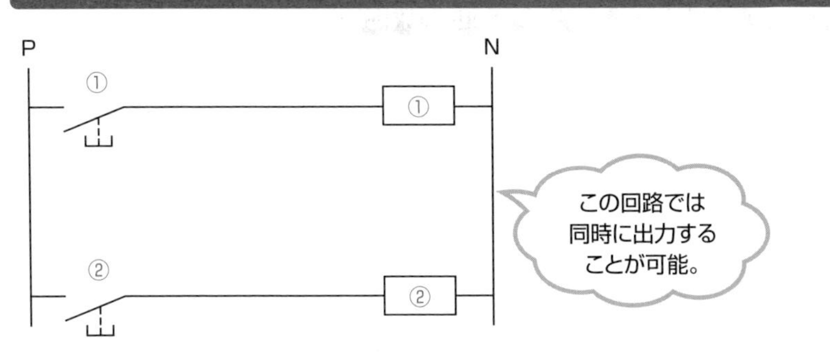
P
N
①
①
②
②
この回路では
同時に出力する
ことが可能。

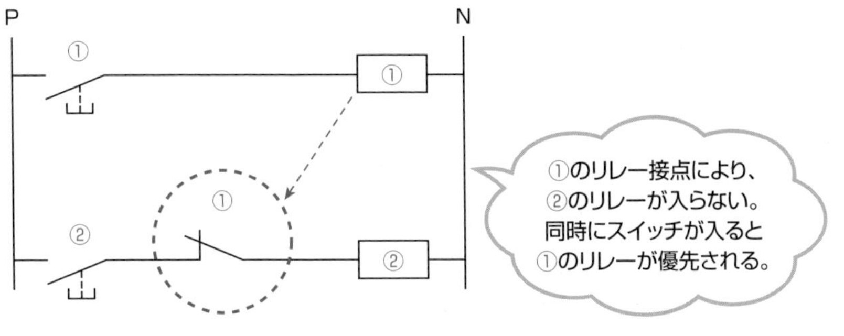
P
N
①
①
①
②
②
①のリレー接点により、
②のリレーが入らない。
同時にスイッチが入ると
①のリレーが優先される。

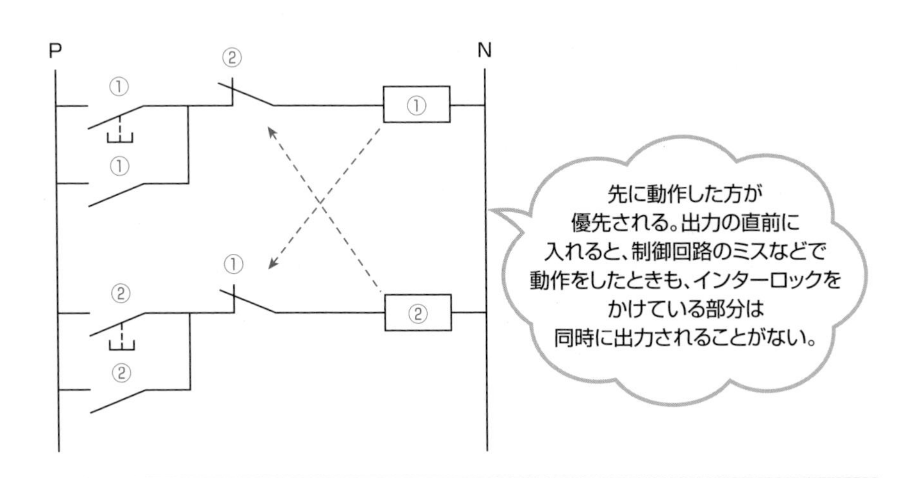
P
N
②
①
①
①
①
②
②
②
先に動作した方が
優先される。出力の直前に
入れると、制御回路のミスなどで
動作をしたときも、インターロックを
かけている部分は
同時に出力されることがない。

5-6

タイマーを使用した回路

リレーと一緒にタイマーを使用してみます。タイマーを使用し、動作を遅延させることで、より実践的な制御回路ができます。

タイマーとは

タイマーは簡単に説明すると、リレーの接点の動作する時間を任意に設定できるものです。例えば、リレーの場合、コイルに電流を流すと同時に接点が動作します。

タイマーの場合は、コイルに電流を流すと、設定された時間が経過したのち、接点が動作します。この時間は、タイマーの上面に付いているダイヤルで調整が可能です。

タイマーを使用した回路

タイマーが実際どのように使用されるのか、次ページ下の回路図で説明します。

まず、スイッチを押すとリレーが入ります。このリレーの接点でランプ1が点灯します。タイマーT1はリレーと並列に接続しています。1秒に設定してあるとします。最初のランプが点灯して1秒後にタイマーT1が入り次のランプが点灯します。

さらにタイマーT2が並列に付いています。T2の設定は2秒とします。T2にはT1の接点が直列に付いています。

これは、タイマーT1が入ってから2秒後にT2が入るということです。この接点がない場合、例えば、T2の時間設定がT1の時間設定より短いと、ランプ2は点灯せず、そのまま自己保持は解除されてしまいます。

タイマーの値をしっかり把握して設定していれば問題ありませんが、間違い防止にもなるので、図のようにタイマーT1の接点を入れておきましょう。タイマーT2で自己保持を切るようになっていますので、これですべてのランプが消灯します。

タイマーの基本的な使い方を説明しましたが、ほかにも、入力スイッチで直接タイマーを動作させることで、一定時間スイッチを押し続けないと回路が動作しないようにするなど、様々な使い方があります。

タイマー

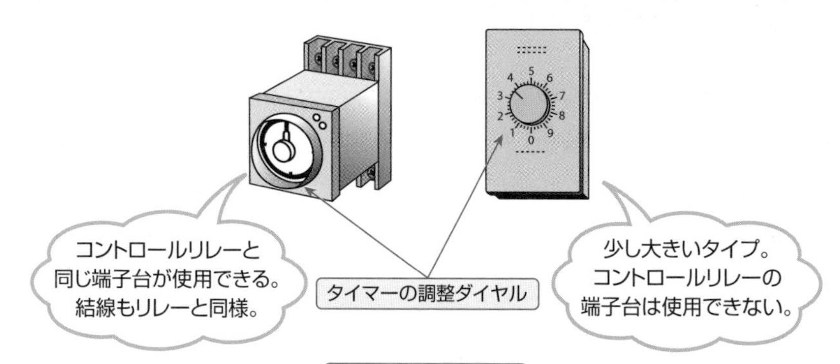

タイマー接点の図記号

a接点 （メーク接点）	b接点 （ブレーク接点）

タイマーを使用した回路例

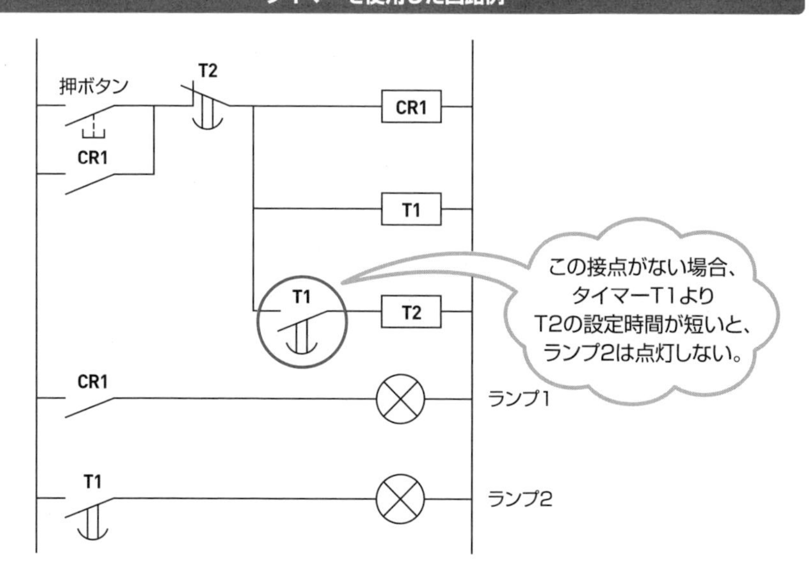

5-7

ラダー図①

ラダー図は、PLC（シーケンサー）に使用されるプログラム言語で、リレー回路のように記述します。シーケンス制御を学ぶ上でラダー図は必須となり、さらに、一般的なPLCはラダー図を採用しています。つまり、PLCで設備などを制御する場合は、ラダー図を理解する必要があります。ラダー図がわからなければ、PLCでの制御はほぼ不可能です。

ラダー図とは

ラダー図は、一般的なプログラム言語とは異なる、少し特殊な言語となっています。そのため、VB（Visual Basic）などでプログラムを作成している人には、とっつきにくいでしょう。ラダー図は、リレー制御の延長上にあり、パソコンの中でリレー回路を描いている感覚に近い部分があります。難しそうに思えますが、リレー回路をしっかり理解していれば、特に難しくはありません。

ラダー図を描く①

まずはリレー制御で使用した回路を使ってみます。実態配線図では、次ページ上図のようになります。まず、リレー回路から電源回路とセンサーの入力部分を取ります。

PLCに信号を入力するときは、リレー制御で行ったような、センサーでリレーを動作させる回路は必要ありません。例えば、X0という端子台に直接、センサーの信号線を接続すれば、X0という接点をプログラム上に描くだけで動作します。接続方法についてはあとで説明します。まずは回路を見てみましょう。

電源回路とセンサーの入力部分を取り外し、接点のみ残すと、次ページ上図のような回路になります。シンプルになりシーケンス図のようになりますが、シーケンス図に変更する必要はありません。

シーケンス図からラダー図への変更も同時に説明しますので、一応、シーケンス図も掲載しておきます（次ページ下図参照）。また、実態配線図は旧図記号を使用しています。現行規格の図記号を使用するという意味も兼ねて、シーケンス図を掲載しておきます。

実態配線図から電源を取る

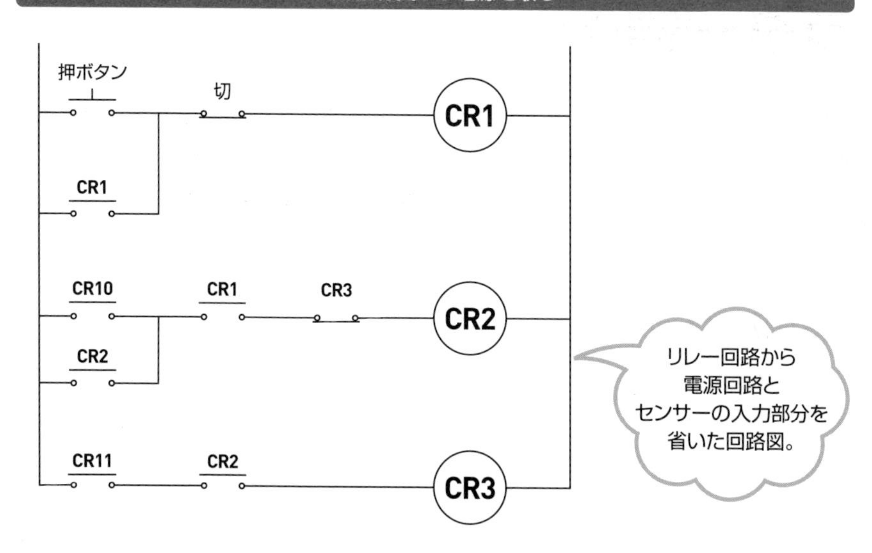

シーケンス図

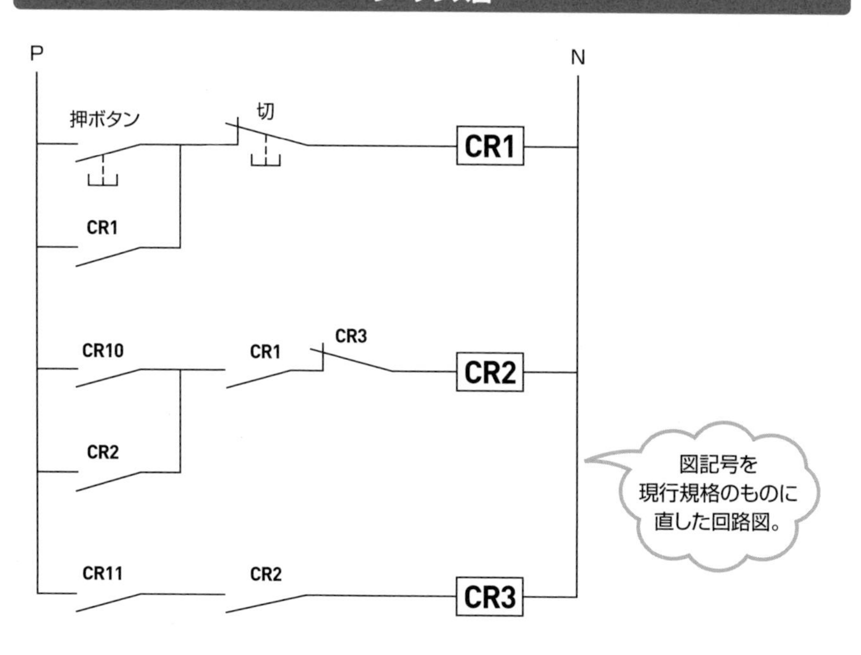

5-8
ラダー図②

ラダー図の説明の続きです。実態配線図から、不必要な電源回路などを省いたところまで説明しました。ここからはラダー図に変換します。

ラダー図を描く②

先ほどの回路図の図記号を変更します。接点やコイルの形を次ページ上図のように変更してください。このとき、押しボタンスイッチの接点もリレーの接点も同じ記号になります。いずれも縦の棒2本で表します。そうすると、次ページ下図のような形になります。

ラダー図を勉強したことがある人なら見たことがあるはずです。ラダー図は、基本的にリレー回路をパソコンなどの画面の中で簡単に設計・編集するものです。記号なども簡単になっていますし、上達すればリレー回路より読みやすくなります。

回路上で、リレーのCRがMに変わっています。このMは**内部リレー**と呼び、PLCの中にある仮想的なリレーです。使い方もリレーと同じです。

リレーには接点が複数あります。内部リレーも同じように、例えば、M1の接点は複数使用できます。ただし、コイルについては複数の使用はできません。これはリレー回路でも同じことで、CR1は1個しかなく、同じコイルに複数の配線はできない*ということです。

内部リレーMについて

ここでは、内部リレーMについて少し説明しておきます。このMという記号は、三菱電機製のPLCでは、内部リレーと決まっています。ほかにもいろいろと記号がありますが、この記号を**デバイス**または**要素**と呼びます。

内部リレーMは、PLC内に大量に用意されています。PLCの種類にもよりますが、性能の低いタイプでも300以上は用意されています。そのため、Mの後ろには通常、番号が付きます。M1やM15のようになります。この番号のことを**デバイス番号**または**要素番号**と呼んでいます。

＊…はできない　プログラム上で記述することはできるが、ダブルコイルというエラー扱いとなり、予想外の動作をするため行わないこと。

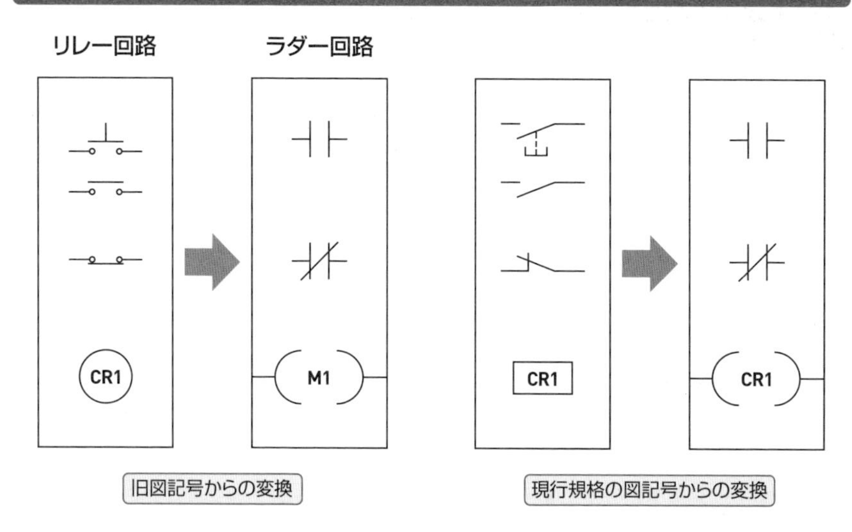
回路図の図記号の変更
リレー回路
ラダー回路
CR1
M1
CR1
CR1
旧図記号からの変換
現行規格の図記号からの変換

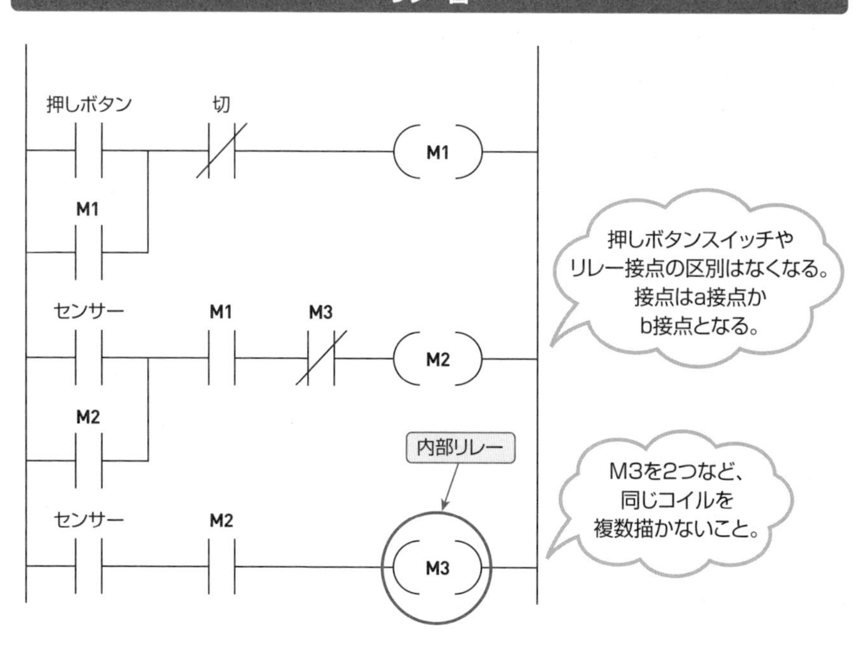
ラダー図
押しボタン
切
M1
M1
センサー
M1
M3
M2
M2
内部リレー
センサー
M2
M3
押しボタンスイッチやリレー接点の区別はなくなる。接点はa接点かb接点となる。
M3を2つなど、同じコイルを複数描かないこと。

5-9
入出力について①

入出力とは、PLCに対して、もっとわかりやすくいえば、プログラムに対して信号を入力したり、プログラムから動作指示を外部に出したりすることです。入出力がないと、実際には動作しません。

入出力

これまでに、リレー回路からラダー図を作る方法を説明しました。しかし、次ページのラダー図では内部リレーM以外にも違うデバイスが描いてあります。実は内部リレーMのみでは、制御対象を動作させることができません。**制御対象**とは、エアで動作するシリンダーやランプ表示などです。

どういうことかというと、内部リレーはPLC内で使用できる仮想的なリレーです。これはPLC内でしか使用できません。したがって、ランプを点灯させたりするには、PLCから外部に信号を出さないといけません。これを**出力**と呼びます。

また、PLC内のプログラムを動作させるための信号も必要です。例えば、押しボタンスイッチなどです。押しボタンスイッチを押してPLCに信号を入れないといけません。これを**入力**と呼びます。

このように、PLCへの入力やPLCからの出力には、内部リレーMとは別のデバイスを使用します。

入力

まずは入力側から説明します。センサーや押しボタンスイッチからの入力は「X」という接点を使用します。これは、センサーをPLCの「X」という端子に接続するためです。接続方法はあとで詳しく説明しますが、ここでは押しボタンスイッチを「X0」という端子に接続しています。

切のボタンは「X1」に接続しています。光電センサーは「X2」、シリンダーセンサーは「X3」に接続しています。これで、押しボタンスイッチを押すと「X0」がONします。光電センサーが反応すると「X2」がONします。

PLCの入出力

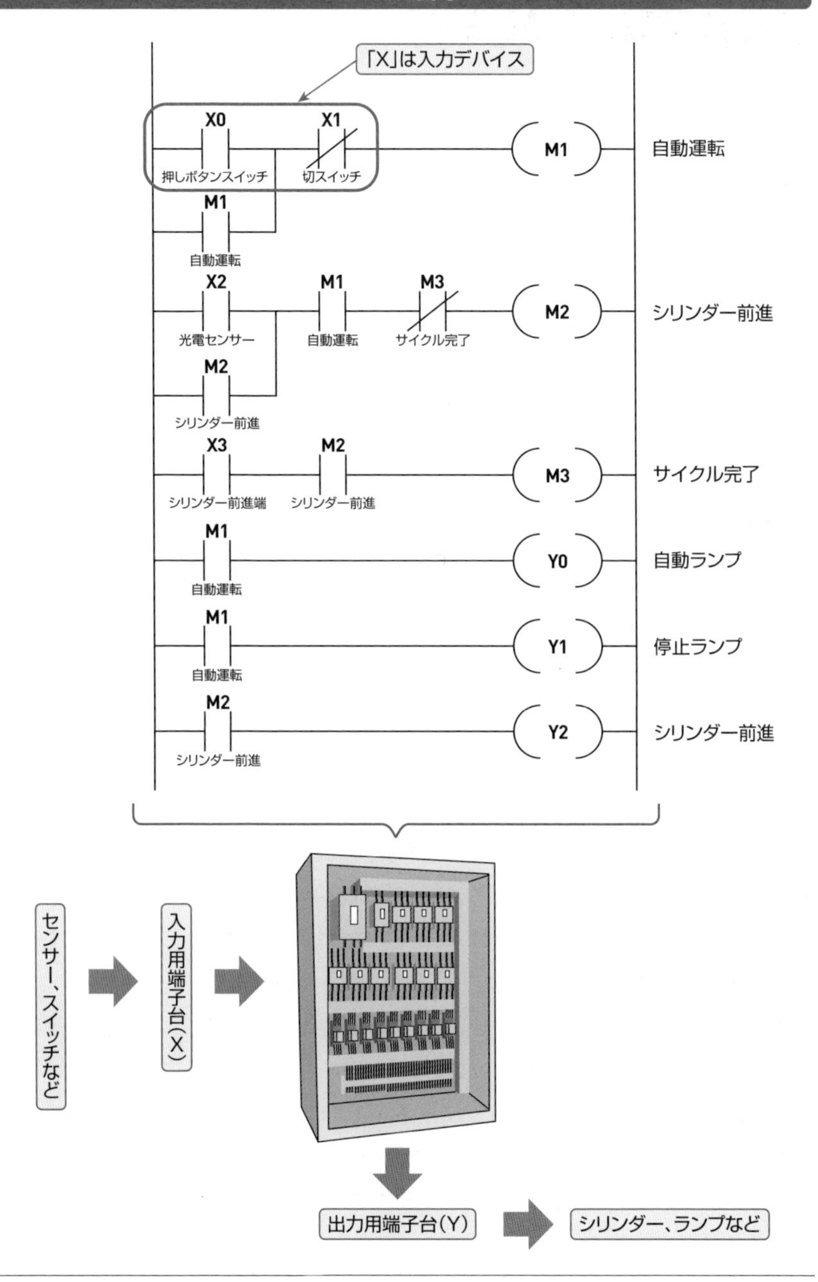

「X」は入力デバイス
X0
押しボタンスイッチ
X1
切スイッチ
M1
自動運転
M1
自動運転
X2
光電センサー
M1
自動運転
M3
サイクル完了
M2
シリンダー前進
M2
シリンダー前進
X3
シリンダー前進端
M2
シリンダー前進
M3
サイクル完了
M1
自動運転
Y0
自動ランプ
M1
自動運転
Y1
停止ランプ
M2
シリンダー前進
Y2
シリンダー前進
センサー、スイッチなど
入力用端子台(X)
出力用端子台(Y)
シリンダー、ランプなど

5-10

入出力について②

入出力についての解説の続きです。出力の解説から始めます。

出力

プログラムは、PLC内では動作しますが、PLC外に信号を出力しないとシリンダーなどは動作しません。信号を出力して外部の機器を動作させるコイルが「Y」です。これも入力の「X」と同じで、自動のランプをPLCの出力端子「Y0」に接続しています。

PLCの出力端子は、リレーの接点のようになっていますので、接点を利用してスイッチのように動作させます。入力は「X」、出力は「Y」のように、記号はあらかじめ決まっていますので覚えてください。

動作説明

押しボタンの「X0」を入力すると、「M1」が動作します。「M1」は自己保持がかかります。出力の部分を見てください。

「M1」が入れば「Y0」が入ります。これにより自動ランプが点灯します。次に停止ランプの「Y1」ですが、「M1」のb接点になっています。つまり、「M1」が入っていない場合は点灯し、「M1」が入ると消灯します。「Y0」と「Y1」は、まったく逆の動作をするのです。

ここで、「M1」が入っている状態を**自動運転状態**とします。この状態で光電センサーを動作させると「M2」が入ります。これはシリンダーの前進指令です。この出力が出ている限りシリンダーは前進します（出力が切れるとシリンダーは後退します）。「M2」が入り「Y2」をONさせてシリンダーが前進します。

前進したら、次にシリンダーセンサー「X3」がONします。シリンダー前進指令の「M2」が出ている状態で、シリンダーセンサー「X3」をONさせると、「M3」がONします。「M3」がONしたら、「M2」の自己保持条件に「M3」のb接点が入っているので「M2」が消えます。「M2」が消えると「M3」も消えます。さらに「M2」が消えるとシリンダーの前進用の「Y2」も消えるため、シリンダーは後退します。これでサイクル完了となります。

入出力

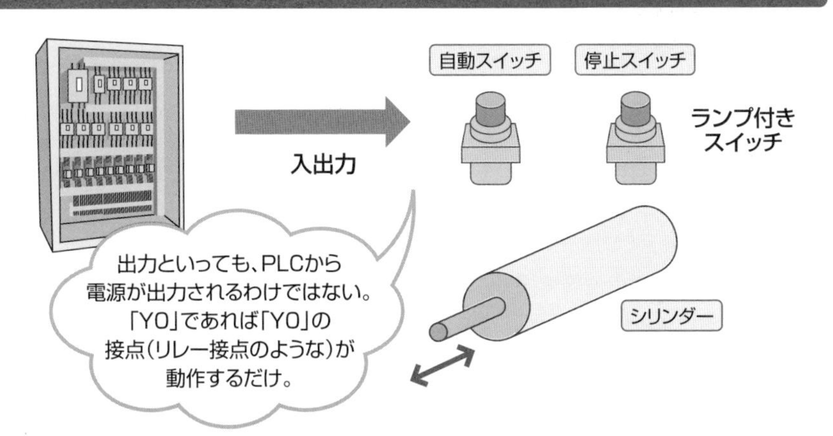
自動スイッチ
停止スイッチ
ランプ付き
スイッチ
入出力
シリンダー
出力といっても、PLCから
電源が出力されるわけではない。
「Y0」であれば「Y0」の
接点（リレー接点のような）が
動作するだけ。

出力回路

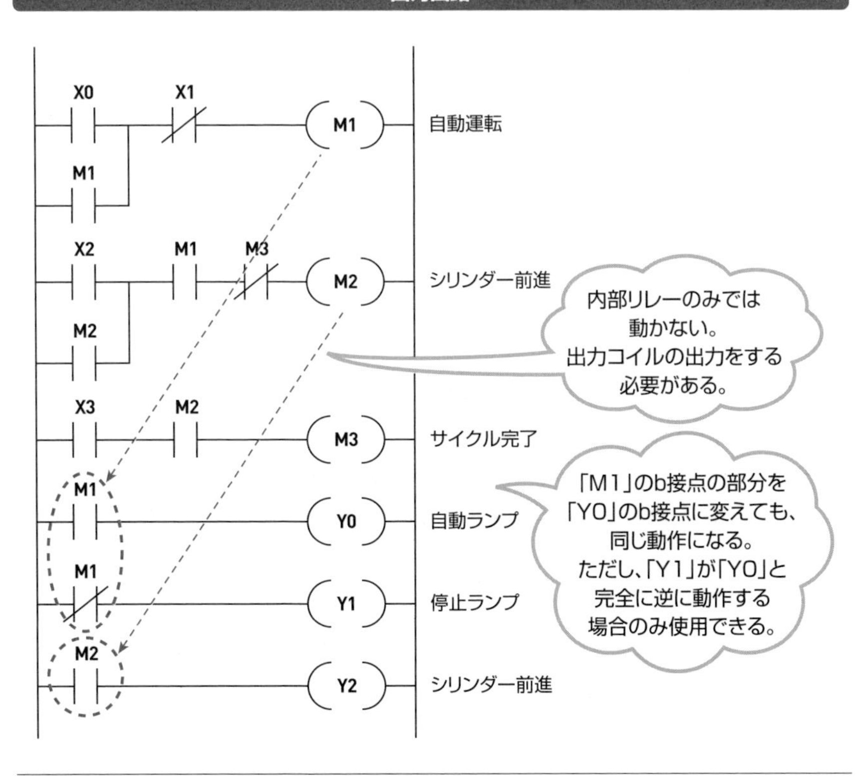
X0
X1
M1
自動運転
M1
X2
M1
M3
M2
シリンダー前進
M2
X3
M2
M3
サイクル完了
M1
Y0
自動ランプ
M1
Y1
停止ランプ
M2
Y2
シリンダー前進
内部リレーのみでは
動かない。
出力コイルの出力をする
必要がある。
「M1」のb接点の部分を
「Y0」のb接点に変えても、
同じ動作になる。
ただし、「Y1」が「Y0」と
完全に逆に動作する
場合のみ使用できる。

5-11

原点復帰とは

設備には原点復帰という機能があります。操作盤にも原点復帰のボタンが付いていると思います。原点復帰は、設備の各動作を最初の位置に戻す機能です。

原点復帰

原点復帰とは、原点位置に戻すことです。**原点位置**は、あらかじめ決められた、設備の初期状態の位置のことです。例えば、シリンダーが出た位置が原点か、戻った位置が原点か、設備に合わせて決めていきます。

通常、原点位置は、シリンダーが戻った位置に設定することが多いものです。これも設備の設計に大きく左右されますが、加工するワークがフリーになる位置（クランプなどを解除した状態）がベストです。

原点復帰させるプログラム（ラダー図）は、他のユニットと接触しないように注意が必要です。接触可能性がある部分は、1工程ずつ順番に戻していく必要があります。

原点復帰の必要性

原点復帰がなぜ必要かというと、設備の異常を検出したり、設備に現在の位置を把握させたりするためです。

ロボットなどは、電源を切ると現在の位置を忘れてしまいます。そこで、いったん限界まで位置を戻して、その位置を基準位置としています。基準位置から設定座標に向かって動作するため、原点復帰は必須の機能です。

設備も同じで、一度、原点復帰を行い、各ユニットからのセンサー信号などを確認して、正常に原点に戻ったかどうか確認します。原点に戻らなければ、何らかの異常があるということです。

また、設備が異常を検出したりして中間停止（異常停止）した状態で、そのまま自動運転に入ると大変危険です。一度、原点に戻して、内部のワークを取り出してから自動運転に入れるのが正解です。安全確保の意味も含まれていますので、必ず原点復帰のプログラムを入れるようにしてください。

ピック&プレース（PP）での原点復帰

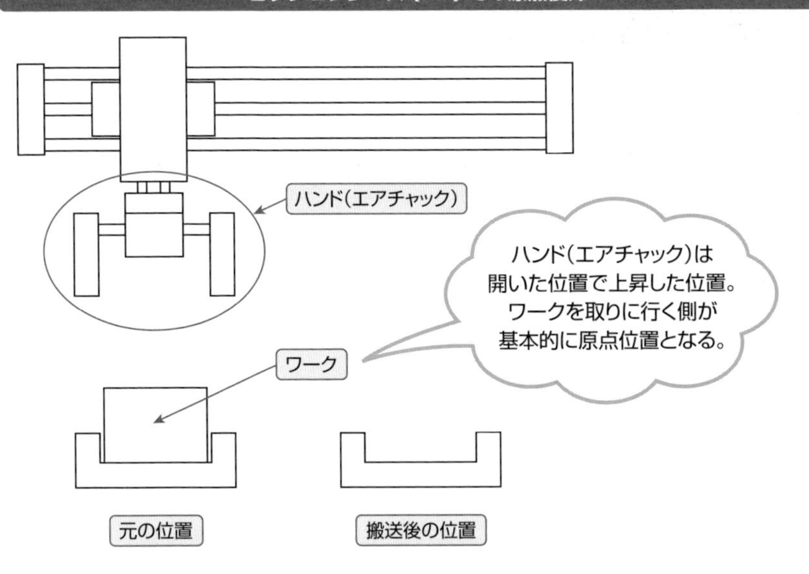

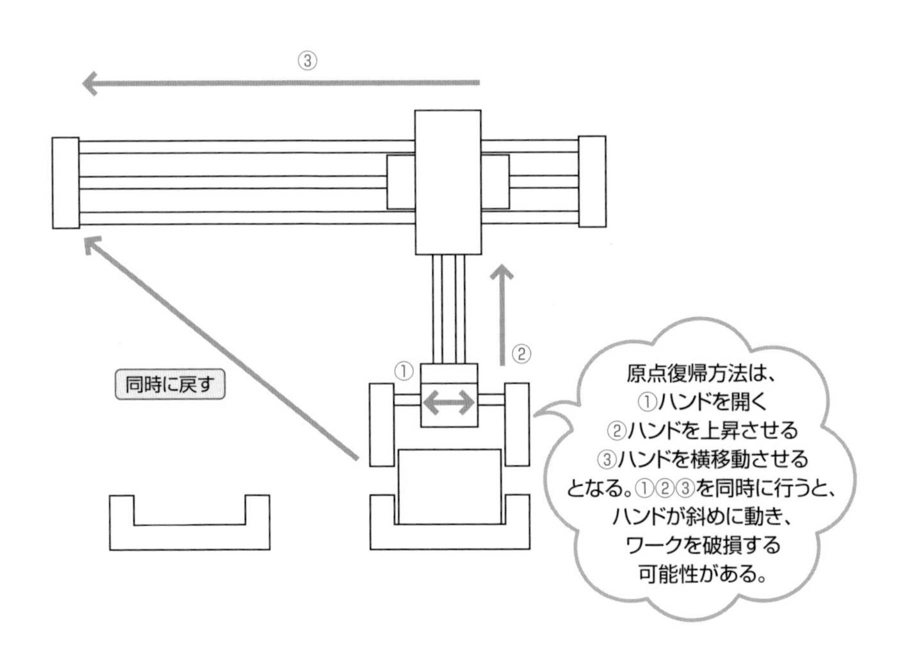

5-12 自動運転とは

設備には、自動運転というモードがあります。自動運転モードでないと、設備は自動で動作しないというものです。安全確保のため、に自動で動作する設備には、必ず設定する必要があります。

自動運転とは

自動運転の具体的な内容は各企業や業界によって違うと思いますが、基本的には、原点復帰をして自動運転という流れになります。設備によっては、原点復帰をして自動モードにして運転開始、という３段階の手順を踏む場合もあります。

自動運転は基本的に安全確保のために必要な機能です。設備を調整しようとして手を入れたときに突然動き出したりすると、大変危険です。自動設備はワークが投入されると動作し、ワークがなければ待機状態となります。待機状態と停止状態は見た目では区別できないことがほとんどです。自動運転は、安全確保のために行う必要最低限の作業なのです。

自動運転の使い方

自動運転用のプログラムの描き方には注意点があります。適当に描いて、うまく機能しないことがあると大変危険です。

自動運転に入る条件は、安全カバーのインターロックおよび原点復帰となります。この条件は必須であり、手動運転で設備を適当に動かしたあと、そのまま自動運転に入るのは危険です。シリンダーなどが手動で動いているため、投入されたワークが破壊される可能性もあります。

自動運転に入れた瞬間、原点位置に戻すようにプログラムを描くことも可能ですが、よい方法とはいえません。自動運転は設備にとっても重要な部分なので、設備が原点位置に戻っていることを目で確認してから、自動運転に入るようにしてください。

自動運転の接点は、各ユニットの動作プログラムに描きます。動作プログラムの自己保持条件として設定してください。安全カバーのインターロックなどで自動運転が停止したら、ただちに設備を停止させてください。

全原点位置

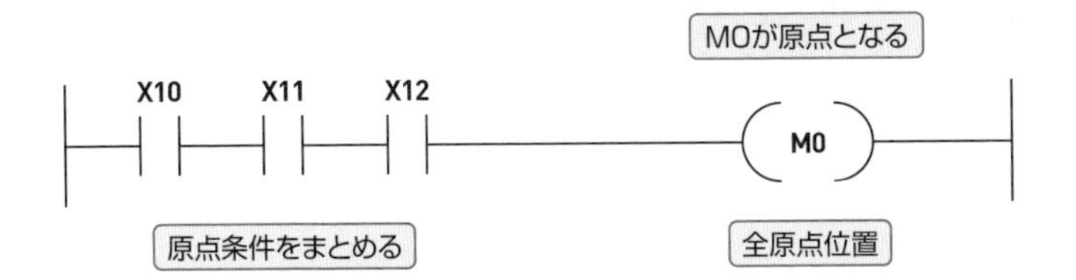

自動運転回路

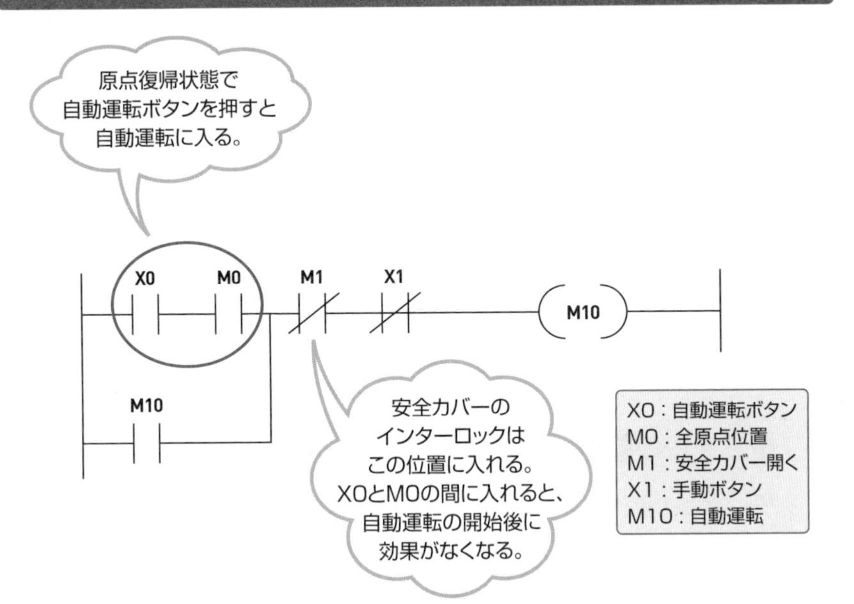

ユニット動作回路

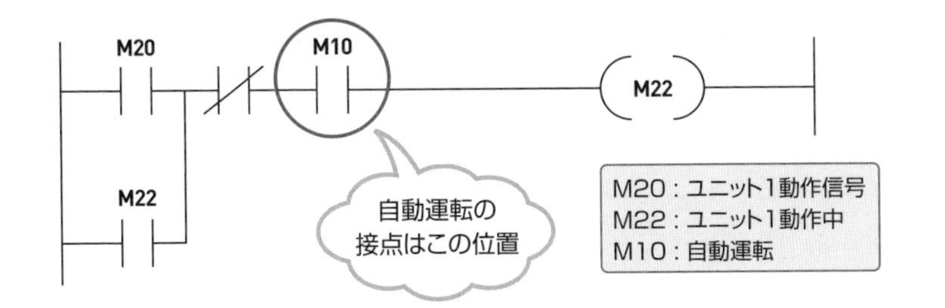

5-13 ダブルコイルとは

ダブルコイルは、ラダー図において発生してしまうエラーです。ラダー図の描き方の問題で、慣れないうちは発生しやすくなります。

ダブルコイルとは

ダブルコイルとは、名前のとおり、同じデバイス番号のコイルが2個以上描かれていることです。例えば次ページのラダー図では、内部リレーのM0というコイルが2個以上使用されています。M0の接点は複数使用できます。

リレー回路では、同じコイルを2個以上使うことは不可能です。「同じコイル」というのは型式が同じという意味ではなく、1つのリレーのことです。CR0というリレーには、接点4個とコイル1個があります。この1個のコイルを複数使用することはできないのです。

ラダー図は、リレー回路をパソコン内で作成するようなものです。しかし、リレー回路のような、現実世界ではできないことが、パソコン内のラダー図ではできてしまうのです。

ダブルコイルの動作

ダブルコイルの動作は、実際にラダー図を描くようにならないと理解が難しいと思います。ダブルコイルは基本的には使用しないでください。一応、どのような動作になるか、次ページのラダー図で簡単に説明しておきます。

内部リレーのM0を使います。プログラム（ラダー図）の先頭と最終に1個ずつM0のコイルがあるとします。そしてM0がONするとY0の出力もONします。

先頭側のM0がONして最終側のM0がOFFのとき、Y0はどうなるでしょうか。動作としてはOFFです。先頭側がOFFで最終側がONであれば、Y0はONします。つまり、プログラムの最終側に近い方が優先して出力されます。このような特性により、予期せぬ動作をしますので、使わないようにしてください。実際には、プログラムスキャン*中、内部リレーはONする区間があります。PLCの特性上、Y0に出力されません。

＊**スキャン**　PLCが内部でプログラムを実行している状態。

リレー回路

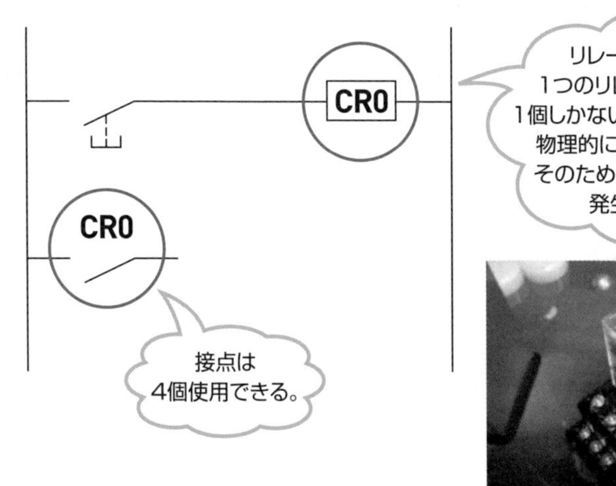

▲リレーのイメージ

ラダー図

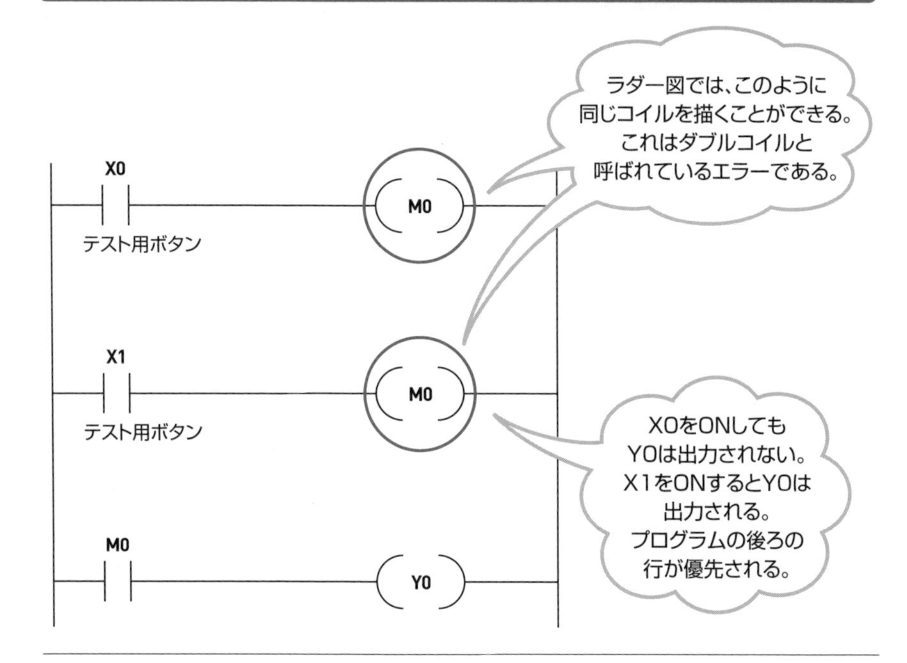

5-14

リレー回路との違い

ラダー図は、リレー回路をもとに作られています。動作もほとんど同じです。基本的な動作に違いがあれば大変です。もしそうであれば、筆者もリレー回路の説明はしていません。しかし、気付きにくい小さい違いがあります。

リレー回路との違い

ラダー図とリレー回路の違いですが、ラダー図では、データ処理や文字列処理などもいろいろできますが、リレー回路ではできません。これは当たり前です。ここでの違いとは、同じ動作に対しての違いです。

同じ動作回路に対して一番問題となる違いは、接点動作速度です。これは単純な動作回路ではほとんど気になりません。ラダー図では、コイルが入るとコイルに対する接点は同時に動作します。

リレー回路では、コイルが入っても接点は同時には動作しません。また、接点の構造上、a接点とb接点の動作速度が違います。コイルが動作すると、まずb接点が外れて、次にa接点が入ります。ここが同時ではないので注意が必要です。

ほかには、ラダー図がプログラムだということです。プログラムは、上から順番に回路を読み込んでいくため、若干の遅延が発生します。それでもリレー回路よりは高速で、見た目にはわかりませんが、高速な試験などを行うときに影響してきます。

違いが確認できる回路

リレー接点動作の影響が出る回路を例に説明します。次ページ下に回路図を描きました。ラダー図から見ていきます。

「X0」は押しボタンスイッチとします。押しボタンを押して「X0」が入ると、「M0」が入ります。この時点では「M1」は入っていません。次に、「M0」の接点が入るため「M1」が入ります。「M1」が入ると「M0」のコイルを遮断して、「M1」は保持されます。

リレー回路では少し違います。押しボタンスイッチで「M0」を入れますが、「M1」が入った瞬間遮断されます。このとき「M1」のa接点は入らないので、「M1」は保持されません。

リレー接点の動作タイミング

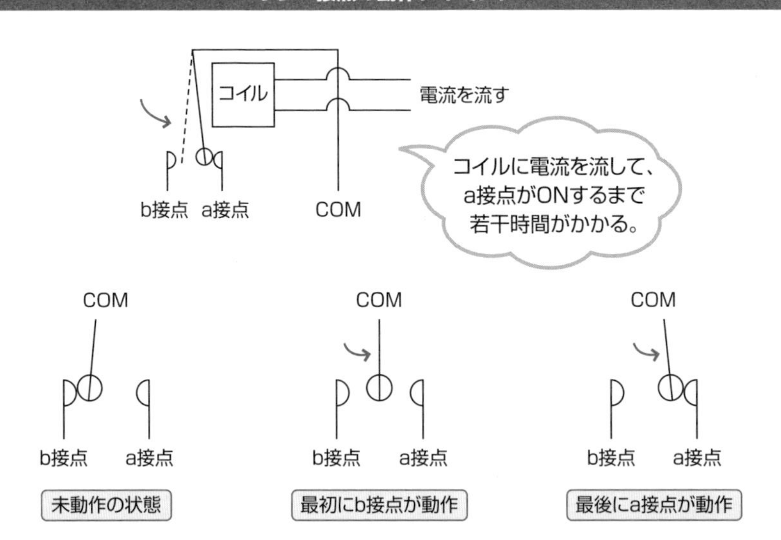

動作の違いを回路で確認

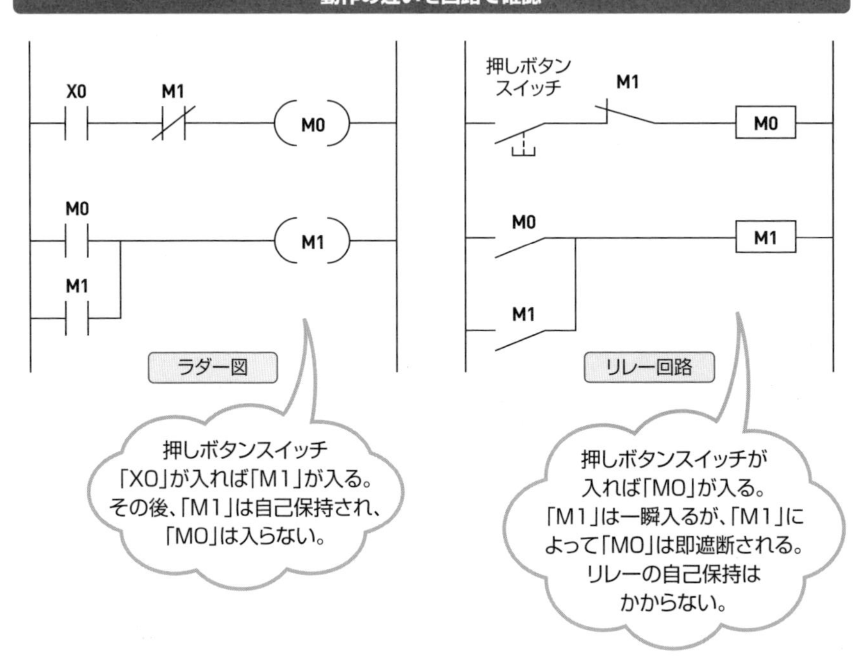

電流遮断時の注意

流れている電流をリレーなどで切ったり入れたりしますが、このとき注意が必要です。

あまりに大きな電流を遮断すると、遮断する瞬間に火花が発生します。これは**アーク**と呼ばれますが、リレー接点を著しく傷めます。

交流の場合は常に電圧が変化しているため、電圧がピークに達したときに電流を遮断すると、大きな音が出ます。逆に電圧が0Vになった瞬間に遮断すれば、接点は傷めません。

このような、電流遮断回数が多い場所には**SSR（ソリッドステートリレー）**を使用します。半導体で構成されており、**ゼロクロス**といって波形が0Vになった瞬間にON／OFFしてくれます。

例えば、任意のタイミングでSSRをONすると、波形がちょうど0Vを横切った瞬間に電流が流れ出します。遮断するときも同じです。

SSRには容量別の製品があるので、適切なものを使用してください。高電流を開閉する回路に使用すると便利です。

シーケンス制御回路を作る

本章では、実際にシーケンサーまわりの入出力配線を行い、簡単なプログラムを作成します。ラダー図は基本的に自由に作成することができます。自由に作成できるということは、基本を理解していない場合、悪い意味でとんでもないラダー図を作成することも可能です。しっかり基本を理解する必要があります。

6-1 プログラミングの心得

ここからはパソコンを使用してラダー図の学習に入ります。心得などと堅苦しく書きましたが、ちょっとしたポイントを説明します。気楽に読んでいただければと思います。

一番の武器は好奇心と向上心

ラダー図は一般的なプログラム言語とは異なる、特殊な言語となっています。そのため、ラダー図以外でのプログラミング経験の差はほとんど影響しません。プログラミングがはじめてという人も安心してください。スタートラインは同じです。

プログラミングの上達のためには好奇心が大切です。「このプログラムはなぜ動く？」「なぜこのように描く必要がある？」など、疑問を追究していく好奇心を持つことが上達の近道です。

「このプログラムのこの部分を変更したらどうなるのだろう？」と思ったら、実際に行ってみて、自分で確認して納得する。納得したら「ここを変更すればこうなるはず」と予測して実際に確認し、様々な角度から理解してみてください。

もう1つは向上心。いまよりも上達したい。いまよりもレベルの高いことがしたい。このような高い目標を持って学習すれば、上達も速くなります。

好奇心と向上心は、興味がないと続きません。プログラミングは、楽しみながら学習してください。

動作はおかしくない

筆者がまだプログラミングを習い始めたばかりの頃のお話。小さくて簡単な設備を作り、プログラムを書き込んで使用しました。数日後、おかしな動作をして不具合が発生したので、プログラムを直しました。そして上司にこのように報告しました。

「動作がおかしかったのでプログラムを直しました」

返事はこうでした。「動作はおかしくない。おかしいのはプログラム」。当たり前のことですが、設備はプログラムどおりにしか動きません。命令されたとおりにしか動かないのです。思いどおりに動かないのは、設備のせいではなく、自分のせいだということをしっかり認識しておいてください。

プログラミングの心得

わからないことは
自分が納得するまで
追究することも大切。
常にいまの自分より
高い目標を
持つようにする。
僕は命令（プログラム）
どおりにしか
動けないのだよ。
思いどおりに
動いてくれない。
困ったな。
設備は
命令どおりにしか動かない。
予想外の動きをしても、
おかしい動きではない。
命令どおりに動いているので、
プログラムが悪い。

6-2 シーケンス制御に必要な機器、ソフトウェア

本書では三菱電機製のPLCを使ってシーケンス制御を行います。ここからは三菱電機製のPLCを中心に説明を行いますが、まず、シーケンス制御に必要な機器を紹介します。

パソコン

デスクトップでも可能ですが、基本は現場の設備の前で作業する必要があるので、持ち運べるノートパソコンがよいでしょう。

USBシリアル変換ケーブル

最近のノートパソコンは、**RS-232C**のシリアルポートが付いていないものがほとんどです。PLC側にUSBポートがあり、接続をUSBで行う場合はUSBケーブルが使えます。しかし、まだまだUSBポートが付いていないPLCも現役で動いているため、接続するPLCによっては必要です。

パソコン側にRS-232Cポートがない場合は、持っておいた方がいいでしょう。

接続ケーブル(RS-422↔RS-232C)

上記と同じですが、USBでパソコンとPLCを接続する場合は必要ありません。PLC側の通信規格は**RS-422**となります。パソコン側はRS-232Cであるため変換する必要があります。変換器が入ったケーブルで高価なため、必ずUSBで接続できる環境であればあえて購入する必要はありません。

ソフトウェア

三菱電機製の「GX Works2」か「GX Developer(Version 8)」を使います。「GX Developer」の方が古いソフトですが、Aシリーズという少し古いPLCに対応しています。AシリーズのPLCを使う予定がない場合は、「GX Works2」で問題ありません。筆者は「GX Works2」を使用しています。

シーケンスに必要なもの

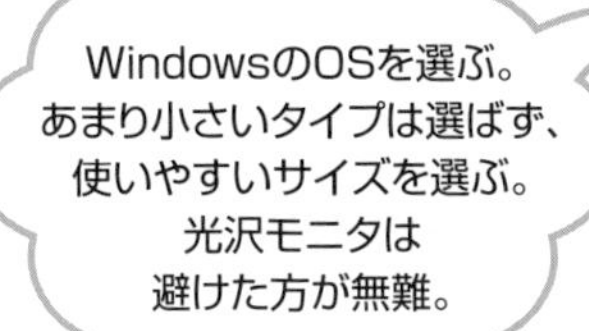

▲ノートパソコン

▲USBシリアル変換ケーブル
写真提供：(株) バッファロー

▲接続ケーブル

GX Developer：古い
Aシリーズに対応。
GX Works2：新しい
(一般的に使われている)。
Aシリーズでは使えない
新機能が使える。

MITSUBISHI
GX Developer
Version 8

MITSUBISHI
GX Works2
Version 1

▲ソフトウェア

6-3

使用するシーケンサー

PLCまわりの配線方法を説明します。必要な配線は、電源の入力、センサーなどからの信号の入力、ランプや動力への出力です。ここでは、PLCへの電源配線、DC電源の配線を説明します。

使用するシーケンサー

PLCといっても様々な種類があります。本書では、基本的に三菱電機製のPLCを使用します。三菱電機のPLCは**シーケンサー**と呼ばれるため、本書でもシーケンサーと呼ぶ場合があります。三菱電機のPLCだけでもいろいろな種類があるのですが、本書では初級者の学習に適したFXシリーズを使います。

FXシリーズの簡単な説明

FXシリーズは廉価版のシーケンサーです。しかし、最近のシーケンサーは安価なものでも十分な性能があります。初級者には物足りないことはないと思います。次ページ左上図がFX1Nというシーケンサーです。FX1Nシリーズ（FX1NCは除く）は、標準で端子台も付いていて、最低限必要な入出力も標準で付いているので、簡単な装置であれば単体で問題なく制御できます。

逆に上位モデル（例えばQシリーズなど）は、入出力ユニット（I/Oユニットと呼ぶ）なども自分で選定して、自分が使いたい機能のPLCを製作する必要があります。自作パソコンと同様に、自分で必要なユニットを選定して取り付ける必要があります。

通信ポートとRUN設定

FX1Nシリーズでは、本体の左側に「MELSEC」と書いてあります。その下にふたのようなカバーがあると思います。ここに、パソコンと接続するためのポートがあります。この丸いコネクタとパソコンを接続して、パソコンからプログラムを書き込んだりします。ふたを開けた横の方にスイッチがあります。上に倒すと「RUN」で、下に倒すと「STOP」です。プログラムはRUN状態で実行されます。STOP状態では動きません。つまり、書き込んだプログラムを実行するには「RUN」にする必要があります。

使用するシーケンサー

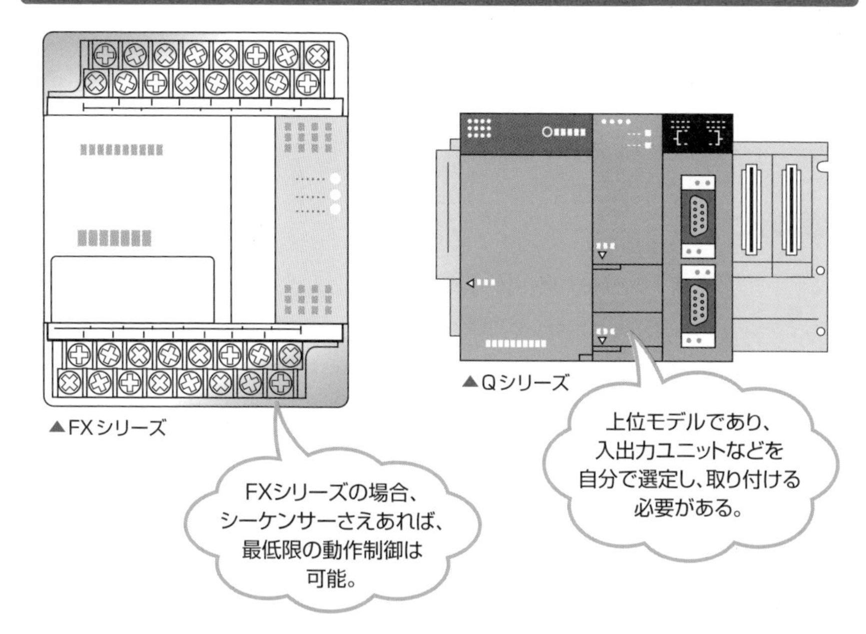

通信ポートとRUN設定

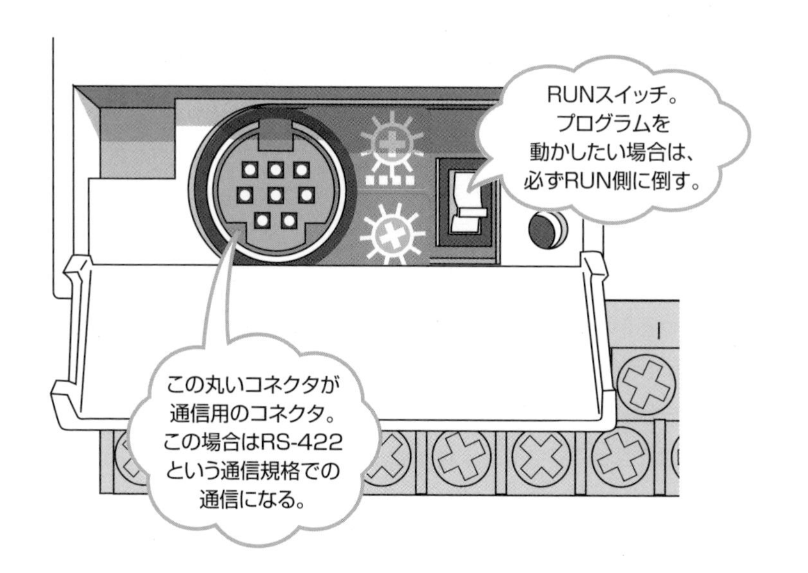

6-4
電源回路

シーケンサーへ電源供給を行います。また、FXのDC電源だけでは容量が足りない場合は、電源を追加する必要があります。そのような場合の配線方法を説明します。

電源の入力

電源の配線は「L」と「N」の端子台に接続します。次ページ上図ではAC100Vですが、機種によってはDC仕様もありますので注意してください。「L」と「N」の端子にAC100Vを入れれば動作します。コンセントから電源を取る場合はここに入力します。非常停止などの機能を付けるときは、非常停止のb接点を間に入れます。安全基準にもよりますが、非常停止時はPLCに非常停止の信号を与えるのではなく、CPUそのものを落とした方が確実です。ただし、設備にもよりますので、設備に合わせた配線を行いましょう。

電源の追加

シーケンサーからもDC24Vが出力できるようになっていますが、容量が小さく、大きな負荷を駆動させるとシーケンサーが起動しなくなります。

センサー電源として使うのであれば問題ないのですが、それ以上の負荷を動作させるときはDC電源を追加します。配線はシーケンサーのAC100Vをそのまま接続します。

次に、DC電源のマイナス端子とシーケンサーのCOMを接続します。グランド側を共通にしておくのです。このように接続しないと、DC電源からセンサーを駆動させたとき、入力信号がシーケンサーに入りません。シーケンサーの電源からセンサーを駆動させる場合は問題ありませんが、特に制約がなければ接続しておきます。

逆に、シーケンサーの24+端子とDC電源のプラス端子は接続しないでください。電圧は両方24Vでも、ぴったり同じ24Vではないからです。接続したからといってすぐに壊れるわけではありませんが、電源の寿命は縮まります。

また、電圧の違うDC電源でもグランド側を接続することは問題ありません。

電源の入力

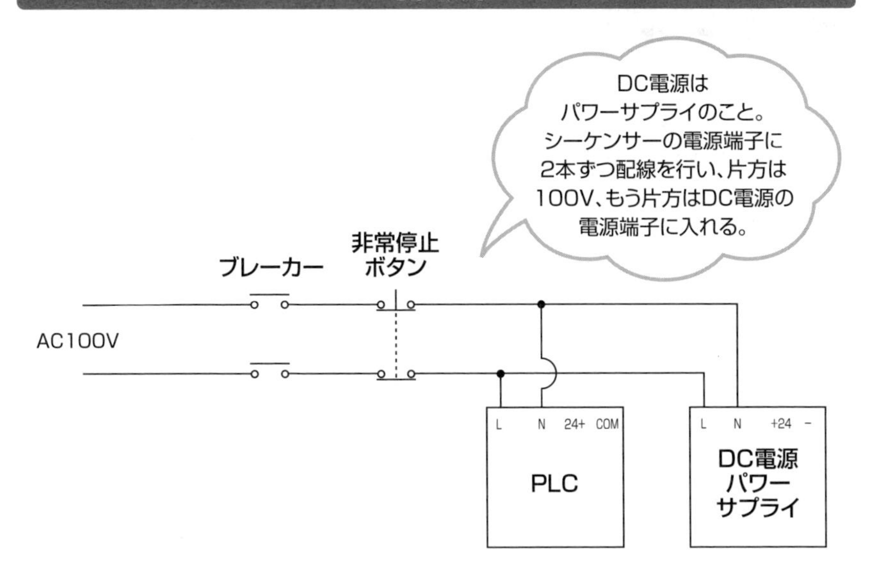
DC電源は
パワーサプライのこと。
シーケンサーの電源端子に
2本ずつ配線を行い、片方は
100V、もう片方はDC電源の
電源端子に入れる。
非常停止
ボタン
ブレーカー
AC100V
L
N
24+
COM
PLC
L
N
+24
−
DC電源
パワー
サプライ

電源の追加

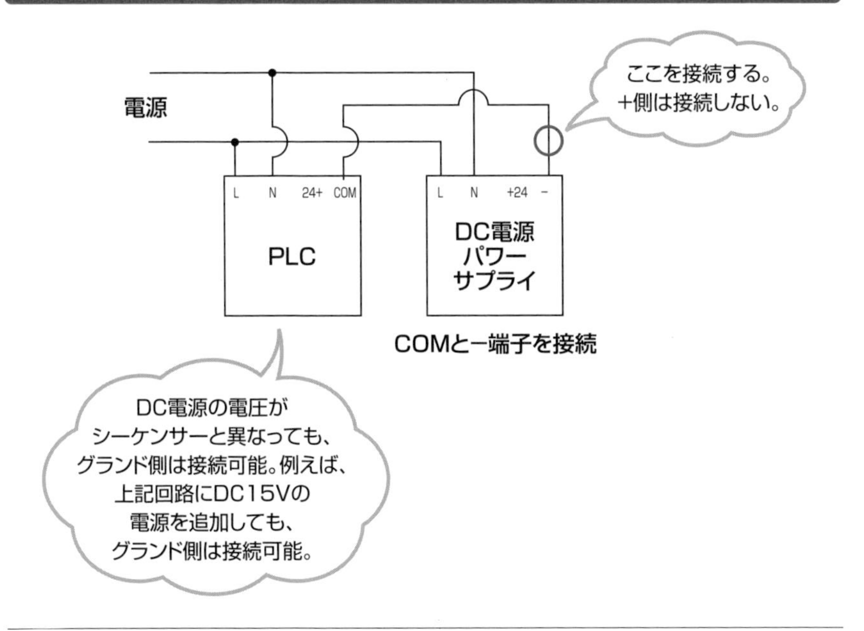
ここを接続する。
+側は接続しない。
電源
L
N
24+
COM
PLC
L
N
+24
−
DC電源
パワー
サプライ
COMと−端子を接続
DC電源の電圧が
シーケンサーと異なっても、
グランド側は接続可能。例えば、
上記回路にDC15Vの
電源を追加しても、
グランド側は接続可能。

6-5

PLC入力端子への配線

シーケンサー（PLC）へ入力信号を入れます。シーケンサーへの配線接続を行わないと、シーケンサーへの信号の入力はできません。配線方法を説明します。

入力について

「X」というのはシーケンサーの入力のアドレス（記号）です。「X0」「X1」……という記号が付いている端子台が並んでいると思います。ここに信号線を接続していくのです。つまり端子台の数しか入力はできません。実際に設備を製作するときは、I/O（入力や出力のこと）の数をよく確認しておく必要がります。

リレー制御では、センサーでリレーを動作させ、そのリレーの接点を利用してリレー回路が動作しました。シーケンサーでは、センサーでこの「X」という接点を動作させるのです。例えば、次ページ上図で説明すると、COMの端子台と任意の「X」の端子台を短絡（つなげる）すれば入力されます。

「X0」とCOMを短絡させれば、シーケンサーの表面の「X0」のランプが点灯し、信号が入力されます。この「X」の入力はシーケンサーのプログラムで使用します。

押しボタンスイッチなどを図のように接続しておくと、ボタンを押せば信号が入力されます。シリンダーセンサーの2線タイプも同じように配線を行います。

センサー入力の配線方法

透過形センサーや反射形センサーのように電源が必要なタイプは、どのように入力するのでしょうか？　次ページ下図のように接続します。透過形センサーの投光側は茶色と青色の線2本しかないと思います。これはただの電源線で、茶色をDC24V、青色をCOM（マイナス側）に接続するだけです。受光側は3〜4本の線がありますが、同じように茶色と青色が電源線です。

注意しないといけないのは、シリンダーセンサーの2線式のタイプです。これは茶色と青色の線しかありません。シリンダーセンサーは茶色を「X」の入力端子に入力します。そして青色をCOMに入力してください。このように、単純に線の色だけで判断せず、何のセンサーか確認して配線をしましょう。

入力の端子台

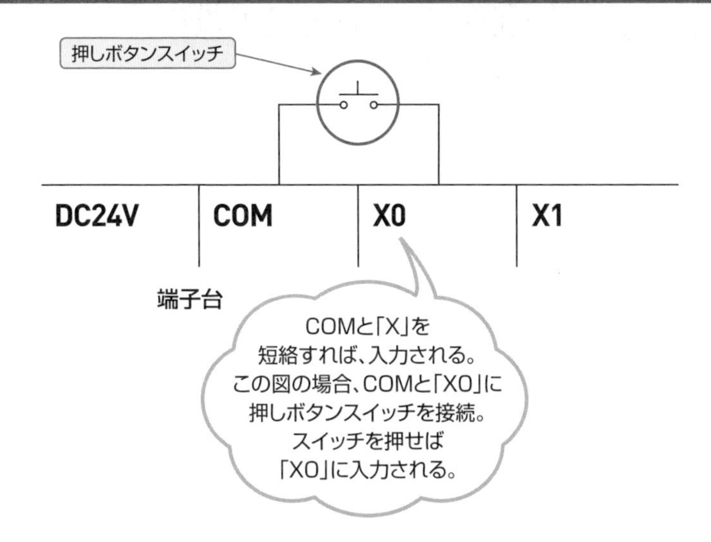

センサーの配線

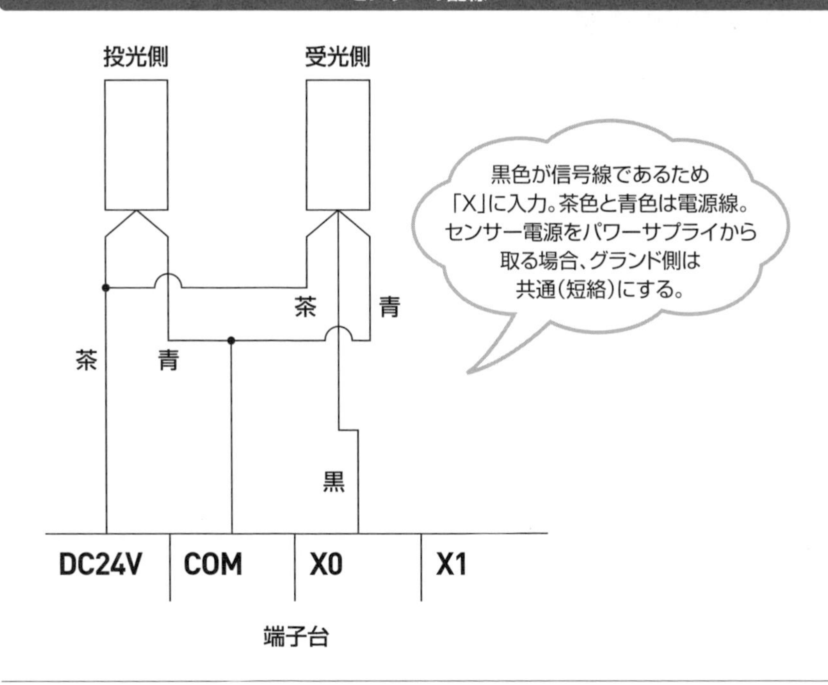

6-6
PLC出力端子への配線①

出力端子の説明です。シーケンサーに信号を入力し、作成したプログラムを動作させても、出力がないと設備や機械は動作しません。入力端子と同じように出力端子側も接続する必要があります。

出力端子への配線

「Y」というのは出力の**アドレス**（記号）です。ここでの「COM0」は入力で説明したCOMとは違うので注意しましょう。まず、ランプを点灯させることを想定しています。ランプのプラス側に電源からプラスを接続しておきます。そして、「Y0」の横にあるCOM0（数値の0）に電源のマイナスを接続します。

次に、ランプのマイナス側に「Y0」を接続します。この状態でシーケンサーからY0を出力させるとランプが点灯します。

出力端子の動作内容

シーケンサーの出力端子は、単純に接点が入っているだけです。シーケンサーにもいろいろな種類がありますが、ここで説明しているタイプはリレー出力タイプです。つまり、「Y0」が出力されるときは、「Y0」のリレー接点が動作します。その接点を使っているだけです。そのため、プログラム内では出力のことを**コイル**と呼ぶ場合があります。

このように、接点が閉じて電流が流れるため、ランプが点灯します。ここではDC負荷で行いましたが、ただの接点なのでAC負荷でも動作できます。ただし、接点容量の制約があるので、あまり大きな負荷を直接取り付けると接点が故障します。

それと、DC負荷の場合ですが、基本的に接点に対して極性はありません。つまりCOM0にDC24Vのプラス側を接続して、負荷側にマイナスを接続しても動作します。これは接点がリレー方式だからです。

接点にはトランジスタ方式もあります。この場合、極性がありますので、次ページ下図のイラストのような極性にしないと動作しません。そのため、最初からこの極性での接続をおすすめします。

出力端子への配線方法

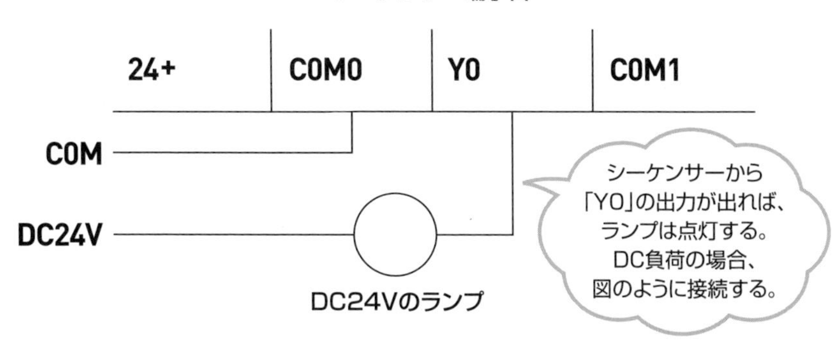

出力の動作内容

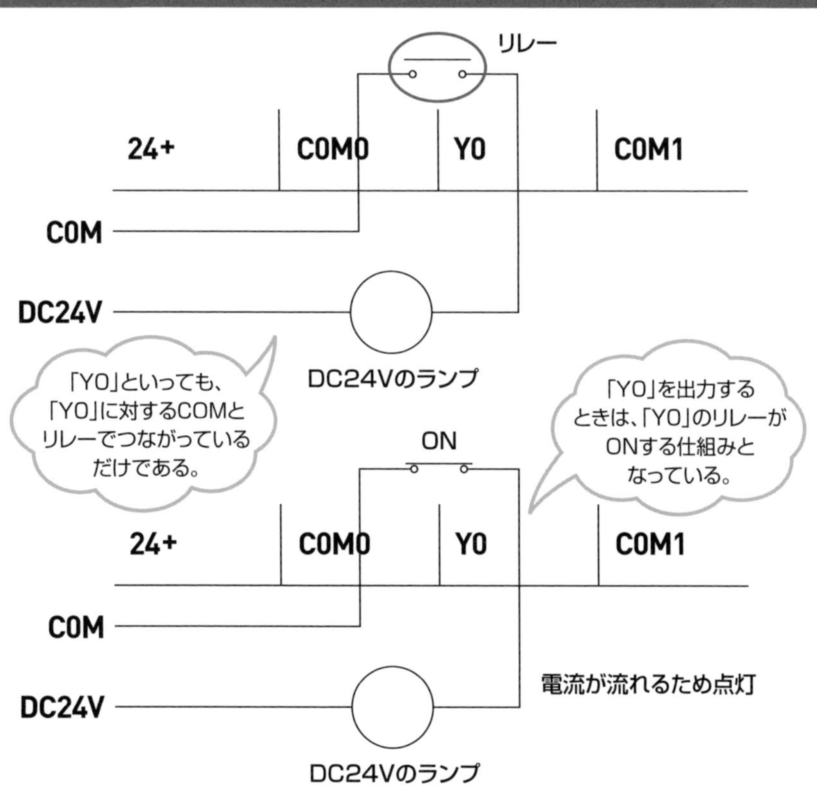

6-7

PLC出力端子への配線②

FX1Nなどのタイプのシーケンサー出力端子台は、実際には次ページ上図のような構成になっています。この構成にて、負荷の接続方法の例を紹介します。なお、説明の都合上、端子台の番号や構成は実際のものと異なります。

接続例

負荷の説明ですが、「Y0」に接続されているのは無電圧負荷で、負荷から出ている2本の線を短絡すればいいタイプです。電圧をかけてはいけないので、次ページ下図のように分けています。「Y0」を出力すれば、負荷の2本の線は短絡します。

次は「Y2」～「Y5」です。これはDCの負荷を付けています。この場合、「Y2」と「Y3」～「Y5」は独立しています。そのため、「COM1」と「COM3」を接続しています。

「Y6」～「Y10」はACの負荷にしています。「COM3」はDC負荷だったため、「COM4」と「COM3」は絶対に接続しないでください。ここでは、「COM4」の部分が独立するかたちになっています。

その他のPLCの配線

これで簡単な配線の説明は終わりです。今回は端子台付きのPLC（シーケンサー）で説明しましたが、ほとんどの上位モデルには、端子台が標準で搭載されていません。

その場合は入出力ユニットを増設するかたちになります。また、ユニットにも端子台はなく、コネクタになっています。出力のCOMは次ページ上図のように独立していません。

「Y0」～「YF」まで独立していません。FXシリーズでは入出力は共に0から始まり、7の次に桁が上がります。つまり、「X7」の次は「X10」となり、8点ずつの8進数で取り扱われています。Qシリーズなどは「X0」～「XF」の16点（16進数）となっています。ユニット番号によってアドレスが変わりますので、注意してください。

最近のPLCは小型化が進んできています。出力はほとんどトランジスタ出力なので、購入の際はあらかじめよく確認してください。

FXタイプシーケンサーの実際の出力端子構成

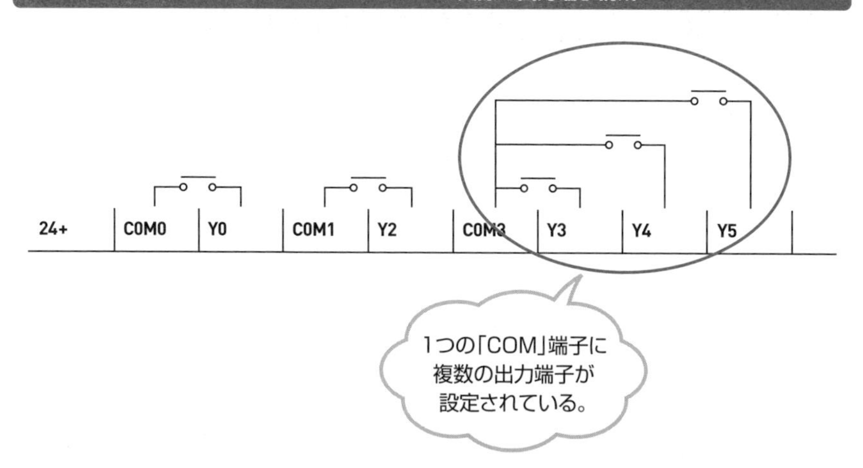

出力端子接続例

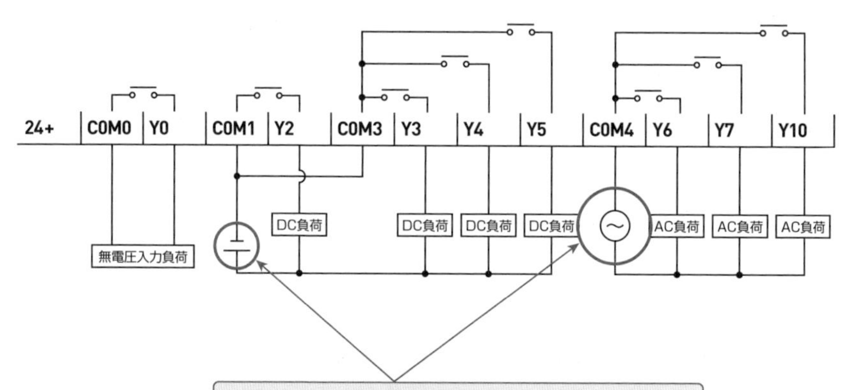

電圧がACとDCで違うので、このように分ける。どうしてもACとDCの負荷バランスが悪く、端子が足りないときは、リレーで変換することも可能。例えば、「Y4」のDC負荷の代わりにDCリレーを入れる。リレーはDCで動作するが、リレー接点はACでも使用可能となる。

FXタイプの端子台番号は8進数で表現されている。Qシリーズや昔のAシリーズは16進数で表現される。

6-8

GX Works2の初期設定

ラダー図を作成、編集できるソフト「GX Works2」の初期設定を行ってみます。基本的にはGX Developerでも同様の設定となります。本書では基本的に「GX Works2」での説明となります。

GX Works2の起動

「GX Works2」をふつうにインストールすれば、[すべてのプログラム] ➡ [MELSOFTアプリケーション] の中に起動用のアイコンがあるので、起動してみましょう。設定にもよりますが、起動すると画面が表示されます。左上のメニューの [プロジェクト] ➡ [プロジェクト新規作成] をクリックします。

この画面でシーケンサーのタイプを設定します。今回はFX1Nのシーケンサーを使おうと考えているので、シリーズ (S) を「FXCPU」にして、機種 (T) を「FX1N/FX1NC」にしました。設定したら [OK] ボタンを押してください。

初期設定

次はメニューバーの [表示] ➡ [コメント表示] にチェックを入れます。この操作により、回路上に自分で記入したコメントが表示されるようになります。

最初の設定は完了です。あとは自分の好みによって画面の色などを調整してください。データの保存なのですが、[プロジェクト] ➡ [プロジェクトの名前を付けて保存] で保存ができます。一度保存しておけば、次からは上書き保存で問題ありません。

保存方法には1ファイル形式とワークスペース形式があり、筆者は1ファイル形式 (通常) で保存しています。保存方法は画面の下のボタンで切り替えられます。

GX Developerの場合は、1ファイル形式ではなく1つのフォルダが作成されます。

次にコメントの入力設定ですが、回路入力画面上の「コメントを続けて入力する」というボタンをONにすると、命令の入力後、続けてコメントを入力できます。

GX Developerの場合は、メニューバーの [ツール] ➡ [オプション] を選択してください。この画面にコメント入力の項目があるので、「命令書込み時、続けて行う」にチェックを入れて [OK] ボタンを押してください。

プロジェクトの新規作成

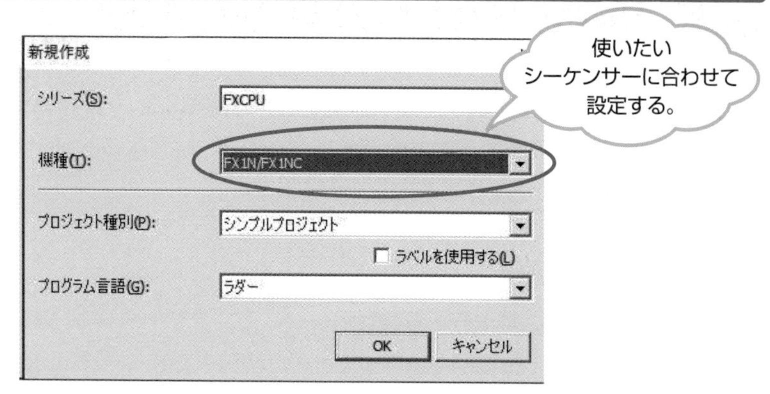

コメント入力・表示設定

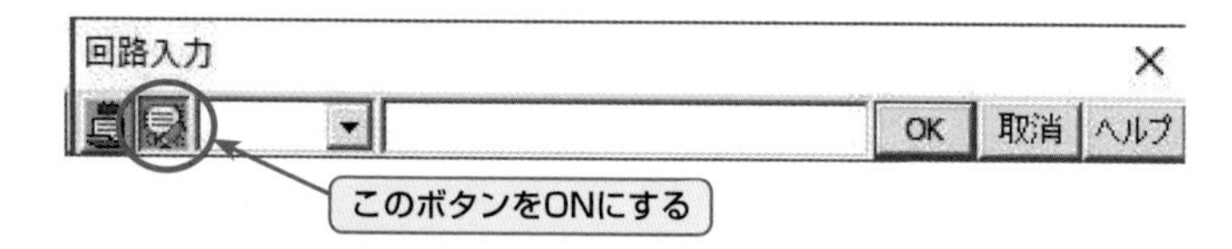

▼GX Developerの場合

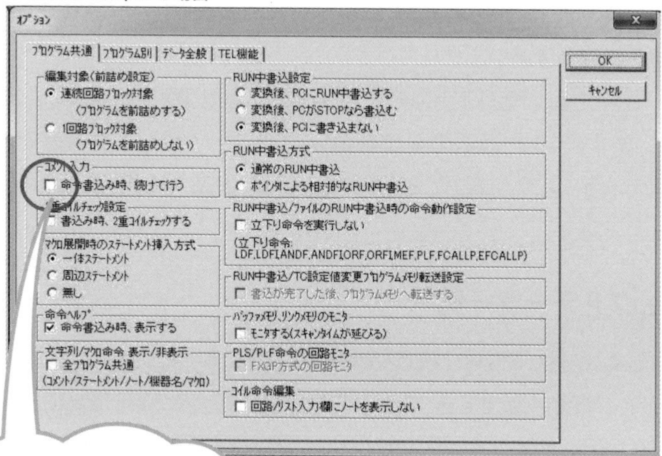

6-9

GX Works2の簡単な使い方

「GX Works2」の簡単な使い方、操作方法について説明します。実際に使っていく中で覚えていけばいいのですが、基本的な部分だけ説明します。「GX Developer」についても基本的には同じ使い方です。

モード

「GX Works2」には、読出モード、書込モード、モニタモード、モニタ書込モードがあります。読出モードは回路を確認するときに使用するモードです。書込モードは回路を編集するときや追加するときに使用します。モニタモードでは、実際にシーケンサーに接続して、現在どのように回路が動作しているのか確認できます。

「GX Works2」の画面左上に、次ページ上図のようなアイコンがあります。クリックするとモードが変わります。1番左の1個だけ離れているアイコンは無視してください。左から読出モード、書込モード、モニタモード、モニタ書込モードとなっています。モニタ書込モードでは、モニタしながら書き込みが行えます。使いやすいかどうかは人によって違いますので、慣れてきたら自分で判断して使ってください。ちなみに筆者は使いません。

回路の入力ですが、画面の上の方に次ページの図（回路入力）のようなアイコンが並んでいます。ラダー回路の記号です。これをクリックしても入力できますし、「F5」などのように記号が書いてあるので、例えば［F5］キーを押せばa接点を入力できます。

プロジェクトデータ一覧

画面左側は、作業しているプロジェクトの内容です。「プログラム」をダブルクリックすると「MAIN」が出てきます。これは作成しているラダー図のことです。

「グローバルデバイスコメント」をダブルクリックすると「COMMENT」が出てきます。「COMMENT」をダブルクリックするとコメント編集画面に入ります。ここから各デバイス番号に対してコメントが設定できます。「MAIN」をダブルクリックするとラダー図に戻ります。

モード切り替え

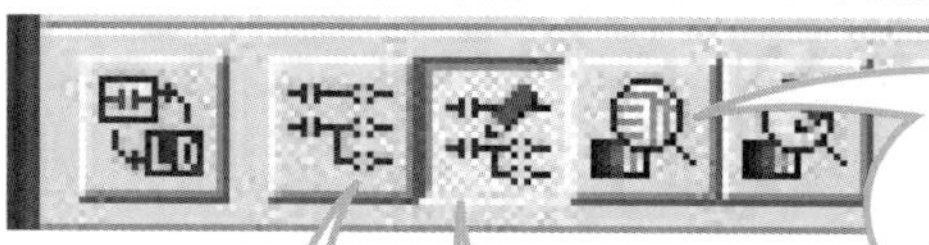

シーケンサーの
接点が入っているか
確認しながら読み出しができる。
通信速度の制約があるため、
画面スクロールに少し時間がかかる。
作業に合わせてモードを
上手に切り替える。

何かを入力すると
検索になる。
「X3」と入力すると、
X3を1個ずつ
検索してくれる。

「X3」と入力すると
検索ではなく入力になる。
単純に回路を見るだけなら読出モードの
方が楽に操作できる。書込モードで
検索するには[Ctrl]+[F]を
押す必要がある。

回路入力

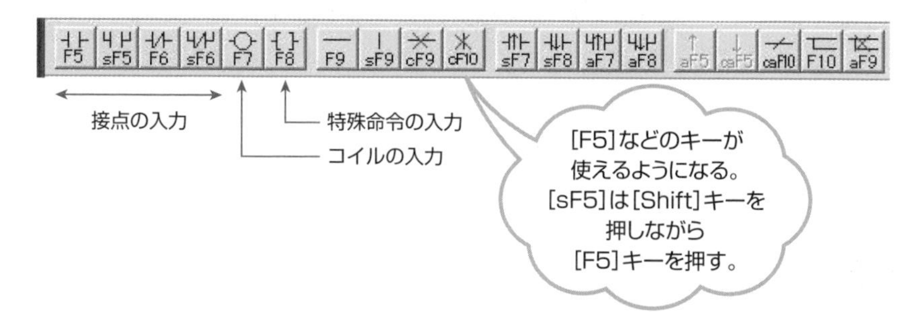

プロジェクトデータ一覧

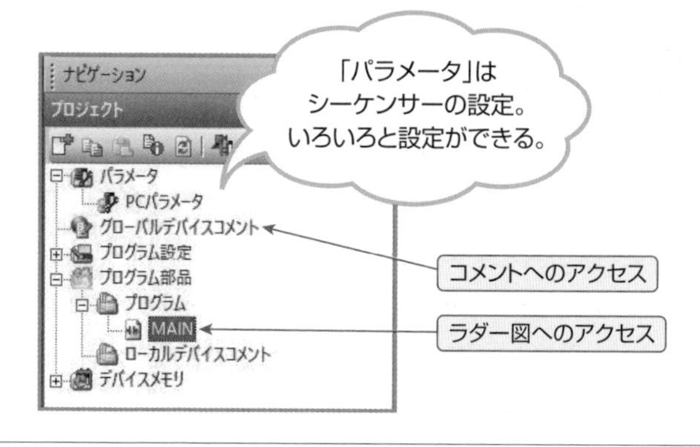

6-10

ラダー図の作成

「GX Works2」を使用して簡単なラダー回路を作成してみます。ここでは、操作方法を覚えてください。

回路入力

「GX Works2」を起動して、[プロジェクト] ➡ [プロジェクト新規作成] から、これから使用するシーケンサーのタイプを選択します。

回路入力用の画面が表示されました。右側の大きなウインドウ内にラダー図を作成していきます。ウインドウ内をクリックすると青色の四角が移動すると思います。キーボードのカーソルキー (矢印が付いたキー) でも移動できます。この四角の中に接点などを描いていきます。とりあえず、左上に戻しましょう。そして [F5] キーを押してください。上のアイコンから「a接点」のマークをクリックしても同じです。

入力画面が出てきます。これはa接点を入力するのですが、接点の番号の入力を求めてきます。シーケンサー入力I/Oの「X0」に、押しボタンスイッチを接続していると仮定します。そこで「X0」と入力して [Enter] キーを押します。コメント入力を求められたらコメントも入力し、入力が終わったら [Enter] キーを押してください。

変換

それでは次ページの「変換前」の図のように入力してみましょう。この状態では、入力した部分が灰色になっています。これは、まだ編集中で、この回路が決定されていないためです。

パソコンで日本語入力を行うとき、入力した状態では文字の下に波線が表示され、スペースキーで変換ができます。この変換中の状態と同じです。日本語入力では、[Enter] キーを押せば決定されます。「GX Works2」では [F4] キーを押してください。

すると画面の灰色が消えます。これで回路は決定されました。この作業を**変換**と呼び、メニューの中の [変換] ➡ [変換] でも実行できます。今度はこの回路を修正してみましょう。修正中は、編集した部分がまた灰色になります。この状態ではまだ決定されていないので、[F4] で変換します。この繰り返しで作業を進めていきます。

回路入力から変換

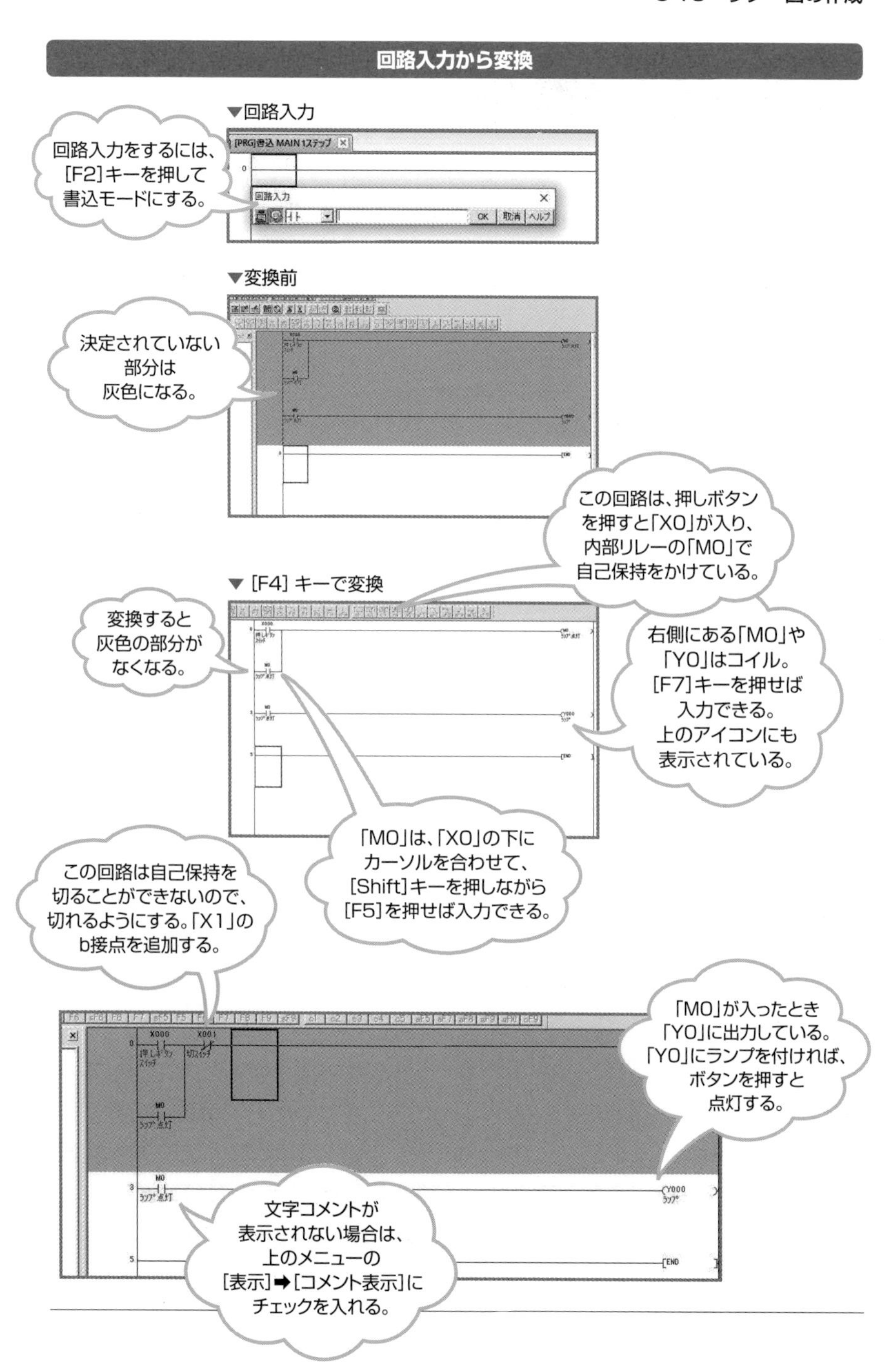

▼回路入力
回路入力をするには、[F2]キーを押して書込モードにする。
[PRG]書込 MAIN 1ステップ
回路入力
OK
取消
ヘルプ
▼変換前
決定されていない部分は灰色になる。
この回路は、押しボタンを押すと「X0」が入り、内部リレーの「M0」で自己保持をかけている。
▼ [F4] キーで変換
変換すると灰色の部分がなくなる。
右側にある「M0」や「Y0」はコイル。[F7]キーを押せば入力できる。上のアイコンにも表示されている。
「M0」は、「X0」の下にカーソルを合わせて、[Shift]キーを押しながら[F5]を押せば入力できる。
この回路は自己保持を切ることができないので、切れるようにする。「X1」のb接点を追加する。
X000
X001
押しボタンスイッチ
切スイッチ
M0
ランプ点灯
「M0」が入ったとき「Y0」に出力している。「Y0」にランプを付ければ、ボタンを押すと点灯する。
Y000
ランプ
END
文字コメントが表示されない場合は、上のメニューの[表示]➡[コメント表示]にチェックを入れる。

6-11

コメントを書く

ラダー図にはコメントが書けます。プログラムの動作には関係ありませんが、コメントを入力することで回路がわかりやすくなります。

コメントとは

コメントは、ラダー図の中の接点の下などに表示されている文字です。もし表示されていない場合は、メニューの［表示］➡［コメント表示］にチェックを入れて表示させてください。

このコメントがないと、回路を解読する場合にとても時間がかかります。回路図は印刷しますが、印刷先にもコメントがないと回路内部を解読することが非常に困難となり、場合によっては、回路図を描き直した方が早かったりします。

動作には直接関係のないコメントですが、非常に大切です。必ず回路作成時に入力するようにしてください。

コメント編集

ラダー図の作成時、コメントを入力する設定になっていれば、回路入力のあとにコメント入力用の画面が出てきます。この機能は大変便利なのですが、似たようなコメントを入力する場合などは少し不便を感じることがあります。そんなときは、コメントを入力する専用のツールを使います。プロジェクト一覧から「グローバルデバイスコメント」をダブルクリックします。すると専用の入力画面が表示されます。最初はデバイス名「X0」から表示されています。コメントの部分が入力できます。あらかじめわかっているものはここでまとめて入力しておきます。

デバイス名の部分に入力したいデバイス名を入力し、[Enter] キーを押すと切り替えができます。例えば「Y0」と入力して [Enter] キーを押すと切り替わります。

Microsoft Excel（エクセル）のセルのような形をしていますが、実はExcelのセルをそのままコピーできます。何がいいたいかというと、例えば、No1、No2のような連番のコメントを書くとき、一度、Excelのオートフィル機能を活用してコメントを書いたあと、まとめてコピーすれば、すばやくコメントを入力できるのです。

コメントの表示例

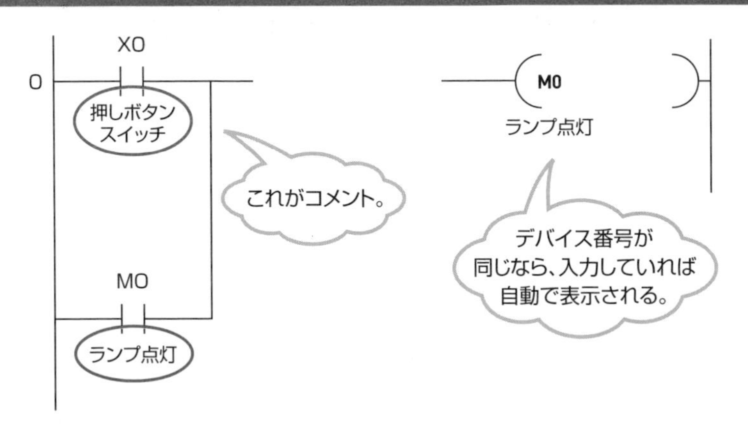

コメント入力画面

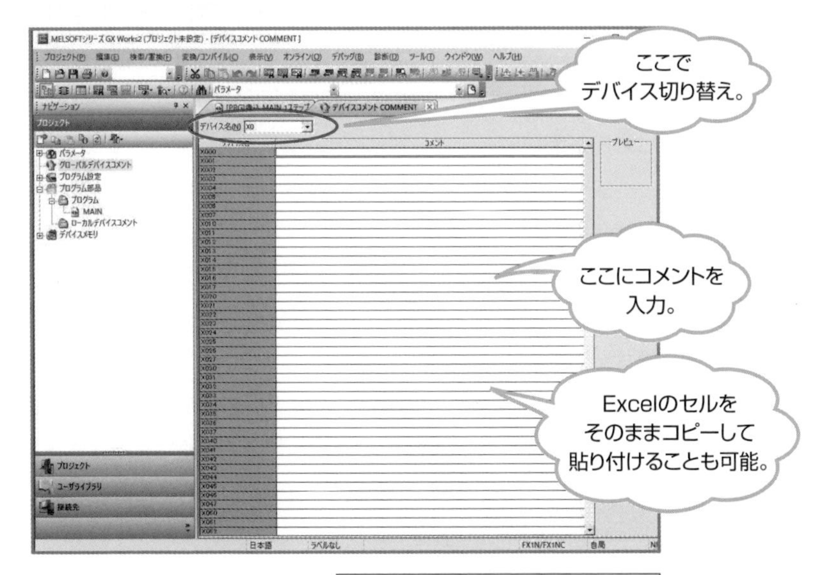

コメントは文字数が決まっているため、省略して書くことがある。
スイッチ➡「SW」
ボタン➡プッシュボタンで「PB」
リミットスイッチ➡「LS」
ランプスイッチ➡「PBL」　など

6-12

PCパラメータの簡単な設定

PCパラメータについて、基本的な説明をします。現時点でPCパラメータを設定しなくても問題なく動作しますが、どのようなことができるのか、簡単に説明しましょう。

パラメータについて

パラメータは、シーケンサーの基本的な設定となります。重要な部分ですが、最初から積極的に変更する必要はありません。FシリーズCPUであれば、特に設定しなくても、シーケンサーは問題なく動作するはずです。

設定とは、シーケンサー内のメモリをどのように使うかなどです。100%をプログラムに使用したり、一部をコメント領域としてコメントデータを保存したりできます。ただし、現段階ではこのような説明をしても理解が難しいと思います。

パラメータの設定でどのようなことができるか、頭の片隅に入れておいてください。必要になったとき設定すればいいのです。なお、QシリーズCPUはパラメータを設定しないと動作しません。

設定方法

画面左のプロジェクト一覧内にある「パラメータ」をダブルクリックします。すると「PCパラメータ」という項目が出てきます。「PCパラメータ」をダブルクリックすると設定画面が出てきます。

画面（FXパラメータ設定画面）上に項目別のタブがありますので、切り替えて設定します。設定が終われば、画面下の［設定終了］ボタンを押せば設定完了です。もしも途中でわからなくなったら、画面下の［デフォルト］ボタンで初期設定に戻せます。

ここで設定を完了しても、まだシーケンサーには反映されていません。次の節で説明しますが、シーケンサーにデータの書き込みをする必要があります。逆に、シーケンサーから現在のパラメータ設定を読み込むことも可能です。

簡単な設定は次ページで紹介していますが、FシリーズCPUであれば現時点で設定する必要はありません。

PCパラメータ

▼設定画面

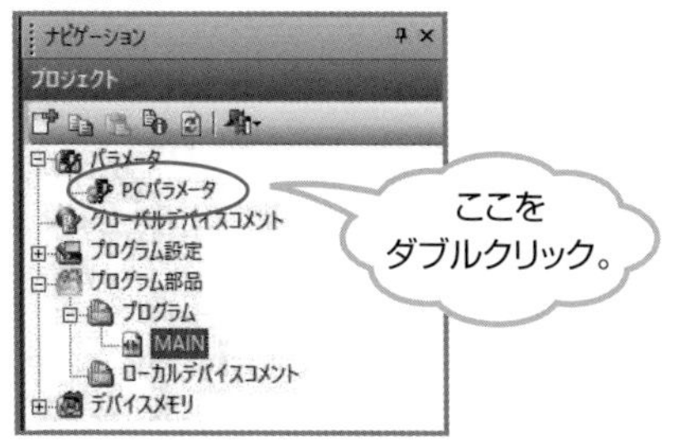

▼メモリ容量設定

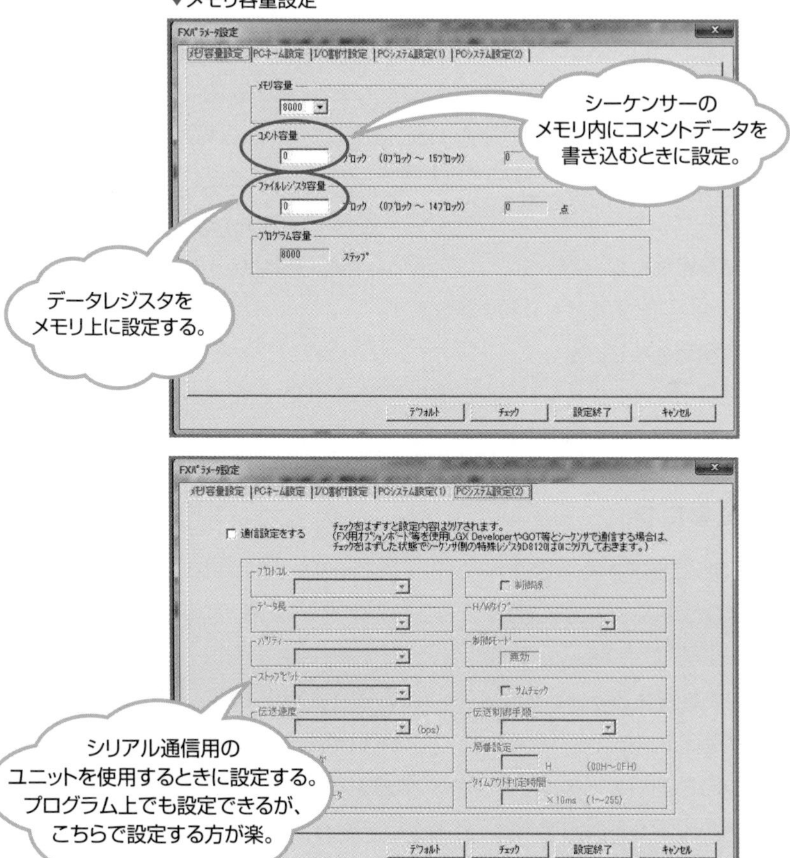

6-13

回路の書き込みをする①

「GX Works2」でラダー図を描きましたが、このままでは動作しません。ラダー図をシーケンサーに書き込んで反映させる必要があります。

パソコンとシーケンサーの接続

シーケンサーとパソコンを接続する前に通信設定を行います。最近のシーケンサーはUSBポートが付いています。USBポートを使って接続する方法が一番簡単です。

しかし、古いシーケンサーにはUSBポートがないタイプがあります。例えばFX2CPUなどです。FX2シリーズには、丸い接続ポートが付いていますが、これはRS-422用の通信コネクタです。しかし、パソコンには一般的にRS-422ポートはありません。そのためパソコン側は、RS-232Cポートから専用のケーブル（RS-232CとRS-422を変換するケーブル）でシーケンサーに接続します。

最近のシーケンサーには、USBポートが付いている製品*が多いので、深く考える必要はありませんが、少し古いシリーズになるとUSBは付いていないので、このあたりはしっかり覚えておく必要があります。

それでは設定をしてみましょう。シーケンサーとパソコンをケーブルで接続して、左側のナビゲーションウインドウから［接続先］➡［Connection1］をダブルクリックします。

通信設定を行う

まず、USBで接続する場合は「パソコン側I/F」の「シリアル」をダブルクリックします。すると次ページ下の画面が表示されるので、「USB（GOTトランスペアレント）」を選択します。

RS422で接続するときはCOMポートの番号を設定します。COMポートも、次ページ下の画面に表示されています。ここではCOM1になっています。これは、このパソコンのCOM1からシーケンサーに接続するという設定です。パソコン側に複数のシリアルポートがある場合は、どのシリアル（COM）ポートに接続したのか設定しないといけません。上の画面で「シリアル」と書いてあるアイコンをダブルク

＊…が付いている製品　USB接続の場合はドライバのインストールが必要。詳しくは「6-17　シーケンサーとパソコンの接続方法①」を参照。

リックしてください。

　すると下の画面が出てきます。ここでCOMポートの番号を選択します。接続する番号に合わせてください。最後に［OK］ボタンを押せば設定は反映されます。

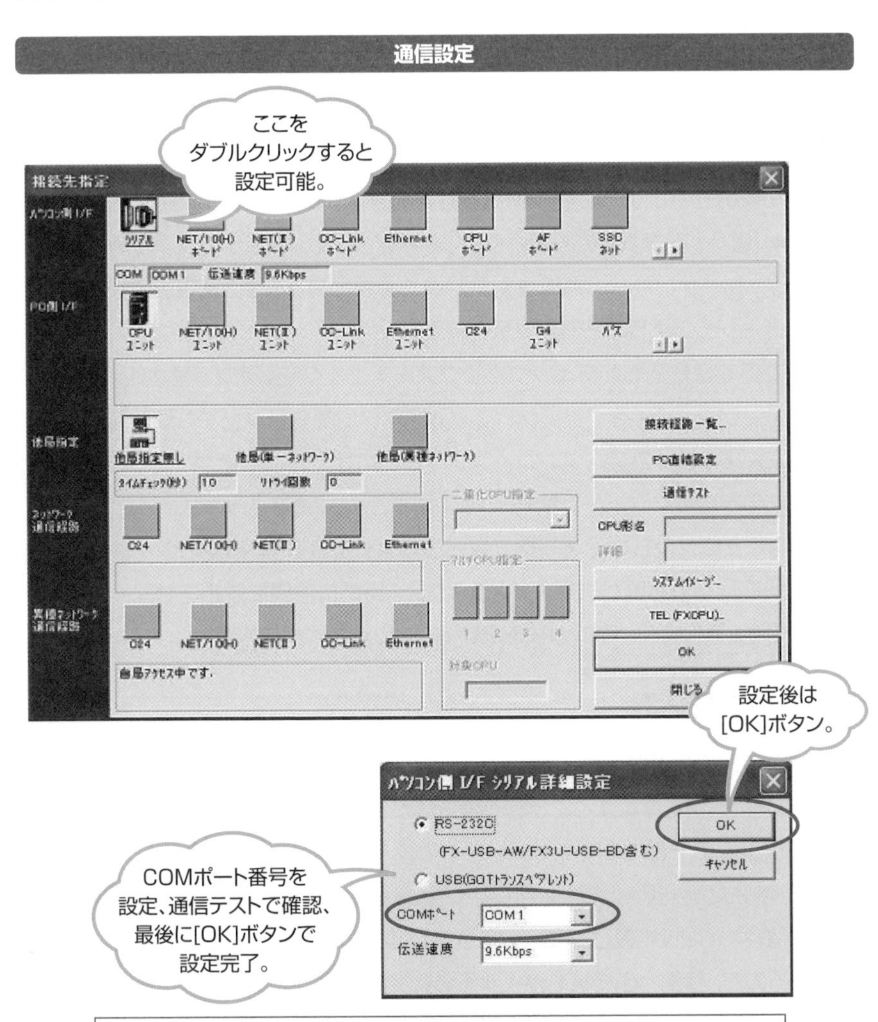

USBで接続する場合は「USB（GOTトランスペアレント）」を選択する。USBでシリアルポートを取り付ける場合の設定は「RS-232C」。USBはパソコンからシーケンサーまでUSBで直接接続する場合に選択（シーケンサーにUSBポートが搭載されている場合のみ）。実際は特に設定しなくても接続できる場合もある。もしできない場合はCOMポートの番号を変えてみよう。

6-14

回路の書き込みをする②

通信設定が終わったので、今度は作成したラダー図をシーケンサーに書き込んでみます。ラダー図の作成で作った回路を使用します。

PC書き込み

灰色の部分がないように変換作業をしておきます。そしてメニューから［オンライン］➡［書込］を選択してください。このとき、パソコンとシーケンサーを接続して、さらにシーケンサーの電源を入れておく必要があります。通信設定ができていれば次ページ上のような画面が表示されます。

ここで何を書き込むかチェックボックスにチェックをします。基本的には［パラメータ+プログラム］をクリックして［OK］ボタンをクリックすれば問題はありません。コメントなどのデータもシーケンサー内に書き込むことができますが、容量が大きいので最後にシーケンサーのメモリが余ったら書き込みましょう。

これは、プログラムなどを一括で書き込む方式です。そのため、シーケンサーをSTOP状態にする必要があります。つまり、一時的に設備を停止させなければならないのです。最後にシーケンサーをRUN状態にすれば動作を開始します。

RUN中書き込み

プログラムの一部を変更した場合、変更箇所のみ書き込むことが可能です。しかもRUN中に設備を停止することなく書き込みができます。

プログラムの一部を変更します。ここでふつうに変換するのではなく、［Shift］キーを押しながら［F4］キーを押してください。メニューから実行する場合は［変換］➡［変換（RUN中書込）］です。こうすればプログラムの実行中に書き込むことができるので、稼働中の機械を停止する必要がありません。

ただし、条件があります。PC側のプログラムと、シーケンサー内のプログラムが一致していないとできません。そのため、一致している状態で、一部分を変更して、間違えてふつうに変換してしまうと、その時点で不一致となります。一致させるには、一度「オンライン」から書き込みか読み出しを行います。

PC書き込み

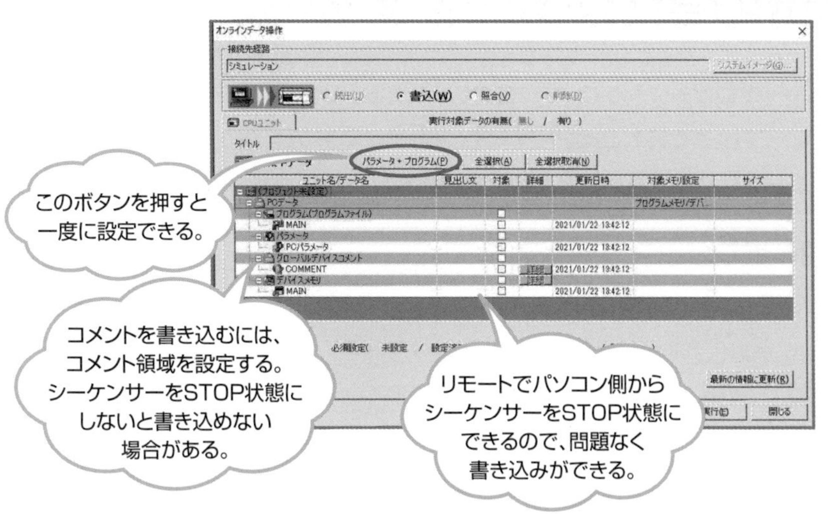

▼RUN中書き込み

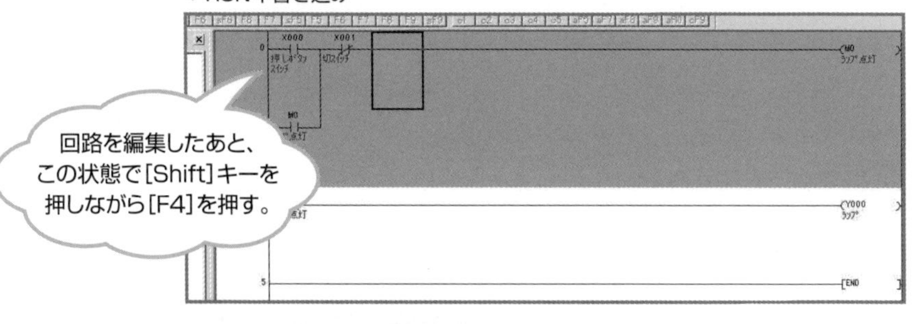

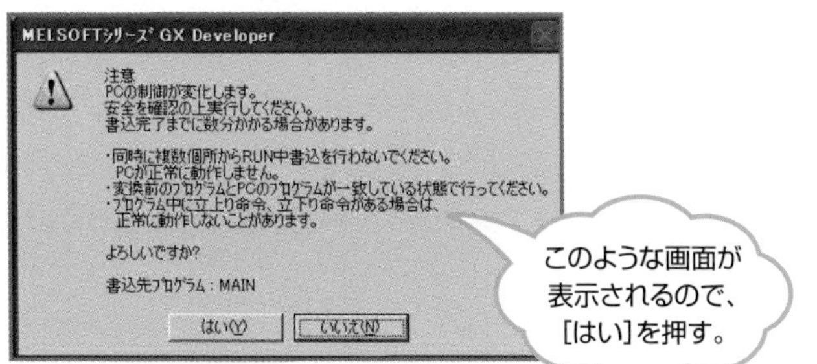

一度完成した回路をあとで修正するときはRUN中書き込みを使う。デバッグ時はRUN中書き込みになる。よく使う機能なので、必ず覚えておく。

6-15

回路の読み出しをする①

現在、シーケンサーに入っているプログラムを読み出します。読み出したプログラムは、編集して再度書き込むことが可能です。読み出しをすると、現在、パソコンで編集中の回路は上書きされますので注意してください。

PC読み出し

シーケンサーからラダー図を読み出してみます。メニューの［オンライン］➡［PC読出］を押してください。このとき、シーケンサーと通信が可能な状態にしておく必要があります。

書き込みと同じで、必要な部分にチェックを入れて読み出します。読み出し後はふつうに編集できます。また、読み出しの場合は書き込みとは違い、シーケンサーをSTOP状態にする必要はありません。つまり、設備を停止させる必要はありません。

読み出しなのですが、「GX Works2」を起動して、プロジェクトを新規作成しなくてもできます。例えば、「GX Works2」を起動して即［オンライン］➡［PC読出］の操作ができます。PCシリーズのみ設定する必要がありますが、PCタイプは読み出し後に自動で設定されます。

コメントの読み出し

はじめて読み出しを行うときは、コメントも含めた読み出しを試してみましょう。もしシーケンサー内に保存してあればプログラムやパラメータと同時に読み出しができます。パソコン内にコメント付きのデータがある場合は必要ありません。

例えば、「パソコン内にはコメント付きのデータが保存してある。しかし、シーケンサー内のデータが、パソコン内のラダー図と不一致になっている。最新のラダー図はシーケンサー内にある」とします。

このような場合、まずコメントが入っているプロジェクトを開きます。そして［オンライン］➡［PC読出］を行うのですが、コメントは読み出さないでください。つまり、パソコン内のコメント付きデータのうち、ラダー図のみを最新の状態に更新するのです。

PC読み出し

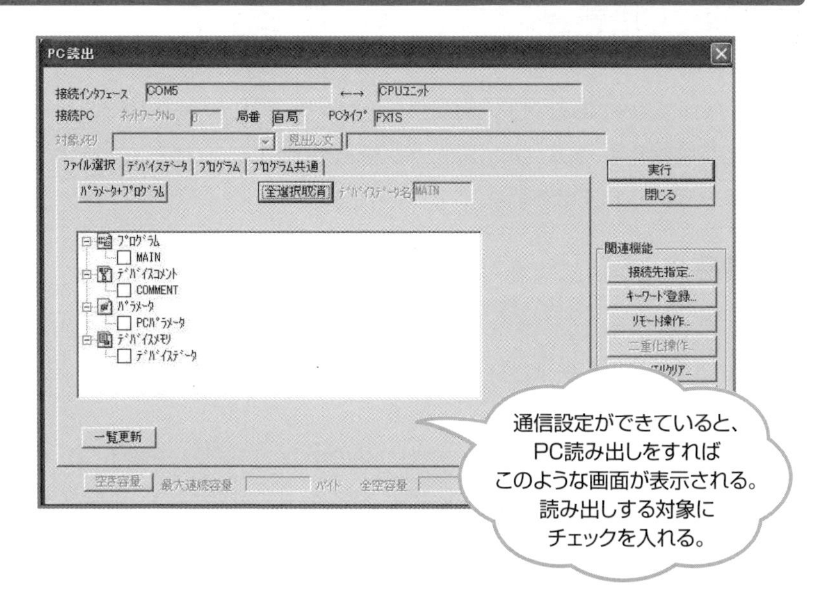

PC読み出しのイメージ

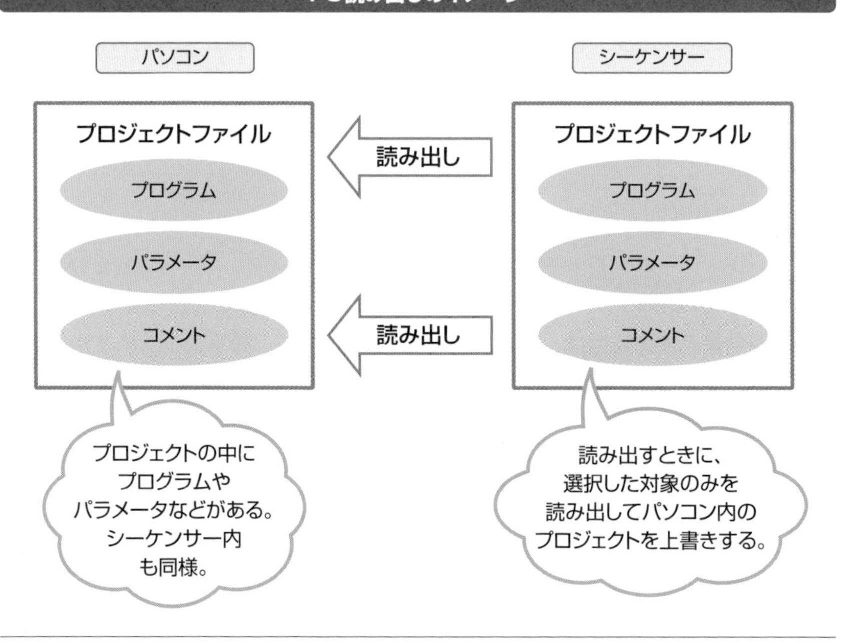

6-16
回路の読み出しをする②

現在、パソコン内にあるプログラムと、シーケンサー内になるプログラムが一致しているかどうかを照合します。また、シーケンサー内のプログラムが現在どのように動作しているかモニタしてみます。

PC照合

プログラムが入ったシーケンサーがあります。そのシーケンサーの中のプログラムはパソコンの中にも保存されています。この2つのプログラムは一致しているのでしょうか?

例えば、自分以外の他の人がシーケンサーの中のプログラムを読み出して、編集して書き込んでいる可能性もあります。この場合、自分のパソコンに保存されたプログラムとシーケンサーのプログラムは一致しません。

プログラムが一致しているかどうかを調べることが簡単にできます。パソコンとシーケンサーを接続して、[オンライン] ➡ [PC照合] をクリックします。そして、照合したい項目にチェックを入れて [実行] を押すと、照合作業が実行されます。設備の動作中でも問題なく実行でき、設備を停止する必要もありません。

回路モニタ

シーケンサー内のプログラムがどのように動作しているか、パソコンでモニタできます。新しくプログラムを書き込んだあとは、必ずモニタで確認して、自分が考えているとおりにプログラムが動作しているか確認してください。

モニタを表示する場合は、メニューバーのモニタモードのボタンを押すか、[F3] キーを押します。モニタモードでは基本的に回路編集はできませんが、現在の接点動作の内容が表示されます。操作は読出モードと同じになります。

注意すべきこととして、PC照合の結果が不一致だった場合でもモニタはできます。モニタはシーケンサー内の接点やコイルの状態を、パソコン内のプログラム上に表示しているだけです。接点が動作しているのにコイルが動作していない場合は、シーケンサー内のプログラムには、このコイルは存在しないということです。

モニタモードでの表示例

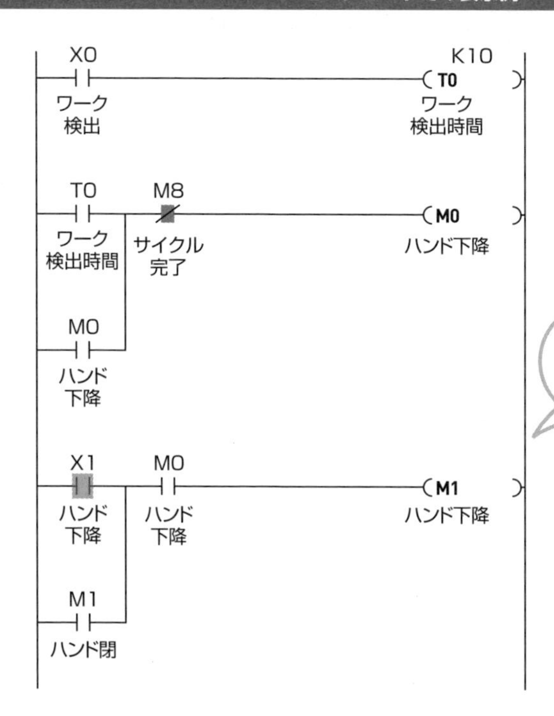

「M8」の接点は
b接点のため
コイルはONしていない。
導通状態のため画面上では
青く表示されている。
「X1」はONしている。

照合不一致の場合に見られる現象

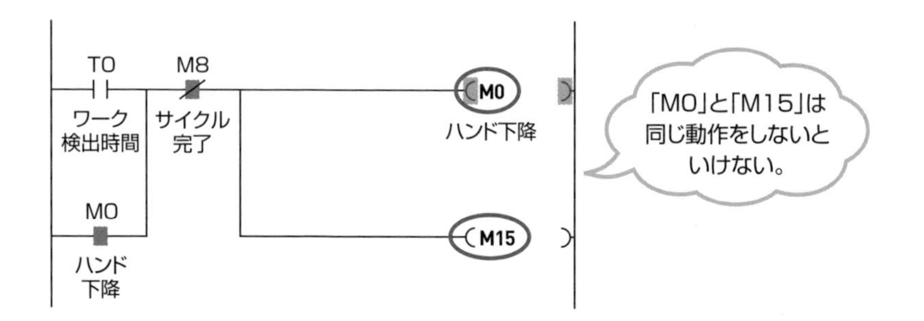

「M15」のコイルを追加し、そのまま変換した状態。シーケンサーに書き込まない状態でモニタモードにしている。「M0」がONしているのに「M15」はONしていない。これは、パソコン上のプログラムには「M15」は存在するが、シーケンサーのプログラムには「M15」が存在しないために発生する現象である。

6-17 シーケンサーとパソコンの接続方法①

「GX Works2」を使用するために、シーケンサーとパソコンを接続する必要があります。基本的にデフォルトの設定でも通信できることがほとんどですが、パソコンの環境にもよりますので、接続方法を確認しておきます。

RS-232C、RS-422で接続

接続する前に、各シーケンサーの通信方式を確認する必要があります。一昔前のシーケンサーはRS-422接続が一般的でした。パソコン側はこの接続方式に対応していないことが多いため、変換ケーブルを使うのが一般的です。一昔前といっても、まだまだ現役で稼動しています。そのため、シーケンサー関係の仕事をするのであれば、変換ケーブルがあると安心です。

USBで接続

最近のシーケンサーはほとんどUSB接続です。GX Works2がインストールされているパソコンであれば、ドライバも一緒にインストールされています。しかし、GX Developerのみのインストールの場合、USB接続をするにはドライバをインストールする必要があります。

まず、シーケンサーとパソコンをUSBケーブルで接続すると、パソコンの画面右下に「新しいデバイス…」と表示が出てきます。次にドライバのインストール画面が表示されますが、ドライバは「GX Developer」をインストールしたときに次のフォルダに入っています。

```
¥MELSEC¥Easysocket¥USBDrivers
```

このフォルダは「GX Developer」のインストールフォルダの下にあります。デフォルトではCドライブです。

インストール画面が表示されたら、「一覧または特定の場所からインストールする」を選択し、[次へ] ボタンをクリックしたのち、上記フォルダを指定してください。この作業をしないとUSBでの接続ができません。

また、USBでシーケンサーとパソコンを接続しても、画面の右下に何も表示されない場合があります。このときはインストール画面が表示されません。

この場合は、パソコンがシーケンサーを「不明なデバイス」だと認識している可能性もあります。このときはデバイスマネージャーから「不明なデバイス」を削除してみてください。

FXシリーズの接続

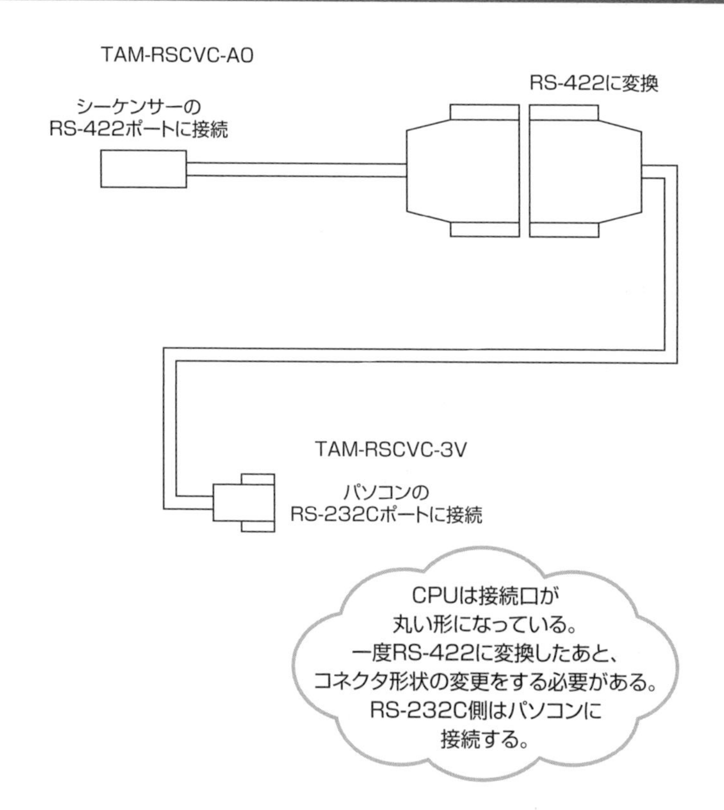

Aシリーズの接続

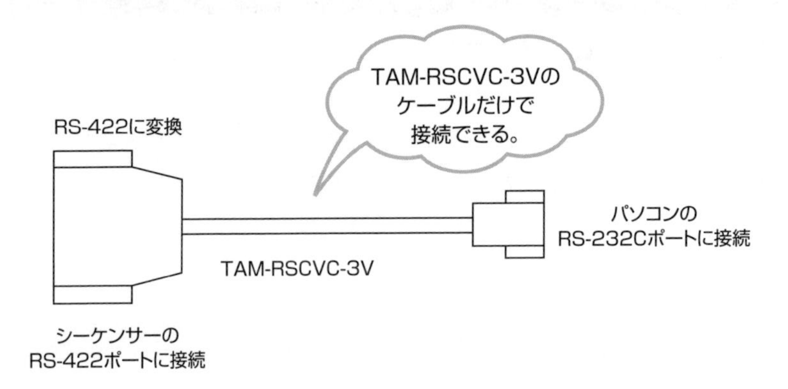

デバイスマネージャーを
表示するには、[スタート]
ボタンを右クリックし、メニュー
から[デバイスマネージャー]を
選択(Windows 10の場合)。

プロセッサ
ポータブル デバイス
ポート (COM と LPT)
USB Serial Port (COM3)
通信ポート (COM1)
マウスとそのほかのポインティング デバイス
モニター
ユニバーサル シリアル バス コントローラー

筆者の使用しているケーブル
メーカー：TAM
FXシリーズに接続するには次のケーブルが必要。
型式　：TAM-RSCVC-3V
型式　：TAM-RSCVC-AO

6-18 シーケンサーとパソコンの接続方法②

最近のパソコンは、シリアルポートが標準で付いてない機種がほとんどです。そのため、必要な場合にはUSBなどでシリアルポートを追加します。

シリアルポートの追加

今回はSRC06USB（バッファロー）という変換ケーブルを例に、ドライバのインストール方法と簡単な使用方法を説明します。Windowsのバージョンによっては最初からドライバがインストールされています。すでにインストールされて使える状態であれば、以下の操作は不要です。

まず、付属のCDをセットしておきます。そしてUSBポートに接続してください。しばらくするとインストール画面が表示されます。

CDを選択してインストールします。完了したら再度同じ画面が出てきますので、2回同じ操作をしてください。途中でキャンセルすると失敗します。その場合は、デバイスマネージャーから、いったん削除する必要があります。

インストールが完了したら、接続したSRC06USBがどのCOMポートに割り当てられているかを、デバイスマネージャーから確認します。

注意しないといけないのは、パソコンのUSBポートに接続していますが、「GX Works2」や「GX Developer」（ソフト）側の設定はRS-232Cにすべきだということです。

SRC06USBは、パソコンに接続することによって、パソコン側にRS-232Cポートを作ることになります。そのため、ソフト側から見たら、パソコンのRS-232Cポートに接続したことになります。

RS-232Cポートを増設

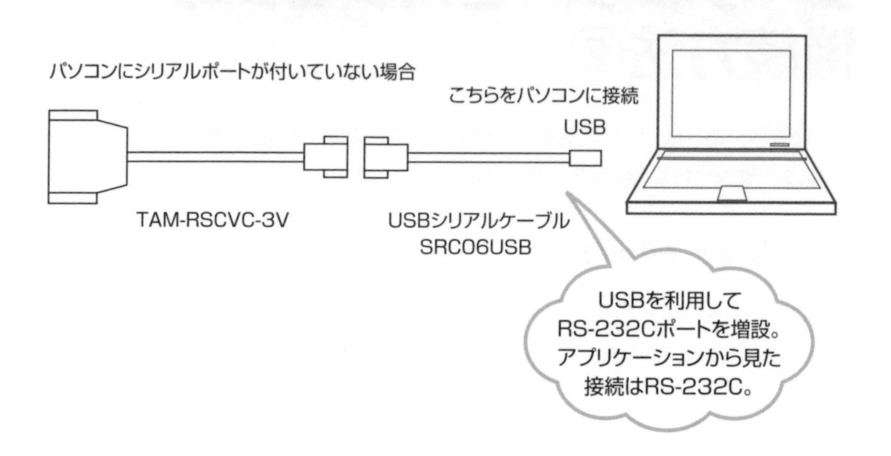

GOT（タッチパネル）からの接続

GOT（タッチパネル）側からシーケンサーに通信する方法について説明しましょう。GOTにケーブルを接続し、GOT経由でシーケンサーにアクセスします。GOTは設備表面に取り付ける場合がほとんどなので、GOTからシーケンサーのプログラムを変更できれば大変便利です。

GX Works2の場合、「シーケンサーI/F」内の設定で「GOT」を選択するだけです。ここではGX Developerについて解説します。

パソコンとシーケンサーをGOT経由で接続して、「GX Developer」の接続先指定を設定します。「パソコン側I/F」は、GOTとパソコンを接続している方法を選択します。「シリアルUSB」を選択します。「PC側I/F」の中の「CPUユニット」をダブルクリックしてください。次ページの下図のように設定すれば接続できます。

GOT（タッチパネル）からの接続

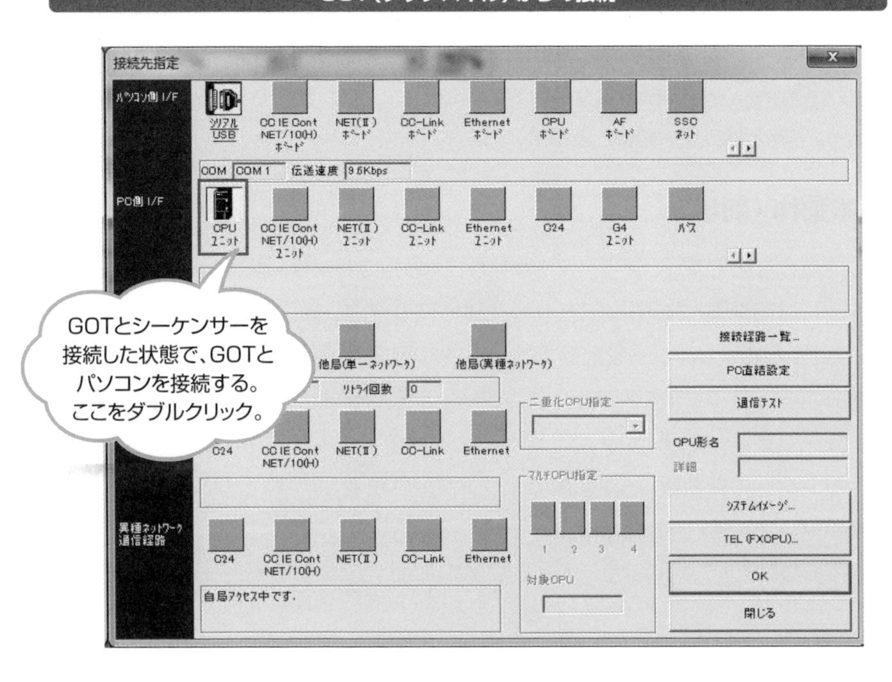

PC側 I/F CPUユニット詳細設定

CPUモード　QCPU(Qモード)

OK

キャンセル

□ GOT(バス接続)トランスペアレント機能を利用する

□ GOT(直結)トランスペアレント機能を利用する

GOTとシーケンサーの接続方式を選択する。わからなければ、適当に選択して通信テストをしてみる。

この接続先指定が選択できない場合がある。それはモニタモードになっている場合である。Qシリーズなどのように複数のプログラムを持っているタイプでは、その中の1個のプログラムでもモニタモードになっていると選択できない。メニューの「ウインドウ」から確認する。

6-19

簡単な回路を作成する①

「GX Developer」の簡単な使い方を説明したところで、簡単な回路を作成してみましょう。回路とはラダー図のことです。

基本動作（前半）

まず動作なのですが、シリンダーがあり、その先にセンサーが付いています。シリンダーには前進端と後退端のセンサーが付いています。操作用に押しボタンスイッチがあり、このシリンダーを前進させ、先に物があるかどうか確認します。

押しボタンスイッチを押すとシリンダーが前進します。シリンダー前進確認はシリンダーセンサーで行います。シリンダーが前進すると「X2」が入ります。

シリンダーの前進後、一定時間でシリンダーは後退します。シリンダーの前に物があれば、シリンダーの先端のセンサー「X3」が反応します。この場合、「X3」が反応してもしなくても同じように後退させます。

基本動作（後半）

後退後、シリンダーの先に物があった場合（シリンダー先端のセンサーが反応）、シリンダー後退後１秒間ランプを点灯させます。もし何もなかった場合は点灯させません。ここまでの動作を１つのサイクルとして、再度ボタンを押せば、この動作を繰り返す仕様にします。ただし、ボタンを押し続けた場合は、２回目の動作をさせないようにします。押し続けていると何回も同じ動作を繰り返すのはダメということです。

ここでのポイントは、シリンダーが前進したあとに、物があってもなくてもシリンダーを後退させ、サイクル運転を完了させることです。そのため、シリンダー先端のセンサーをシリンダー後退条件に使うことはできません。

それでは回路を作成していきます。まずは、ハードの接続をします。ハードの接続とは、PLCにセンサーなどを取り付ける作業です。ここでは説明はしませんが、PLCへの配線方法で説明*しています。

＊…**で説明**　6-5節参照。

動作内容

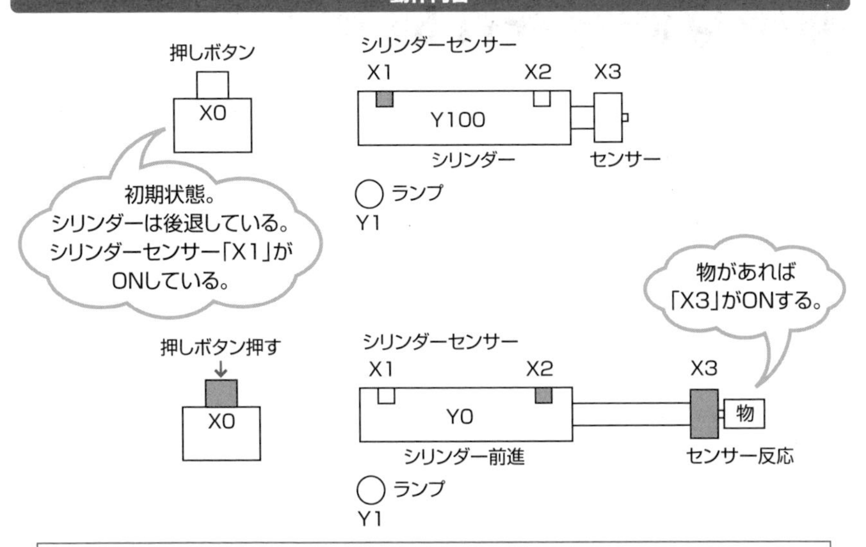

押しボタンを押すとシリンダーは前進する。前進後はシリンダーセンサー「X2」がONする。このときシリンダーの前に物があると、シリンダーセンサーが反応して「X3」が入る。

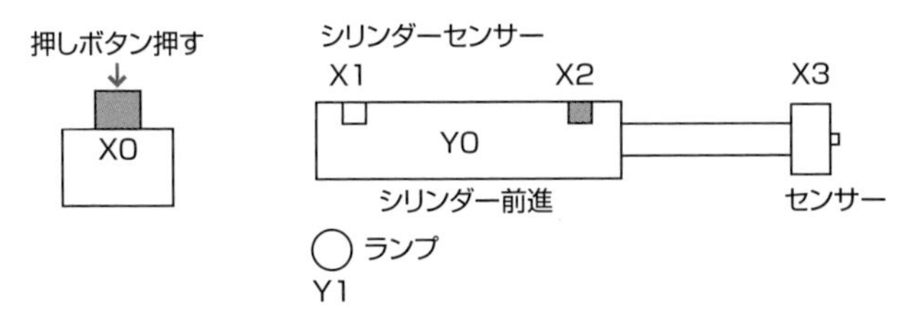

シリンダーの前に物がない場合、「X3」はONしない。「X2」は前進端なので、シリンダーが前進するとONする。シリンダーが前進して一定時間経過すると、確認終了ということでシリンダーを後退させる。

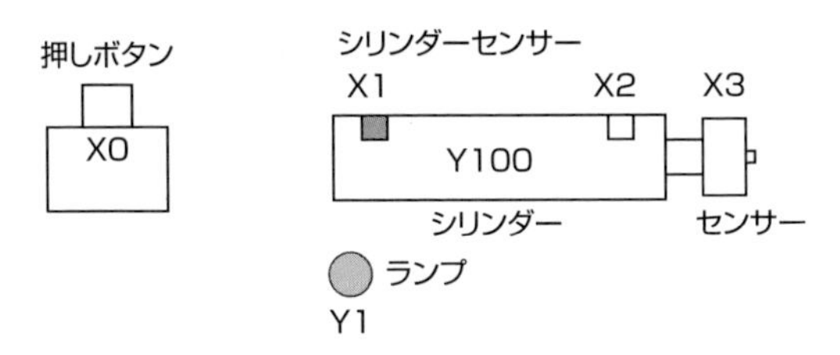

シリンダー前進時に「X3」がONした場合、シリンダー後退後にランプ「Y1」が点灯する。

6-20

簡単な回路を作成する②

「GX Works2」を起動してプロジェクトを新規作成します。シリーズと機種はこれから接続するものを選択してください。ここではFXシリーズを接続するものとします。

入力信号のPLS化①

ボタンを押してシリンダーが前進し、後退するまでの動作の説明です。最初に「X0」という押しボタンスイッチを押すと、[PLS M0]となっています。このPLSとはパルスのことで、「X0」が入った立ち上がりの1スキャンのみ「M0」がONします。簡単にいうと、「X0」を押すと、押した瞬間に「M0」が一瞬だけONします。

押しボタン信号をパルスにしている理由は、動作条件の「ボタンを押し続けた場合は、2回目の動作をさせないようにする」ための対策です。「X0」を押し続けていても、「M0」は一瞬しか入らないため、動作が完了して再度動作させるには、「X0」を一度離して再度押す必要があるのです。

入力方法ですが、[F8] キーを押して、「PLS」と入力します。その後、スペースキーを押して「M0」と入力して [Enter] キーを押せば完了です。

ちなみに[PLS M0]を（M0）にすると、同じように動作はしますが、押しボタンを押しっぱなしにすると、連続で動作してしまいます。サイクルが完了する前にボタンを離す必要があります。

入力信号のPLS化②

[PLS M0]のように[ ]で囲んだ部分は応用命令です。この場合、PLSという命令を「M0」に対して行っています。(M0) のように ( ) で囲んだ部分はコイルとなります。この違いに注意してください。

「M0」は一瞬しか入らないため「M1」で自己保持をかけます。「M4」と「T2」ですが、いまは無視してください。この「M1」のコイルを利用してシリンダーを前進させます。そのため回路作成のときは、「M1」はONするとシリンダーが動作する、とイメージしてください。

入力信号のパルス化

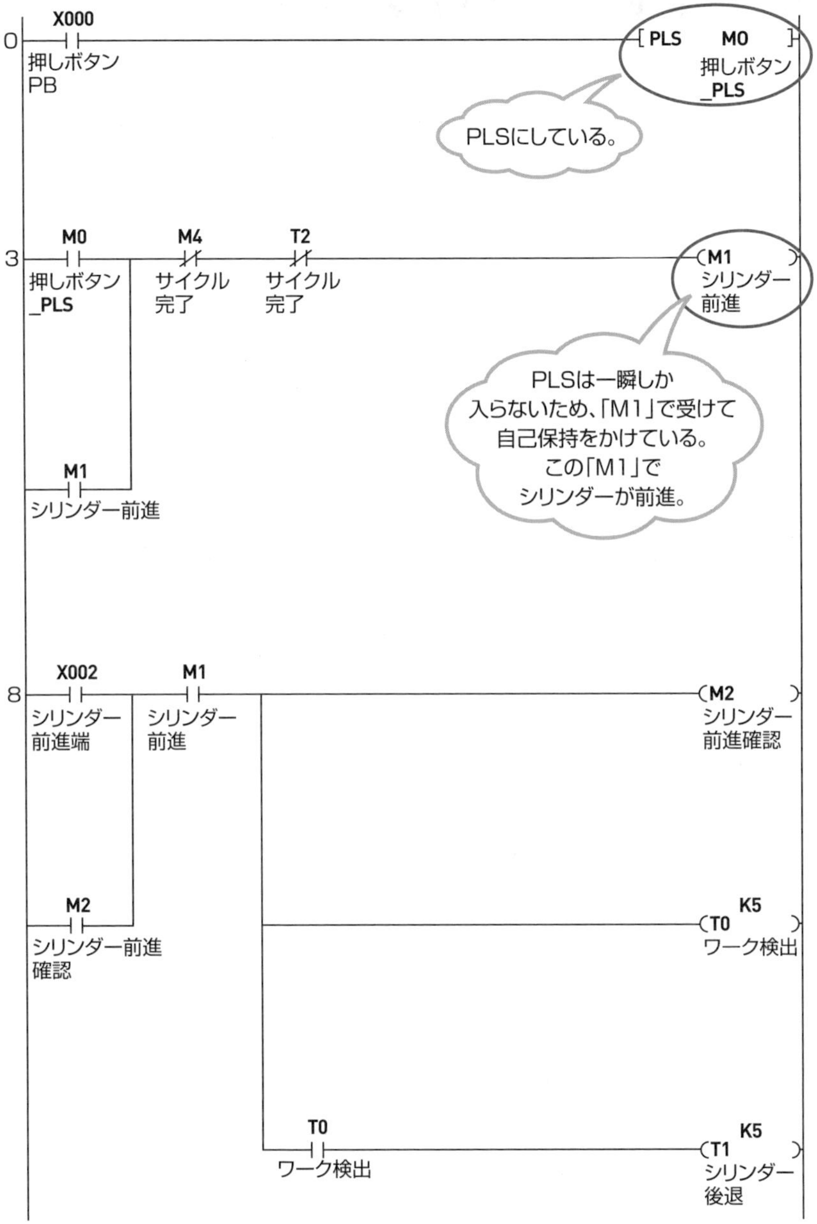

0
X000
押しボタンPB
PLS M0
押しボタン_PLS
PLSにしている。
3
M0
押しボタン_PLS
M4
サイクル完了
T2
サイクル完了
M1
シリンダー前進
M1
シリンダー前進
PLSは一瞬しか入らないため、「M1」で受けて自己保持をかけている。この「M1」でシリンダーが前進。
8
X002
シリンダー前進端
M1
シリンダー前進
M2
シリンダー前進確認
M2
シリンダー前進確認
K5
T0
ワーク検出
T0
ワーク検出
K5
T1
シリンダー後退

パルスとコイルの違い

ボタンを押す。

コイルの場合(M0)

押している間
信号が入る。

パルスの場合[PLS M0]

押した瞬間に
一瞬だけ入る。

一瞬というのは、
実際にはプログラムが
1スキャンする間。
プログラムが認識できる
最低限の時間しか
入らない。

タイムチャート

ON

押しボタン

コイルの場合(**M0**)

PLSの場合[**PLS M0**]

ONした瞬間しか
入らない。

再度入れるには、
一度スイッチをOFFしてから
ONする必要がある。

6-21

簡単な回路を作成する③

シリンダー前進から後退、シリンダー先端の検出部分までの制御についての説明です。

シリンダーの動作

「M1」が入りシリンダーが前進すると、シリンダーセンサー「X2」が入ります。次はこの「X2」を使います。

「X2」が入ると「M2」で自己保持をかけます。「M2」が入ると前進完了ということです。このとき、図のように「M1」を入れます。これは「M1」が入っているとき、つまり、シリンダー前進指令が出ている状態で「X2」が入ると、前進完了ということです。こうしておかないと、何らかの条件で、もし「X2」が入ってしまったら、勝手に「M2」が働き、回路の途中から動作してしまうからです。

ラダー図では、基本的に上から順番に条件を設定して動作させます。このような制御を**歩進制御**と呼びます。

「M2」がONすると同時に「T0」が入るようになっています。この「T0」はタイマーのことで、遅れて接点が動作します。回路図の「T0 K5」となっている部分がタイマーのコイルとなります。

動作としては、シリンダーが前進して0.5秒後にシリンダー先端のセンサーでワークを確認します。ワークとは対象物を指します。「T0」の接点でワーク確認を行って、0.5秒後にシリンダーを後退させています。つまり、ワークを検出してもしなくてもシリンダーは後退動作します。「T0」の接点はワーク検出で使用します。

シリンダーの動作

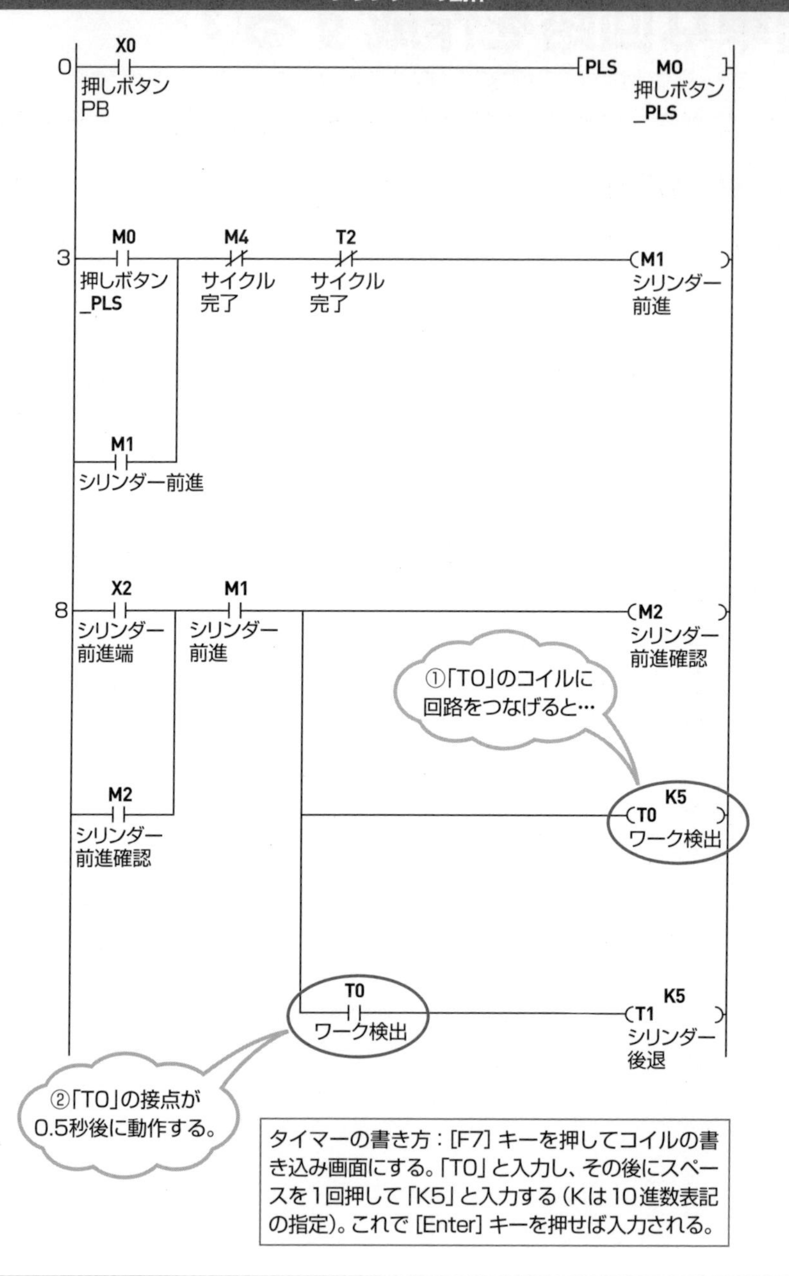

タイマーの書き方：[F7] キーを押してコイルの書き込み画面にする。「T0」と入力し、その後にスペースを1回押して「K5」と入力する（Kは10進数表記の指定）。これで [Enter] キーを押せば入力される。

ワーク検出

シリンダー先端のセンサー「X3」がONすると「M10」で自己保持をかけます。a接点で「T0」が入っています。これがないと、動作していない場合でもセンサーが反応したら自己保持してしまいます。

そして、「T1」の接点によりシリンダーを後退させます。「T1」でシリンダーを後退させたあと、「X1」のシリンダー後退端がONすれば、シリンダーが後退したことを確認するために「M3」をONします。

ワーク検出

b接点で「T1」が入っているので、「T1」が入るタイミング、つまりシリンダーが後退開始をしたらワーク検出をさせない。シリンダー後退中にセンサーが反応してしまうと保持がかかってしまう。

ワーク検出を行うタイミング。

19
X3 ワーク検出センサー
T1 シリンダー後退
T0 ワーク検出
M10 ワーク検出保持
M10 ワーク検出保持

ワークを検出したか記憶

24
X1 シリンダー後退端
T1 シリンダー後退
M3 シリンダー後退確認
M3 シリンダー後退確認

接点を入れる場所を変更すると動作が変わるので、注意して変更する。例えば、「T1」のb接点を「T0」の右側に持ってくると、ワークを検出してもシリンダーが後退した瞬間に保持が消えてしまう。

「X1」がONしたら「M3」で自己保持をかける。

6-22 簡単な回路を作成する④

回路の動作はひととおり完成しました。最後にシリンダーが後退したあとの動作です。

判定動作

シリンダーが後退完了したら「M3」が入ります。「M10」はワーク検出をしたときONしています。ワーク検出をしていない場合は、「M10」は入っていないので、「M10」のb接点側の回路が働きます。この先では「M4」がONします。

この「M4」は回路先頭の「M1」(シリンダー前進)の自己保持を切るようになっています。つまり、「M4」がONすると「M1」が切れます。そして「M1」が切れると「M2」「T0」「T1」が切れます。さらに「M3」も切れ、動作部分の自己保持はすべて切れます。そして最初の状態に戻ります。これがサイクル完了です。

次に、ワーク検出をしていた場合は「M10」がONしています。つまり、「M10」のa接点側の回路が働きます。すると「M5」が入るようになっています。この「M5」でランプを点灯させます。そして1秒後に「T2」が入るようになっています。この「T2」がサイクル停止信号になっています。「T2」がONすると、すべての自己保持が消えます。そのためランプも消灯します。これで、ランプが1秒点灯する回路は完成です。

出力回路

最後に出力部分です。出力部分がないとシリンダーも動作しません。シリンダーの動作確認をしているため、回路も途中で止まってしまいます。

まず「M1」がONするとシリンダー前進です。そして「T1」がシリンダー後退となっていますので、「M1」の後ろにb接点で「T1」を入れます。つまり、「M1」でシリンダーは前進しますが、「T1」がONすることで「Y0」は動作しなくなり、シリンダーは後退します。

ここでのシリンダーは、シングルソレノイドで動作させていますので、出力を切れば勝手に元の位置に戻ります。

判定動作と出力回路

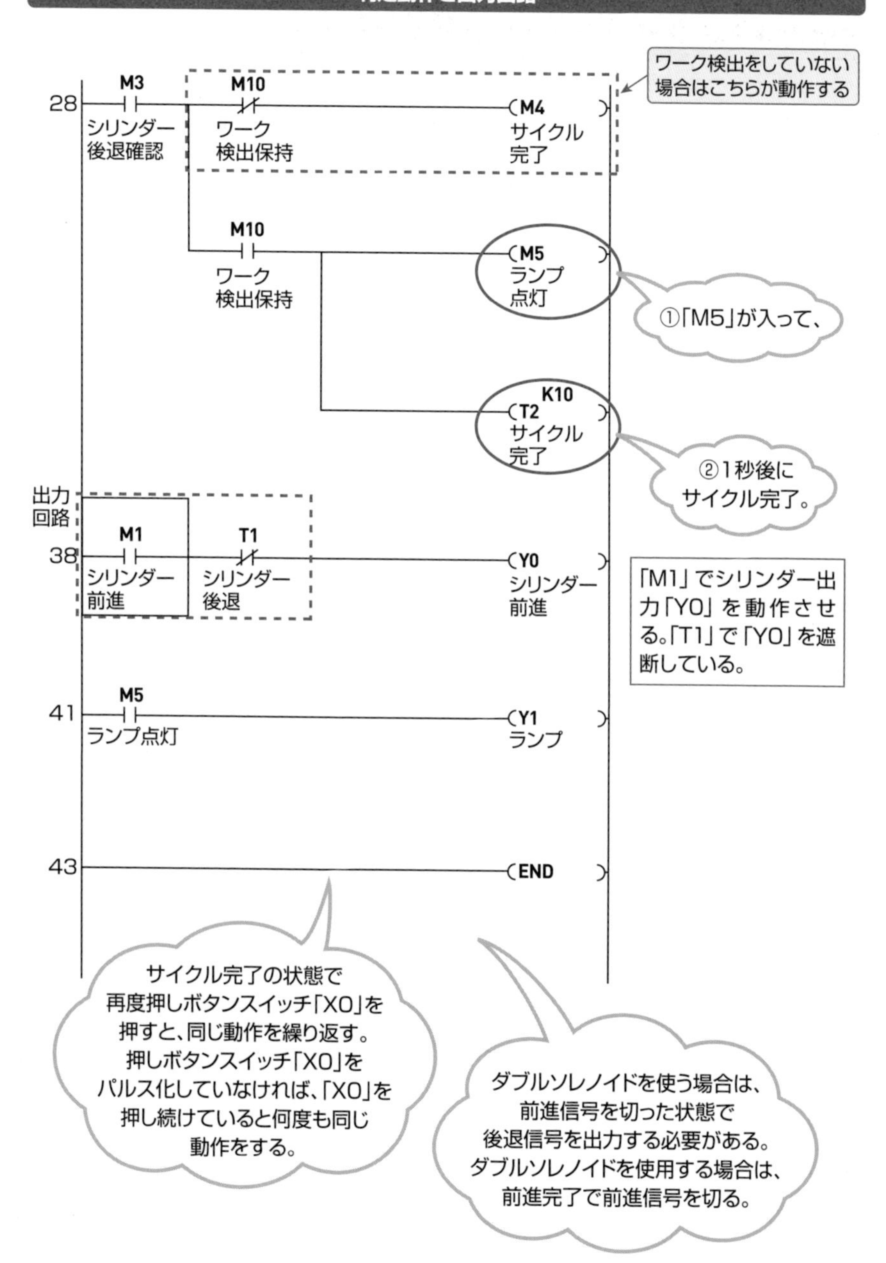
ワーク検出をしていない場合はこちらが動作する
28
M3
シリンダー後退確認
M10
ワーク検出保持
M4
サイクル完了
M10
ワーク検出保持
M5
ランプ点灯
①「M5」が入って、
K10
T2
サイクル完了
②1秒後にサイクル完了。
出力回路
38
M1
シリンダー前進
T1
シリンダー後退
Y0
シリンダー前進
「M1」でシリンダー出力「Y0」を動作させる。「T1」で「Y0」を遮断している。
41
M5
ランプ点灯
Y1
ランプ
43
END
サイクル完了の状態で再度押しボタンスイッチ「X0」を押すと、同じ動作を繰り返す。押しボタンスイッチ「X0」をパルス化していなければ、「X0」を押し続けていると何度も同じ動作をする。
ダブルソレノイドを使う場合は、前進信号を切った状態で後退信号を出力する必要がある。ダブルソレノイドを使用する場合は、前進完了で前進信号を切る。

最後にランプ出力です。ワーク検出をした場合は「M5」が1秒間ONするようになっていますので、そのまま「Y1」に出力させるだけです。消灯させる回路は特になく、「M5」がONした1秒後に回路全体がリセットされるので「M5」も消えます。

簡単な回路作成の最後に

ここで作った回路はとても単純な回路です。この回路のステップ数（ラダー図の左にある数値）は50未満ですが、実際の設備になると1000～5000ステップ、複雑な演算を入れると10000ステップ程度になります。慣れればスムーズに作成できますが、慣れるまでは時間がかかります。

回路の作成方法にもよりますが、ショートカットキーを覚えて作業をするのが近道です。接点を入力するたびにマウスに持ち替えていたら仕事になりません。少しずつ慣れていきましょう。

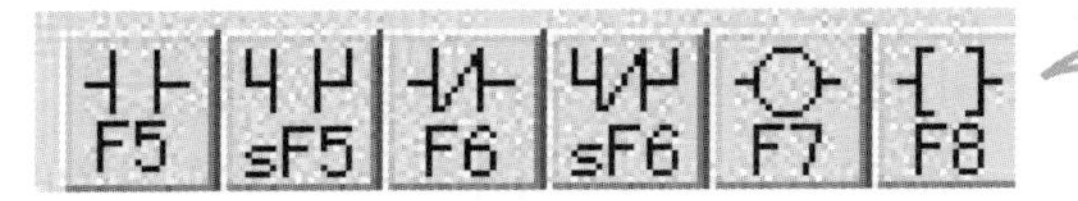

[F5]はキーボードの上の方にある[F5]キー。[sF5]は[Shift]キーを押しながら[F5]キー。

6-23 デバイスとは

デバイスについての説明です。いきなり専門用語が出てきましたが、難しく考える必要はありません。なぜなら、本書を読み進めてくる中で、皆さんはすでに使用しているからです。

デバイスとは

デバイスについて簡単に説明します。デバイスとは、いままでラダー図を作成するときに使用した「M0」や「X0」などの集まりです。ラダー図作成のときは、筆者はコイルや接点と呼んでいましたが、これらをまとめてデバイスと呼びます。そして、「M0」や「X0」のことを**要素**と呼びます。

ここで重要なのは、デバイスには大きく分けて「ビットデバイス」と「ワードデバイス」があることです。ここで簡単に説明しておきます。

ビットデバイス

ビットデバイスとは、ラダー回路の作成などで説明をした「M0」や「X0」「Y0」などのことです。ビットデバイスはその名のとおり1と0の状態しかありません。もっと簡単に説明すると、「ON」と「OFF」しかありません。「M0」はONかOFFの動作しかできず、その中間はないのです。

ワードデバイス

ワードデバイスは数値が扱えます。これは複数のビットが集まったデバイスです。1つのビットはONかOFFしかできません。ワードデバイスは、このビットが16個で構成されています。そのため、ワードデバイスを1個使う場合は「16ビット」と呼んでいます。

タイマーの動作はすでに説明していますが、タイマーもワードデバイスになります。タイマーの場合、カウント部分が数値でしたが、数値を直接扱える**データレジスタ**というものも存在します。

ビットデバイスとワードデバイス

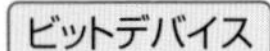

押したときはON、
離したときはOFF。
ONとOFFしかない。

ワードデバイス

ON、OFFではなく数値の扱いとなる。
ビットを16個使用して構成されている。

2進数の計算

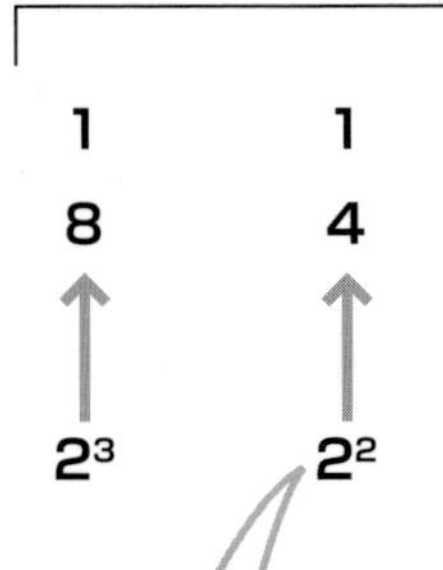

1	1	1	1
8	4	2	1
↑	↑	↑	↑
2^3	2^2	2^1	2^0

ワードデバイスは16ビットで
構成され、一番左のビットは
+(正)と−(負)の記号に使用するので
−32768～32767の範囲で
数値を扱える。実際の回路作成では、
このようなビットを数値に
変換する必要はない。

一番低い桁が2の0乗、
次が1乗…と2^nのnを
1ずつ増やしていく。最後に、
計算した値を足し算すれば
答えが出る。8+4+2+1で
15となる。

6-24

タイマーとカウンター

タイマーやカウンターは、内部リレー「M」とは違い、数値を指定する必要があります。指定された数値に対して動作します。基本的には出力接点の動作タイミングを変化させるものですが、出力接点についてはONかOFFとなり、内部リレーと同じです。

タイマー

タイマーは、出力接点の動作タイミングを遅延させることができます。例えば、2秒にセットすれば、2秒後に出力接点が動作します。何に対して2秒かというと、タイマーコイルが動作してから2秒後となります。

タイマー「T0」を使い、値を100としたときの動作を見ていきます（次ページの図）。まず、「T0」のコイルをONすると10秒後に「T0」の出力接点がONします。このとき、「T0」のコイルが入り続けると、出力接点も動作し続けます。「T0」のコイルをOFFすれば出力接点もOFFします。

次に、「T0」のコイルをONにして5秒後にOFFにします。出力接点は、もちろん入りません。いままでカウントしたタイマーの値もリセットされます。出力接点を動作させるには、再度「T0」をONして、連続で10秒以上ONの状態を保つ必要があります。

タイマー

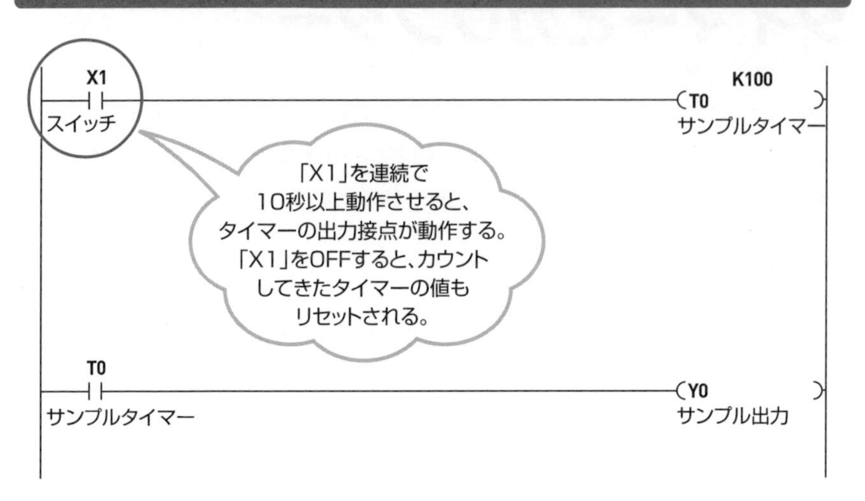

タイマーにも種類がある。シーケンサーの種類によって次のようなものがある。
100ms形：通常のタイマー。値は100ms単位であるため、K1と書くと0.1秒となる。
10ms形　：通常より細かく設定できる。「K1」と書くと0.01秒となる。
積算方　　：タイマーコイルをOFFしても、カウント値がリセットされない。

シーケンサーFX1Nの場合、10ms、タイマーは「T200」から「T245」となる。これはシーケンサーの機種によって変わる。また、機種によっては自由に設定できるタイプもある。

カウンター

タイマーとは少し違いますが、同じように作成できます。カウンターコイルが動作した回数を数えます。指定した回数に到達すれば出力接点を動作させます。

カウンターは「C」となり、「C0」や「C3」のように書きます。入力方法は、タイマーと同じです。「C0 K3」を例に動作説明します。

「C0」のコイルをONしたら1カウントとなります。このときONし続けてもカウントは上がりません。OFF➡ONになった瞬間1カウントします。指定回数がきたら出力接点が動作します。ただし、タイマーとは違い、リセットする必要があります。

カウンター

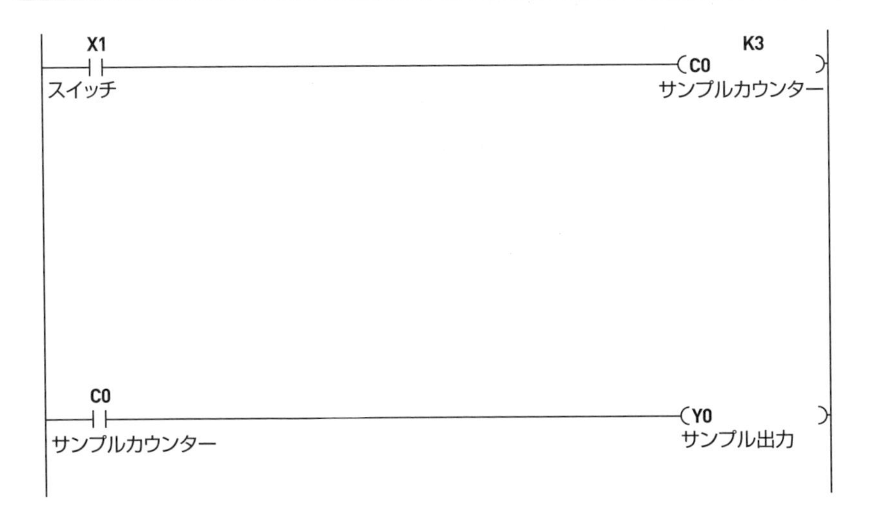

「X1」がOFF➡ONになった瞬間、「CO」は1カウントする。「X1」のスイッチを３回動作させれば「CO」はONする。「CO」の動作後は、「X1」を動作させても「CO」のカウントは上がらない。ただし、「CO」の出力接点はONし続けるため、リセットする必要がある。

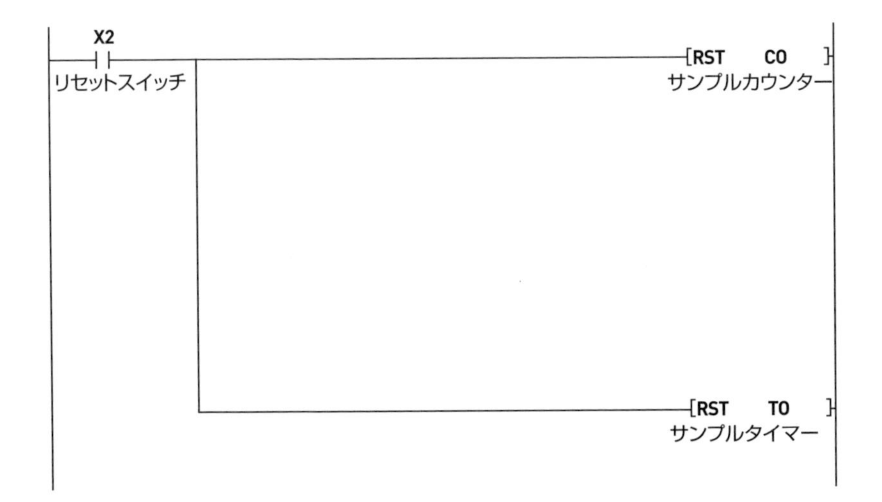

リセットは「RST」命令でできる。動作中やカウント中のタイマーもリセットできる。

6-25 データレジスタとは①

データレジスタとは、数値データが扱えるワードデバイスです。ビットデバイスのON、OFFのような動作はありませんが、数値データを保存できます。

データレジスタとは

データレジスタは「D0」や「D3」などと書きます。この「D0」や「D3」の中に数値を保存できます。実際に使いながら説明をしていきます。

例えば、[MOV K10 D0]とすれば、「D0」に10進数で10を書き込みます。10進数とは10で桁が上がる数値、つまりふつうの数値です。K10が10進数で10の値です。H10とすれば16進数で10の値となります。ふつうは「K」を使います。

この10という数値が入った「D0」はどのように使うのでしょうか？　例えば、タイマーに使えます。（T10 D0）で使えます。この場合、1秒タイマーになります。

次ページの図のような回路を作ります。「X10」か「X11」が入れば、「M100」で自己保持をかけます。そして自己保持を解除する「T10」があります。この「T10」の時間を変更しているのです。つまり、「X10」で「M100」をONするのと、「X11」で「M100」をONするのでは、切れるまでの時間が変わってきます。

ダブルワード

データレジスタでは、数値を扱えますが制限があります。値が「−32768～32767」の範囲でしか使用ができません。データレジスタは、16個のビットで成り立っていて、そのON、OFFの組み合わせで数値と認識しています。一番左のビットは、正か負を表しています。

しかし、この範囲以上の値を使用したいときがあります。そのときは、ダブルワードで使用します。**ダブルワード**は、データレジスタ2個を1セットとして32ビットで使用します。ダブルワードで使用すると、−2147483648～2147483647までの値が使用できます。

使用方法も簡単です。命令の前に「D」を付けるだけです。

```
DMOV K100 D0
```

これで「D0」と「D1」の2個のデータレジスタをダブルワードで使用します。

データレジスタの使い方

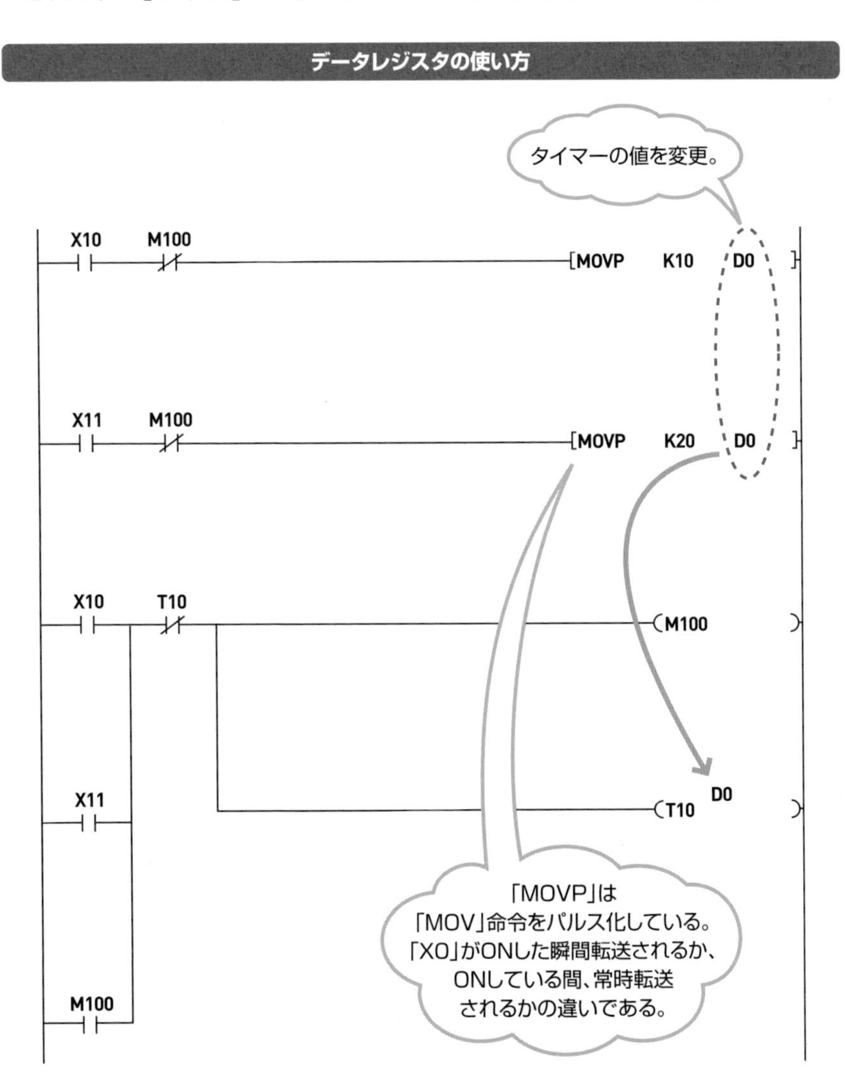

ダブルワード

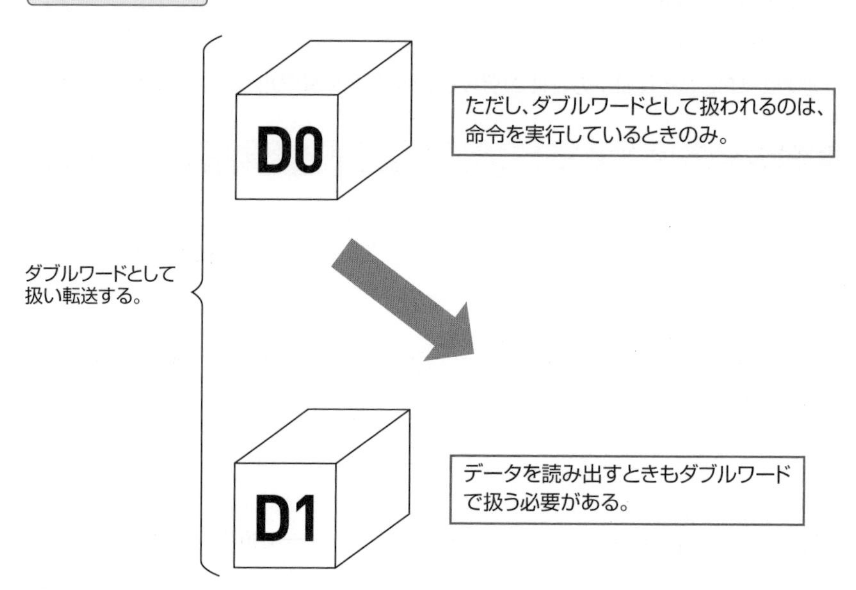

ダブルワードといっても、指定した命令の部分だけがダブルワードになるだけ。元の「D0」と「D1」というデバイスは合体しない。ダブルワードで指定したら、データレジスタは、以後、ダブルワードで使用する必要がある。
ダブルワードで指定して0〜32767の範囲であれば、シングルに戻しても問題はない。符号の位置が変わるので、マイナス値は符号が正になる。ダブルワードからシングルワードに変換する命令もある。

6-26

データレジスタとは②

データレジスタについて、もう少し説明します。データレジスタの値を比較して接点出力させます。簡単な使い方と注意点をまとめてみましょう。

接点出力

接点形比較命令と呼ばれています。古いシーケンサーでは、このような命令は使えませんが、大変便利なのでぜひ使ってみてください。次ページの図（接点出力）の回路は、「D0」の値が5以上になれば「M100」がONしますし、10より小さい場合は「M101」がONします。「D1」の内容と比較したりもできます。

先頭に書いてある「M8000」は特殊な接点で、シーケンサーがRUN状態のときは常にONしています（FXシリーズのシーケンサー）。そのため、特に書く必要はないのですが、同じ動作をまとめたりもできます。

回路作成の注意点

151ページの図の回路は特に何でもない回路です。何かの動作をするわけでもありませんが、説明用に作りました。「M8013」が1秒周期でONしたりOFFしたりします。その後の「INCP」は値を1ずつ追加する命令です。「INCP」の最後の「P」はパルスです。つまり、「M8013」がONするたびに「D10」に1を加算していきます。

その次は、「D10」の値が100になったら「MOV K0 D10」となっています。これは0の値を「D10」に書き込むということです。つまり、「D10」の値が100になると、「D10」の値を0に戻して再びカウントを行うということです。

ここで重要なのは、「D10」の値が100になると動作を実行すればいいのに、100以上となっています。この規模のプログラムなら特に問題はないのですが、大規模なプログラムになると、他の要因やプログラムのミスで「D10」の値が突然100を超えるかもしれません。「100=D10」という条件であれば、「D10」の値が100を超えたら復帰できません。そのため100以上という条件にしています。

プログラムには、必ずバグや予想外の動きが発生します。そのときの逃げ道を作ることも大切なのです。

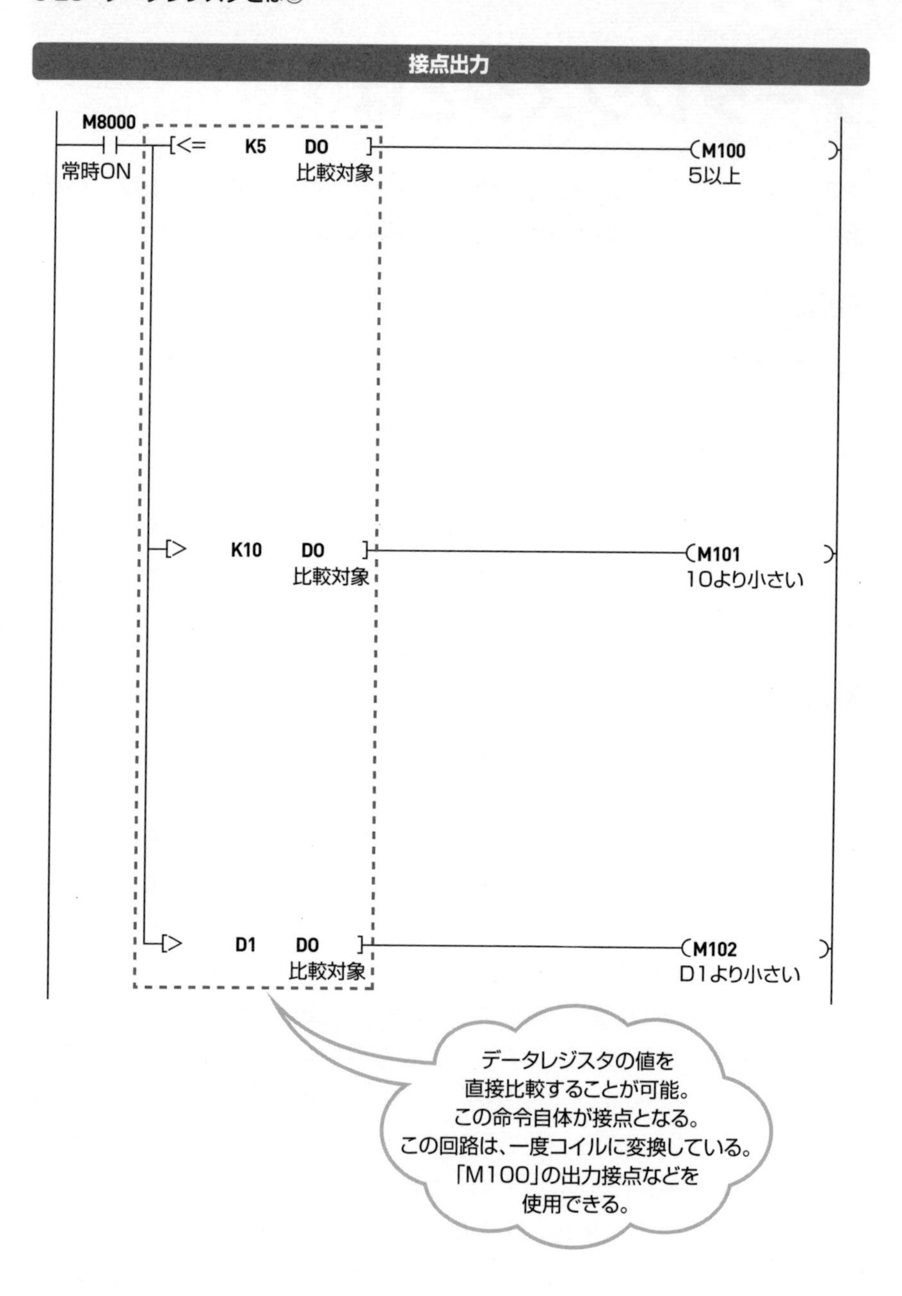
接点出力
M8000
常時ON
[<=　K5　D0　]
比較対象
M100
5以上
[>　K10　D0　]
比較対象
M101
10より小さい
[>　D1　D0　]
比較対象
M102
D1より小さい
データレジスタの値を
直接比較することが可能。
この命令自体が接点となる。
この回路は、一度コイルに変換している。
「M100」の出力接点などを
使用できる。

回路作成の注意点

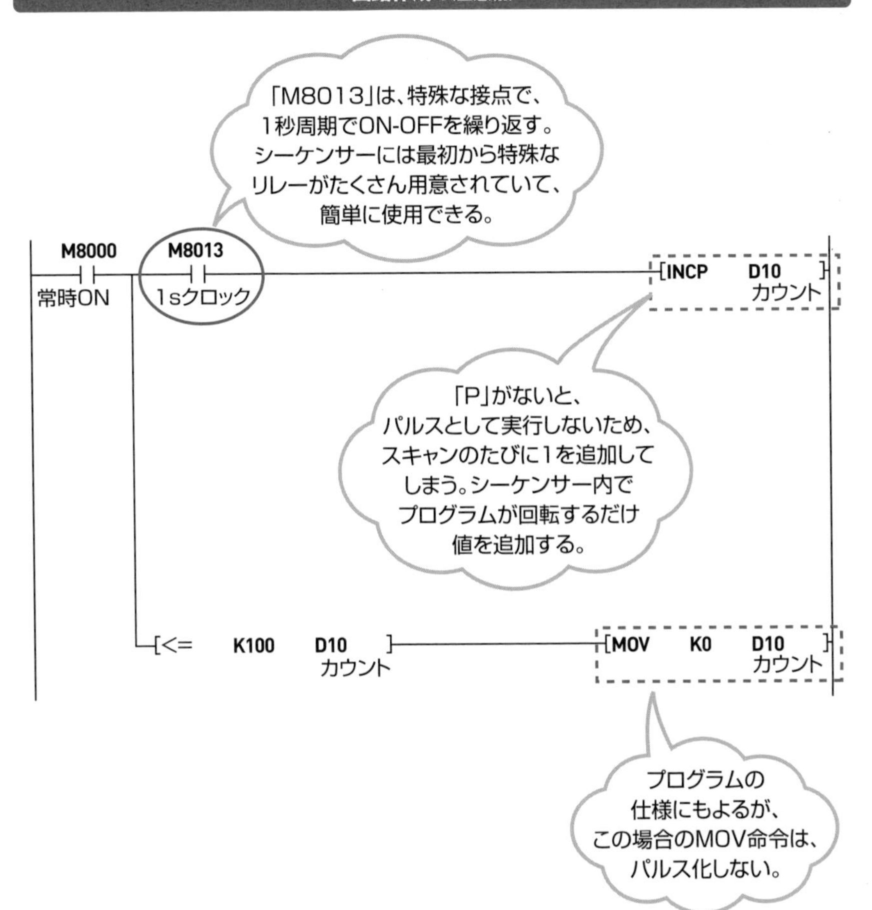

「M8013」は、特殊な接点で、
1秒周期でON-OFFを繰り返す。
シーケンサーには最初から特殊な
リレーがたくさん用意されていて、
簡単に使用できる。
M8000
常時ON
M8013
1sクロック
INCP D10
カウント
「P」がないと、
パルスとして実行しないため、
スキャンのたびに1を追加して
しまう。シーケンサー内で
プログラムが回転するだけ
値を追加する。
<= K100 D10
カウント
MOV K0 D10
カウント
プログラムの
仕様にもよるが、
この場合のMOV命令は、
パルス化しない。

6-27

BCD出力

BCD出力について説明します。BCD*とは2進化10進数であり、2進数表示のものを10進数で表示します。データレジスタの数値の値を出力接点に出力させたいときに使用します。順番に説明しましょう。

バイナリデータ

2進数とは2で桁が上がるもので、0か1かの組み合わせです。10進数は10で桁が上がる記数法で、皆さんがふつうに使用している数値のことです。

とりあえずシーケンサーの出力をイメージします。「Y0」～「Y7」の8点の出力で、何通りのパターンの出力が可能でしょうか？

実は256通りのパターンが出力できます。

「Y0」「Y2」「Y5」がONしていると仮定します。下の図のように足せば、合計が「37」になります。出力がまったく出ていない場合は「0」ですし、すべて出力されれば「255」になります。「0～255」の256パターンの出力です。この出力を**バイナリ出力**と呼んだりします。ビットの基礎知識を説明したところで、次に「BCD出力」について説明します。

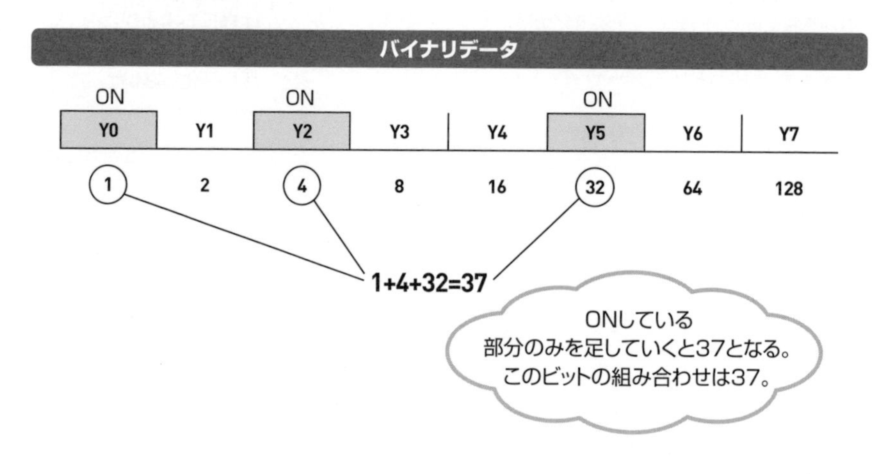

* **BCD**　Binary-Coded Decimalの略。

BCD出力

BCD出力は、1桁を4個の出力で表示します。0~9の数値を「Y0」~「Y3」の4個の出力接点で出力します。4個出力では「0~15」までの数値が出力できますが、そのうち「0~9」まで使用して1桁を表示します。これがBCD出力です。

つまり、BCD出力で「12」という数値を出力すると勝手に桁上げされます。そのため、「Y0」~「Y7」までの接点が必要です。1桁4点の出力（ビット）と覚えてください。用途としては、7セグ表示機への出力が主です。また、最近ではロボシリンダーの制御にもよく使用されています。

ラダー図の描き方は、下図（ラダー図）のようになります。ここでは、「D10」の値を出力するのですが、「K2Y0」に出力します。これは「Y0」から2桁ぶん出力するという意味です。つまり、このように出力すると「Y0」から「Y7」までを使用します。

BCD出力

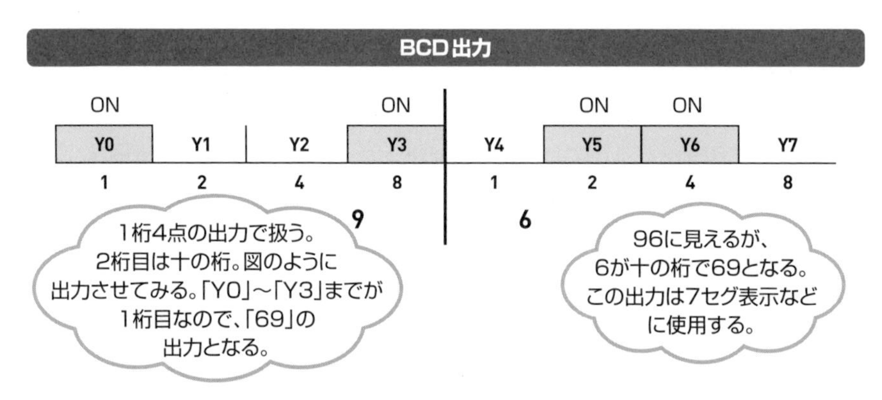

ラダー図

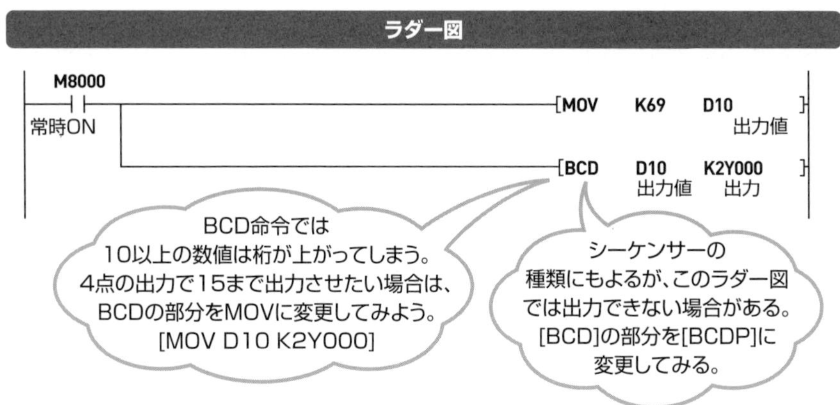

6-28

BIN入力

BCD出力している外部機器からデータを受信します。BIN入力という呼び方も変ですが、デジタルパネルメーターなどからBCD出力している信号をシーケンサーに入力します。通常、BIN変換と呼ばれています。

BIN変換

デジタルパネルメーターが何をBCD出力しているかというと、表示している数値です。実際のパネルメーターでは5桁程度の出力がありますが、ここでは2桁で説明します。ここでは「63」と表示された出力を取り込みます。

1桁目を若い番号から順番に接続していきます。基本的なことですが、パネルメーターはBCD出力が可能なものを選定します。出力タイプは選べるようになっていますので、購入時に型式を間違えないようにしてください。プログラムは、次ページの図のように描きます。

次ページの図のプログラムを使えば、表示されている値を「D20」に取り込めます。BCD出力でデータを出力している機器からデータを受信するには、「BIN」命令を使用します。今回は2桁なので「K2」としています。

接点故障時の対処方法

最後に、このような命令は「X」や「Y」の要素のみではなく、「M」などの内部リレーにも使用できます。わざわざ「M」に置き換える必要があるの？　と思われるかもしれませんが、知っていればいろいろ使えます。

例えば、デジタルパネルメーターからのBCD出力を「X0」から「X7」で受けているとします。この状態でシーケンサー側の「X2」の入力が壊れた場合はどうしますか。また、桁数をもう1桁増やす場合は、どうするのでしょうか。

この場合、「X」への接続は連続ではなくなってしまいます。「BIN」や「BCD」命令でのビット指定は連続ビットです。つまり、この時点で「K2X0」のように「X」を指定していると、値が正常ではなくなってしまいます。このような場合に、一度「M」に置き換えて並べ替えれば、問題なく入力できます。

BINで入力

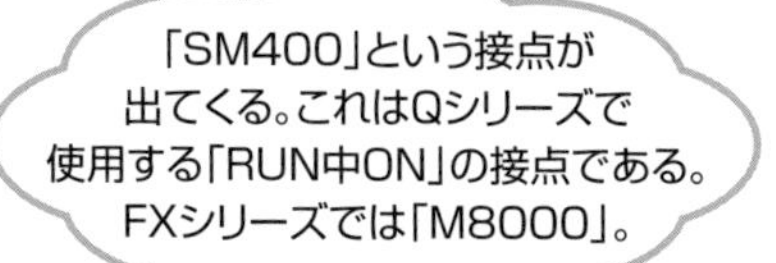
「SM400」という接点が
出てくる。これはQシリーズで
使用する「RUN中ON」の接点である。
FXシリーズでは「M8000」。

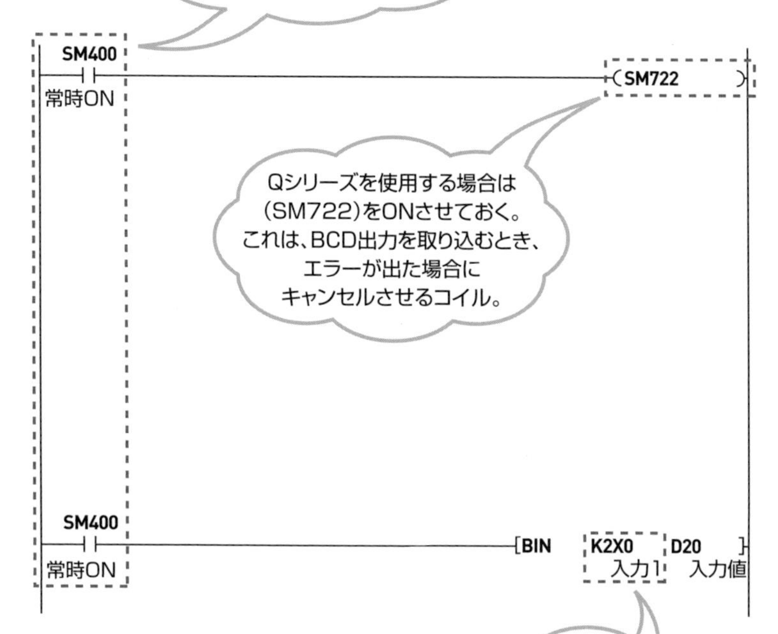
SM400
常時ON
SM722
Qシリーズを使用する場合は
(SM722)をONさせておく。
これは、BCD出力を取り込むとき、
エラーが出た場合に
キャンセルさせるコイル。
SM400
常時ON
BIN
K2X0
入力1
D20
入力値
5桁取り込むには、5桁分の
配線を行い、「K5」とする。
「K5」と書くと、20点分の入力を
使用することから、
I/Oの空きに注意する。

入力接点が故障したときの対処方法

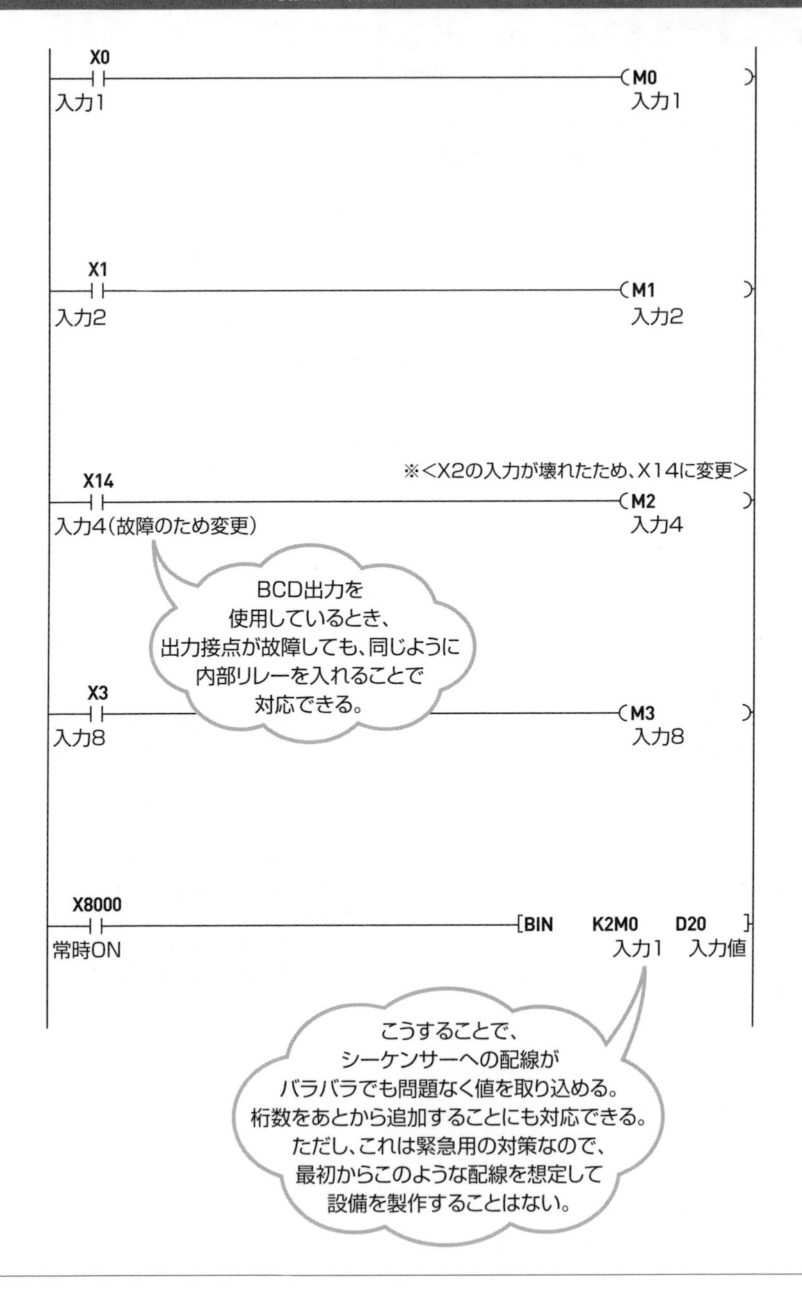

6-29

デコードとエンコード

データレジスタの値をビットデバイスに出力させます。BCD変換では、データレジスタの値を内部リレーや出力接点に変換しました。デコードとエンコードの場合、少し変わった出力方法になります。

デコード

デコードは、最初から積極的に使う必要はありません。このような使い方ができるということを覚えておいてください。

データレジスタの値を変換出力します。「D0」の値を「M0」にデコードすると、「D0」の値が0のとき「M0」がONします。「D0」の値が3のときは「M3」がONします。データレジスタの値に対応したビットが1点のみONします。

命令は次ページの上図のように書きますが、命令の最後にK3などのように数値を指定する必要があります。これは**有効ビット長**といって、ビットをどの範囲で使うかを指定するものです。例えば、「K3」と指定すれば2^3で8となり、8点使用します。先頭ビットが「M0」であれば「M0」～「M7」の8点が自動的に予約されます。

データレジスタの値をそのまま出力させるため、機種設定などに使うと便利な命令です。デメリットとして、ラダー図初心者の人は、接点に対するコイルがないので、なぜ接点がON-OFFしているのかわからず、戸惑うかもしれません。

エンコード

エンコードは、デコードの逆の処理となります。何番目のビットがONしているかをデータレジスタに転送します。「M0」～「M7」を範囲とした場合、「M5」がONするとデータレジスタに5が転送されます。複数の内部リレーがONした場合、一番大きいもの（上位ビット）が優先されます。

注意点として、「M0」～「M7」の範囲を指定し、実際使用するのが「M0」～「M5」の範囲とした場合、「M6」と「M7」のコイルは常時OFFにしておいてください。

デコード、エンコード命令については、このような機能があると覚えておいてください。使えなくても特に支障はありません。

デコード

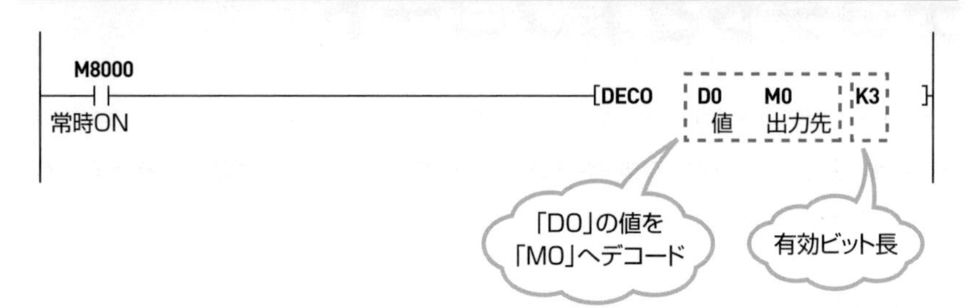

有効ビット長=K2の場合、2^2で4。「M0」~「M3」の4個を使用する。
有効ビット長=K3の場合、2^3で8。「M0」~「M7」の8個を使用する。
デコード命令を実行した時点で、有効ビット長の範囲内のコイルは使用されてしまう。
ダブルコイルにならないように注意する。

エンコード

[ENCO M0 D0 K2] の場合

M0	M1	M2	M3		D0
OFF	ON	OFF	OFF	→	1
OFF	OFF	OFF	ON	→	3
OFF	ON	OFF	ON	→	3

複数ビットがONした場合、
上位ビットが優先される。

6-30

データシフト①

設備の中には、1つの作業だけでなく、複数の作業ユニットで構成されている設備もあります。次工程ユニットへワークを送るとき、ワークデータも同時に送る必要があります。このデータのやり取りの考え方を説明しましょう。

設備構成

次ページ上図のような複数の工程に分けられた設備は、中規模〜大規模な設備に入ります。今回はプログラムの説明ではなく、データの扱い方の説明なので、難しく考える必要はありません。

各作業ユニットを**ステーション**と呼びます。ここでは仮に「ベース」という部品を流します。最初の「ベースを入れる」の部分にセットします。ベースがセットされ、各ユニットの動作が完了している場合、設備内部の部品を同時に右側に搬送します。ここでは、トランスファー方式と呼ばれる搬送方法を説明します。

トランスファー方式

ワーク搬送には様々な搬送方式があります。設備などでよく使われる方式に**トランスファー方式**があります。

各ステーションの作業がすべて完了したら、トランスファーを上昇させます。トランスファーが上昇すると、搬送用の「爪」がワークに引っかかります。その状態で右に移動させます。製品に「爪」が引っかかっているので、製品もすべて右に移動されます。

そのままトランスファーを戻すと、「爪」の反対側が製品に引っかかり、製品も中途半端に戻されてしまうため、いったん「爪」を下降させます。そしてトランスファーを戻します。無事、トランスファーが戻れば、待機状態になります。この一連の作業を**サイクル運転**と呼びます。このような搬送方式を使用している設備は多く、これを**トランスファー方式**などと呼びます。

トランスファー方式の場合、ワークが同時に移動します。このとき、シーケンサー内にワーク情報を設定し、同時にデータも移動すれば、排出時に製品の情報が把握できます。不良ワークを不良品置場に搬送することも可能です。

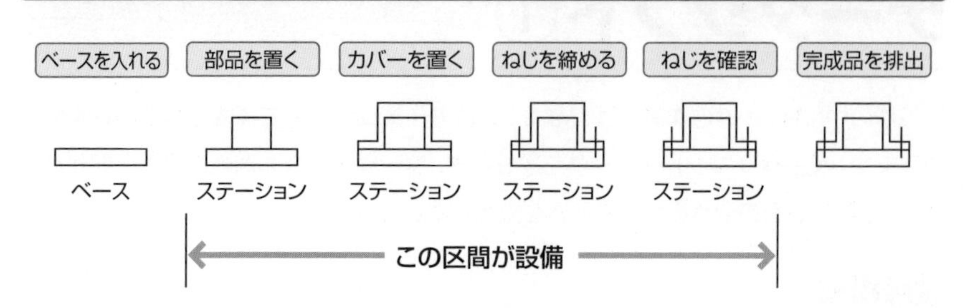
設備構成
ベースを入れる
部品を置く
カバーを置く
ねじを締める
ねじを確認
完成品を排出
ベース
ステーション
ステーション
ステーション
ステーション
この区間が設備

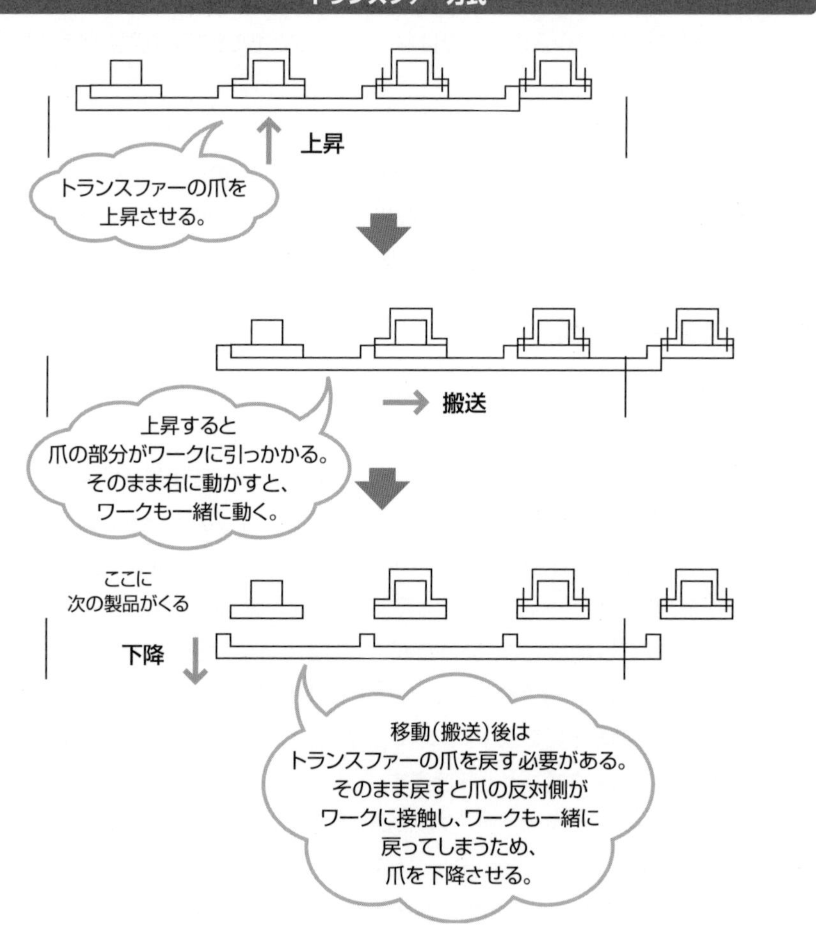
トランスファー方式
上昇
トランスファーの爪を上昇させる。
搬送
上昇すると爪の部分がワークに引っかかる。そのまま右に動かすと、ワークも一緒に動く。
ここに次の製品がくる
下降
移動(搬送)後はトランスファーの爪を戻す必要がある。そのまま戻すと爪の反対側がワークに接触し、ワークも一緒に戻ってしまうため、爪を下降させる。

6-31

データシフト②

複数のユニットで構成された設備は、ワーク情報を設定し、ワーク搬送と同時にシーケンサー内でデータを移動すれば、ワークに対して各ユニットの動作状況などが把握できます。

データレジスタの割付

最初のステーションでの作業が失敗したワークについては、その後のステーションは作業する必要がありません。その場合、NGとして排出しますが、どこの工程でNGが発生したのか作業者にわからないといけません。すべての工程が問題なく動作したワークのみ、良品として排出する必要があります。

次ページの図（データレジスタの割付）のように、100個ずつ、きりがいいように割り当てます。そして、各ステーションの100個のアドレスの中の割付を図のように行います。

この割り当ては、各ステーション同じになります。例えば、最初のステーションで部品を置いて成功したら「D101」に1を書き込みます。失敗したら2を書きます。製品を搬送するとき、「D100」以降の100個のデータを「D200」以降にコピーします。

次はカバーを置くステーションですが、最初のステーションが成功したかを確認する必要があります。その場合は「D201」を確認すればいいのです。

このように各ステーションで情報を書き込んで、隣のステーションに渡していけば、最後のステーションでは「D400」番台を調べれば、すべてのステーションの情報がわかります。その情報をもとに、良品か不良品かを判定すればいいのです。

ラダー図の描き方

次ページのラダー図で、[BMOVP D300 D400 K100]は、「D300」のデータを「D400」に100個コピーしなさい、という意味です。つまり、「D300〜D399」のブロック単位のデーター式が、「D400〜D499」にそのままコピーされます。最後の「K100」の部分がデータレジスタの数です。BMOVPの最後のPはパルスで実行するという意味です。

[FMOVP K0 D100 K100]と書いてあります。これは"0"のデータを「D100」以降に100個ぶん書く命令です。つまり、「D100〜D199」の値はすべて0になります。

データレジスタの割付

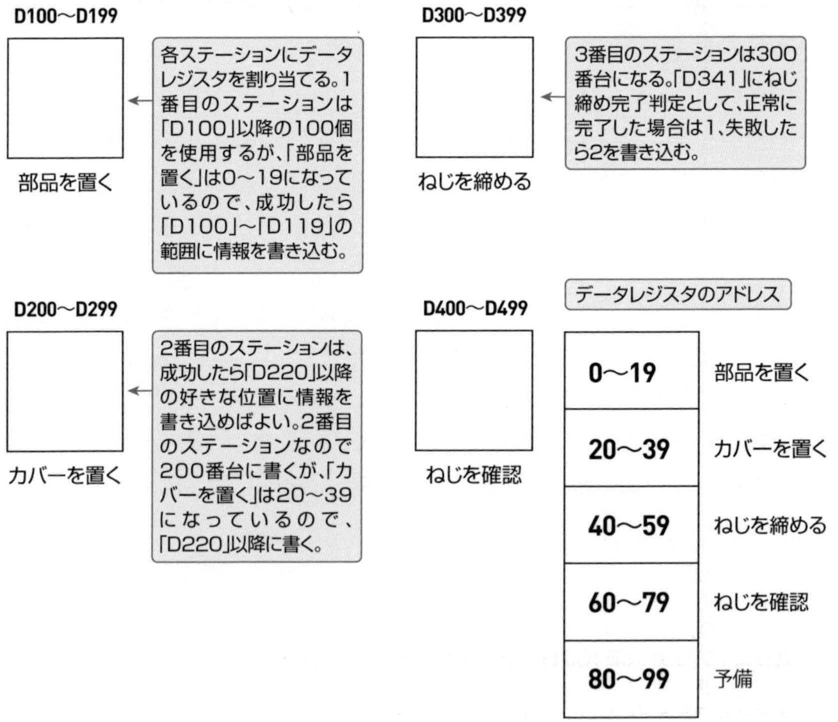

D100〜D199

部品を置く

各ステーションにデータレジスタを割り当てる。1番目のステーションは「D100」以降の100個を使用するが、「部品を置く」は0〜19になっているので、成功したら「D100」〜「D119」の範囲に情報を書き込む。

D300〜D399

ねじを締める

3番目のステーションは300番台になる。「D341」にねじ締め完了判定として、正常に完了した場合は1、失敗したら2を書き込む。

D200〜D299

カバーを置く

2番目のステーションは、成功したら「D220」以降の好きな位置に情報を書き込めばよい。2番目のステーションなので200番台に書くが、「カバーを置く」は20〜39になっているので、「D220」以降に書く。

D400〜D499

ねじを確認

データレジスタのアドレス

0〜19	部品を置く
20〜39	カバーを置く
40〜59	ねじを締める
60〜79	ねじを確認
80〜99	予備

ラダー図

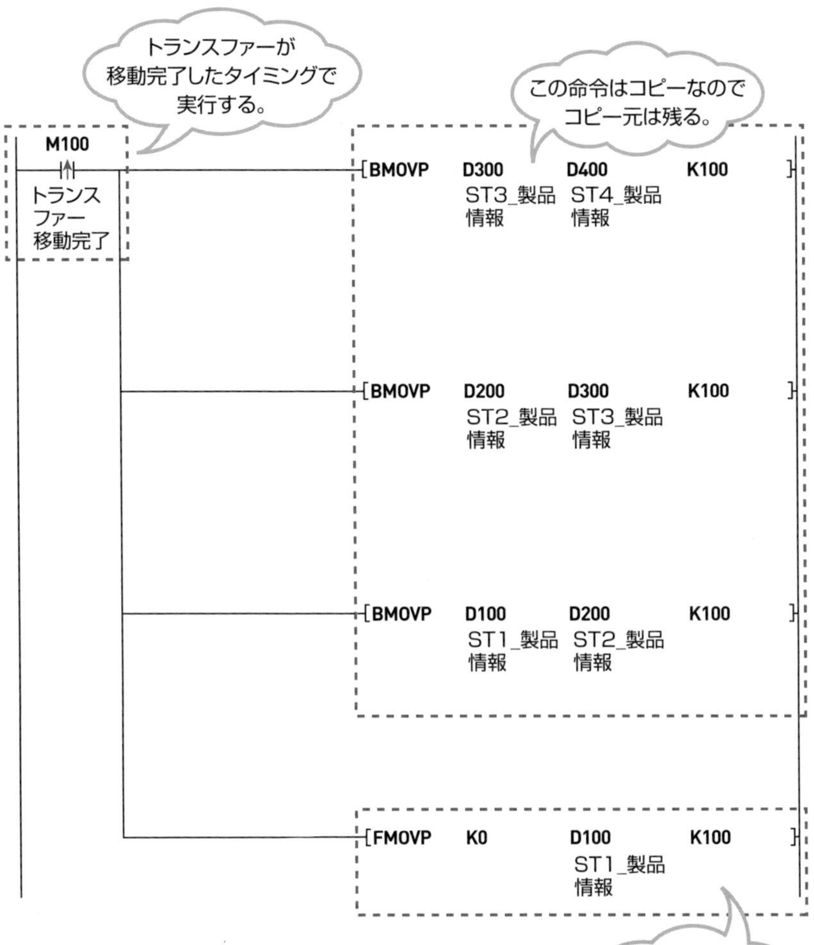

データの移動には順番があるので注意が必要。まずは「D300」以降のデータを「D400」以降に移動する。その後、「D200」以降のデータを「D300」以降に移動する。そして「D100」以降のデータを「D200」以降に移動する。最後に「D100」以降100個のデータを削除する。これがデータシフトの考え方で、各ステーションは自分の情報が書き込んであるデータレジスタのブロックを見ればよい。

6-32 ラダー図作成の基本（歩進制御①）

シーケンス制御でラダー図を作成する場合、描き方には基本があります。他の人にもわかりやすく描くことが重要です。一般的な描き方を説明します。**歩進制御**と呼ばれる基本的な描き方です。

動作

回路を作成するには、何がどのように動くか決める必要があります。説明のために次のような動作を想定します。

UFOキャッチャーのようなイメージで、ハンドの下にワーク（製品）が来たら、ハンドが下降して、ワークを持っていくという単純な動きにします。

ハンドの下にワークが来ればセンサーで検出し、ハンドを下降させます。下降後、ワークをつかんで上昇します。そのまま目的の位置までワークを搬送し、ワークを置いて帰ってきます。単純にワークを一定の位置まで搬送する動作を繰り返します。このような装置は**ピック＆プレース**と呼びます。**PP**と略す場合もあります。

動作説明のときに、「ハンドが上昇完了したら…」のように、完了を確認する必要がありますが、これはシリンダーセンサーを使用して確認します。また、今回は説明用の動作なので、**フルワーク制御***などのインターロックはいっさい入っていません。

歩進制御

歩進制御がどのような制御かというと、1つずつの動作を順番に繰り返す制御です。コイルを順番にONしていき、コイルに対して動作をします。このとき、順番にONしていくコイルは、必ず前のコイルがONしていないと、次のコイルがONしないようになっています。

動作も順番に行われます。途中から動作したり、工程を飛ばすような動作はしません。わかりやすい描き方のため、多くのプログラムに使用されています。

* **フルワーク制御**　排出先にワークがあった場合、排出させない。

想定する動作

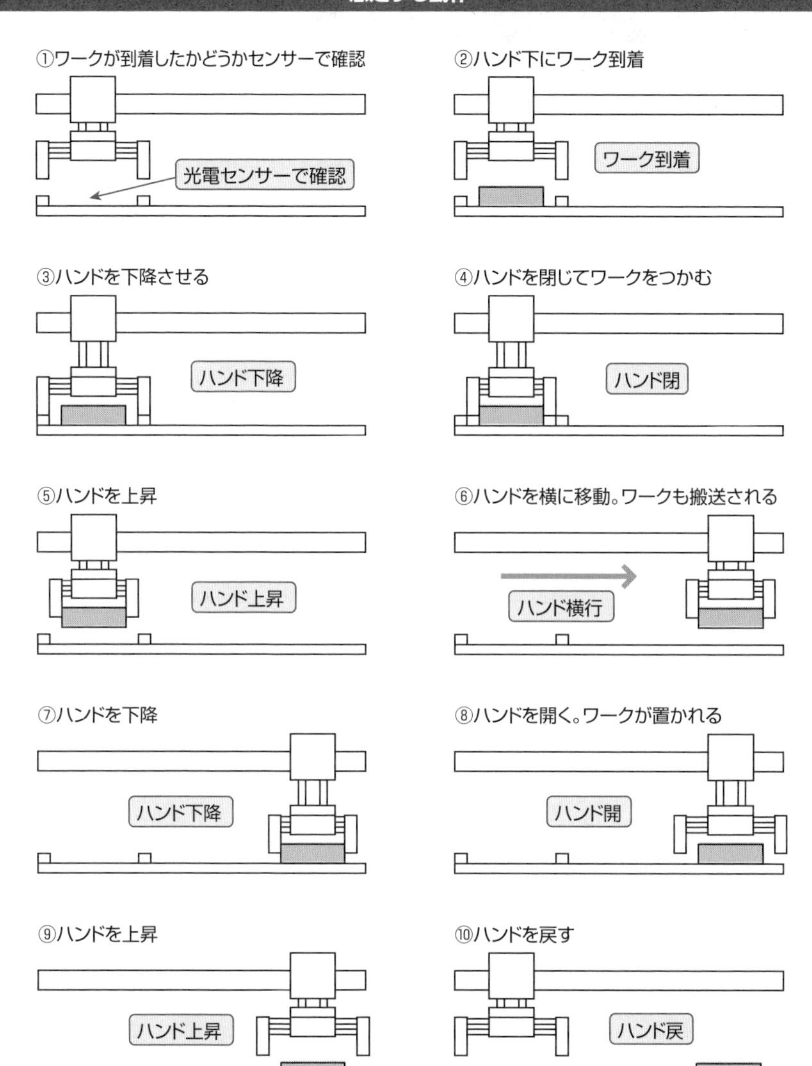

ハンドが上昇したら、ハンドを左に横移動させる。この時点で原点に戻る。動きとしては、この動作の繰り返し。ハンド下に次のワークが到着したら、再度ワークを搬送する。
歩進制御は、このような動作を順番に行う。例えば、⑥の動作をする条件は⑤が実行されていることと、上昇端センサーが入っていること。必ず前工程を条件として設定する。

6-33 ラダー図作成の基本（歩進制御②）

歩進制御について、ラダー図の説明です。描き方は自由ですが、歩進制御で基本的な描き方は次ページのようになります。

回路の説明

最初の「X0」でワークを検出し、「T0」を動作させます。「T0」が入るとワークが到着したということで、「M0」をONします。このとき「M0」は自己保持をかけます。次は「X1」が入ると「M1」が自己保持するようになっています。この「M1」でハンドを閉じる出力を出せばいいのです。

その前に自己保持の条件に「M0」が入っていますね？　これは最初の工程でハンドを下降させたときにのみ自己保持をかけるという意味です。こうしておかないと、別のプログラムまたは手動でハンドを下降させたときにも動作してしまいます。

つまり、ワークを検出➡ハンドを下降➡ハンドの下降後にしか、ハンドを閉じるための出力が入らないようにしているわけです。

途中の動作は同じ回路の繰り返しであるため、最後の行の説明をします。最後は製品を置いたあと、ハンドが上昇してハンドを元の位置に戻します。ここでハンドが元の位置に戻ると「X6」が入ります。すると「M8」がONします。

この「M8」はこの動作の最初にある「M0」の自己保持の条件です。「M8」が入れば、「M0」の自己保持は解除されます。すると次の「M1」も解除され、さらに次も解除され、最終的にはすべての自己保持が解除されます。これが基本的な描き方となり、一般的に**歩進制御**と呼ばれています。

ラダー図

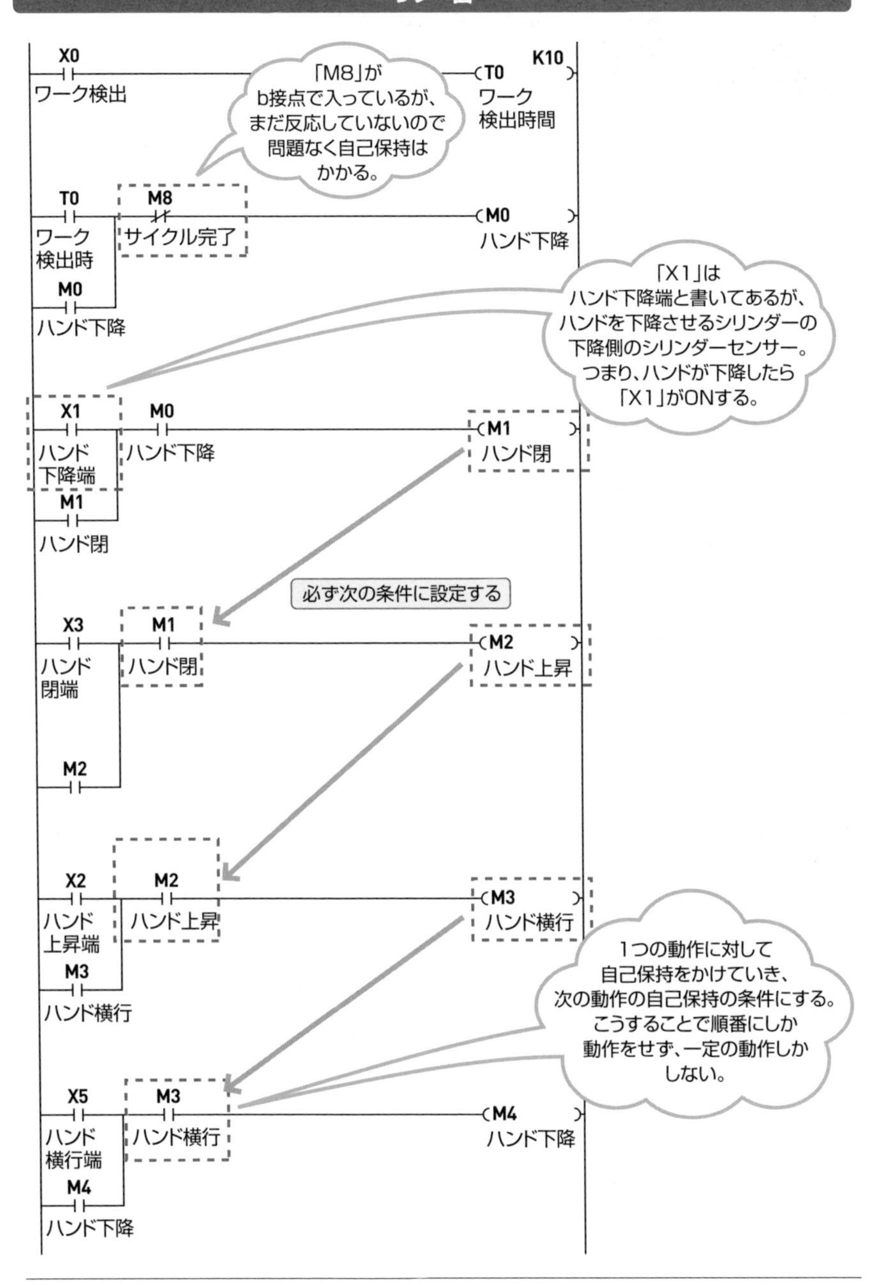
X0
ワーク検出
T0 K10
ワーク
検出時間
「M8」が
b接点で入っているが、
まだ反応していないので
問題なく自己保持は
かかる。
T0
ワーク
検出時
M8
サイクル完了
M0
ハンド下降
M0
ハンド下降
「X1」は
ハンド下降端と書いてあるが、
ハンドを下降させるシリンダーの
下降側のシリンダーセンサー。
つまり、ハンドが下降したら
「X1」がONする。
X1
ハンド
下降端
M0
ハンド下降
M1
ハンド閉
M1
ハンド閉
必ず次の条件に設定する
X3
ハンド
閉端
M1
ハンド閉
M2
ハンド上昇
M2
X2
ハンド
上昇端
M2
ハンド上昇
M3
ハンド横行
M3
ハンド横行
1つの動作に対して
自己保持をかけていき、
次の動作の自己保持の条件にする。
こうすることで順番にしか
動作をせず、一定の動作しか
しない。
X5
ハンド
横行端
M3
ハンド横行
M4
ハンド下降
M4
ハンド下降

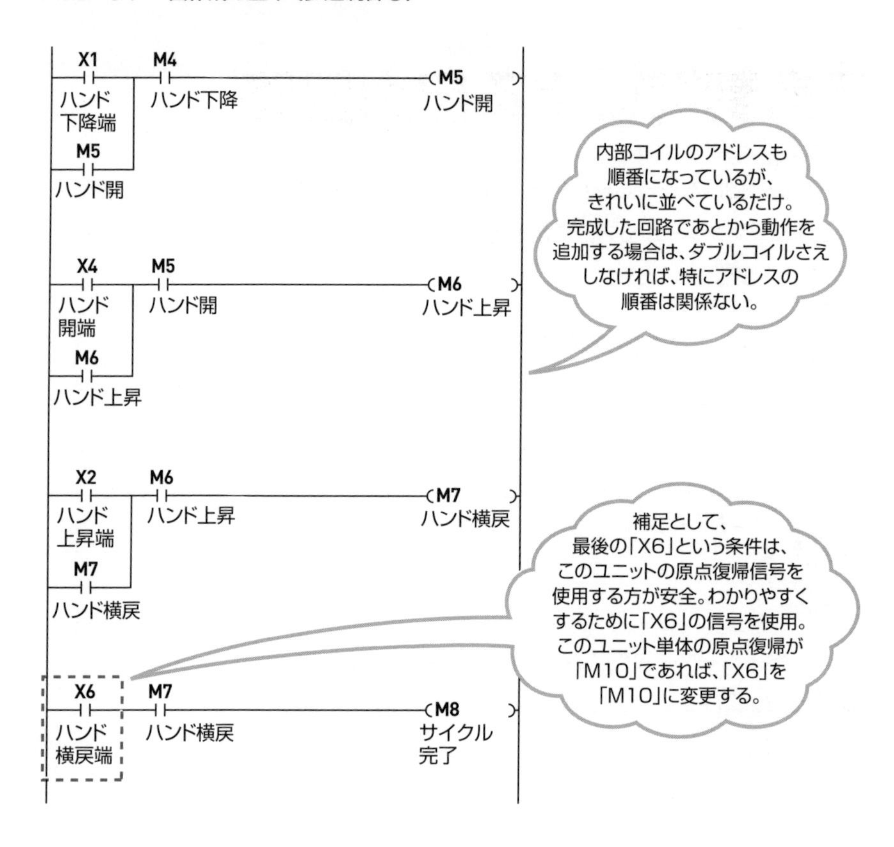

タイマーの使い方

最初の「X0」でワーク検出をします。一度タイマー「T0」にしているのは、センサーが一瞬でも反応したらハンドが下降してサイクル運転が始まるのを防止するためです。例えば、コンベアなどで運ばれてくる場合、タイマーによる遅延がなければ、ハンドの下にワークが来た瞬間にハンドが下降してきます。場合によっては、所定の位置に到着して安定する前に、ハンドでつかんでしまう可能性もあります。ワークが安定する時間と思ってください。

6-34

歩進制御による出力回路

歩進制御の回路を作成しましたが、この状態では出力回路がないので動作しません。出力とはシーケンサーから外部に信号を出すことですが、シリンダーのソレノイドとして、ダブルを使うかシングルを使うかによって、回路の描き方は変わってきます。

シングルソレノイドの場合

シングルソレノイドでは、ソレノイド（電磁弁）にコイルが1個しか付いていません。そのコイルに出力すれば電磁弁は動作します。そして、出力を止めれば動作も止まります。つまり、「Y0」を出力すればシリンダーは下降しますが、「Y0」を切るとシリンダーは上昇します。I/Oが少なくなるメリットはありますが、電気系統が突然壊れたら、一気にシリンダーが原点に戻るという危険性もあります。

「M0」がハンド下降であるため、まず「M0」で「Y0」を出力します。これでハンドは下降します。次はハンド上昇です。上昇させるには「Y0」を切る必要があります。上昇用のコイルは「M2」なので、b接点で入れておけば「Y0」の出力は切れます。

ワーク搬送先でも、同じように「M4」で出力させて「M6」で切っています。

他の出力も同じように行います。

ダブルソレノイドの場合

次は**ダブルソレノイド**です。これはソレノイド（電磁弁）に2個のコイルが付いています。片方のコイルに出力すれば動作しますが、出力を切っても戻りません。つまり、「Y0」でシリンダーを下降させ、「Y0」の出力を切ってもシリンダーは上昇しません。上昇させるには「Y1」を出力する必要があります。

I/Oが倍になりますが、電気系統が壊れても勝手にシリンダーが戻らないため、安全性の面では有利です。ストロークの多いシリンダーには、基本的にダブルソレノイドを使用します。

回路の出力は少し違います。「M0」でハンドを下降させたら、下降完了の時点で出力は切ります。作成する人によって違いますが、0.5秒ほど出力させて切る人もいます。上昇させる場合も同じです。

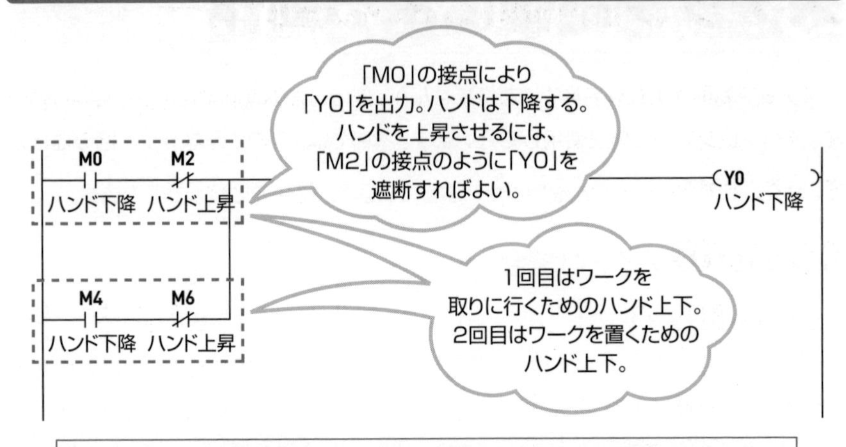

シングルソレノイドの場合、出力を切ると戻ってしまう。動作を保持するには常に出力を出しておく必要がある。ハンドを下降したままにするには、常に「Y0」を出力しておく必要がある。

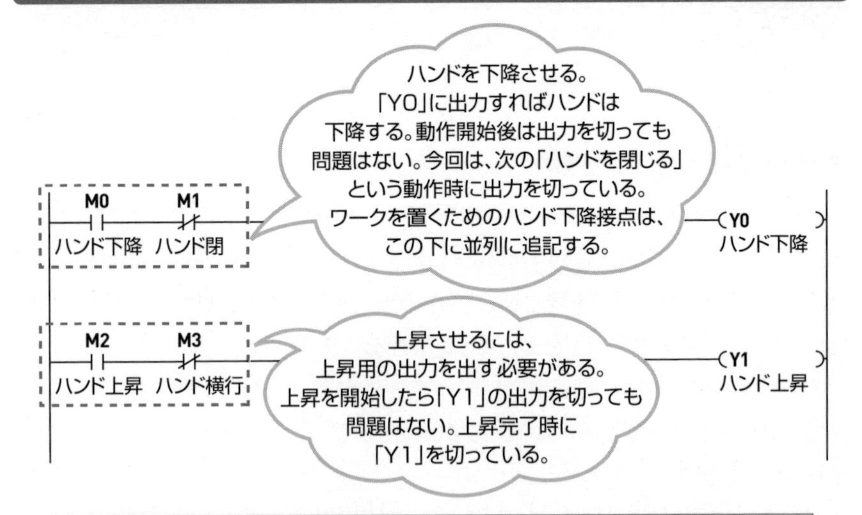

ここで説明した出力回路は基本的な方法である。メーカーによって回路設計要領などがある場合は、それに従う。上記の方法では出力を切るため、ソレノイド内のスプール*の位置が把握できない。必ずどちらかを出力させておかないといけない場合もある。

＊**スプール**　ソレノイド内にある軸で、この軸の動きによりソレノイドの出力方向を制御できる。

6-35

ステップ制御による動作

ステップ制御は正式な名称ではありませんが、先ほどの歩進制御とまったく同じ動作を、データレジスタの値を使用して行います。本書では、このようなラダー図の描き方を「ステップ制御」と呼ぶことにします。

ステップ制御

ステップ制御という名称は、筆者が勝手に付けた名称です。一般的には通じないと思いますが、名称がないと説明も難しいと思い、本書では「ステップ制御」と呼ぶことにしました。

先ほどの歩進制御と同じ動作を作成します。ラダー図の描き方ですが、自己保持を連続で使用する方法は行いません。データレジスタの中に数値を入れ、その数値によって制御を行います。ただし、初心者の人にはおすすめできません。歩進制御で説明した自己保持を使用する方法を確実に理解してから行ってください。

動作説明

ラダー図は次ページのようになります。今回はシーケンサーの機種をQシリーズにしたので、最初に出てくる「SM400」は常時ONの接点です。FXシリーズでいう「M8000」と同じです。

最初に[DECO D0 M0 K4]と出てきました。今回の制御の一番重要な部分です。これは、「D0」の中の値に合わせて「M0」以降に出力しなさい、というデコード命令です。「D0」の値が0なら「M0」がONします。「D0」の値が3なら「M3」がONします。ただし上限があり、K4となっている場合は2^4で16、つまり「M0」から32点を使います。これがないと、内部リレーが勝手にONしてしまいます。

最初は、「D0」の値は0なので「M0」が入っています。その状態でワークが到着すると「T0」がONします。「T0」が入ると[INCP D0]が入り、「D0」に1を加えます。「D0」が1になるので、「M0」はOFFして、「M1」がONします。この「M1」をハンド下降出力に使います。今度は「X1」が入ると「D0」が1増えます。すると「M2」がONします。この繰り返しです。

ラダー図

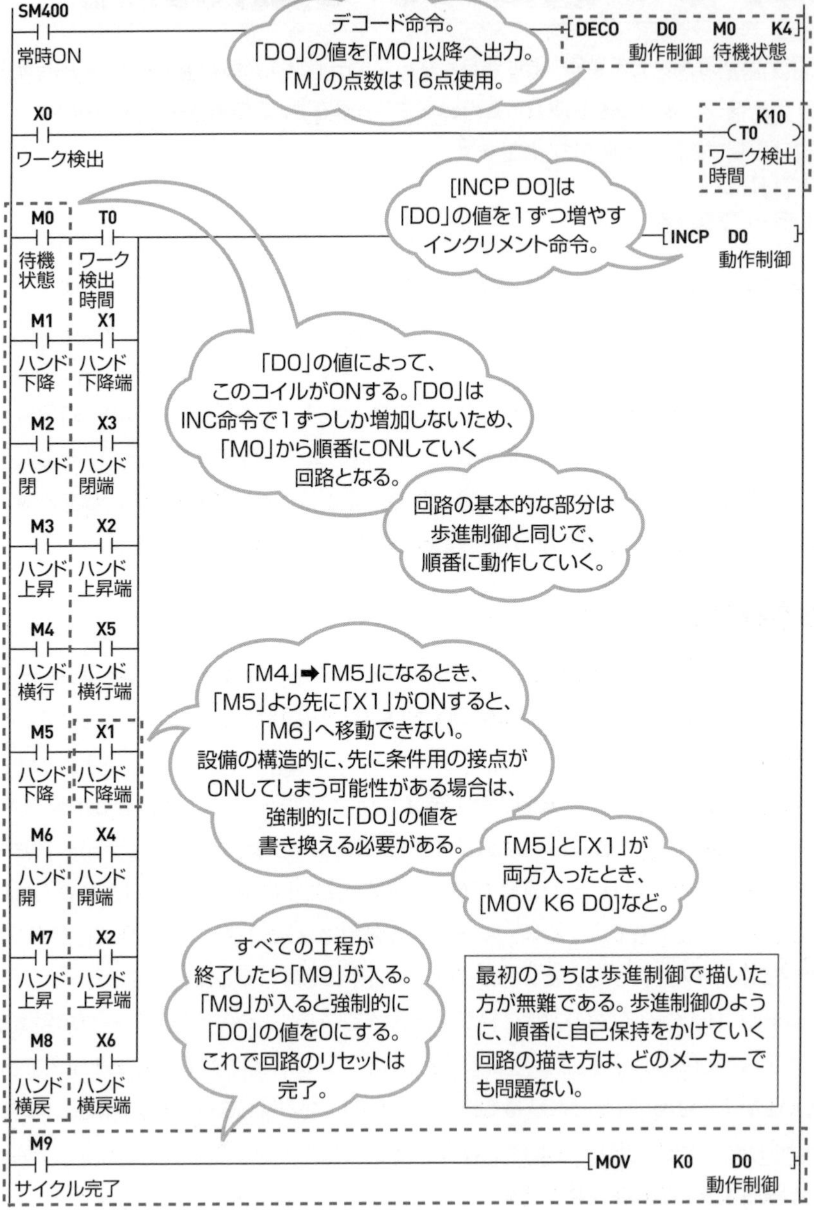

SM400
常時ON
[DECO D0 M0 K4]
動作制御 待機状態

デコード命令。
「D0」の値を「M0」以降へ出力。
「M」の点数は16点使用。

X0
ワーク検出
(T0 K10)
ワーク検出時間

[INCP D0]は
「D0」の値を1ずつ増やす
インクリメント命令。

M0 待機状態 / T0 ワーク検出時間
M1 ハンド下降 / X1 ハンド下降端
M2 ハンド閉 / X3 ハンド閉端
M3 ハンド上昇 / X2 ハンド上昇端
M4 ハンド横行 / X5 ハンド横行端
M5 ハンド下降 / X1 ハンド下降端
M6 ハンド開 / X4 ハンド開端
M7 ハンド上昇 / X2 ハンド上昇端
M8 ハンド横戻 / X6 ハンド横戻端
[INCP D0]
動作制御

「D0」の値によって、
このコイルがONする。「D0」は
INC命令で1ずつしか増加しないため、
「M0」から順番にONしていく
回路となる。

回路の基本的な部分は
歩進制御と同じで、
順番に動作していく。

「M4」➡「M5」になるとき、
「M5」より先に「X1」がONすると、
「M6」へ移動できない。
設備の構造的に、先に条件用の接点が
ONしてしまう可能性がある場合は、
強制的に「D0」の値を
書き換える必要がある。

「M5」と「X1」が
両方入ったとき、
[MOV K6 D0]など。

すべての工程が
終了したら「M9」が入る。
「M9」が入ると強制的に
「D0」の値を0にする。
これで回路のリセットは
完了。

最初のうちは歩進制御で描いた方が無難である。歩進制御のように、順番に自己保持をかけていく回路の描き方は、どのメーカーでも問題ない。

M9
サイクル完了
[MOV K0 D0]
動作制御

6-36

ステップ制御による出力回路

出力回路の描き方ですが、歩進制御とはコイルの入り方が少し違うため、出力回路も少し違います。また、ダブルソレノイドとシングルソレノイドで回路が違います。

ダブルソレノイド

ステップ制御の場合、**ダブルソレノイド**を使うと回路がシンプルになります。とても簡単なので、先にダブルソレノイドの回路について説明します。

歩進制御の場合、出力を切るためにb接点を使っていました。それは動作用のコイル「M0」以降が、一度ONするとサイクル完了までONし続けるためです。

ステップ制御の場合は、動作用のコイルは1個しか入りません。例えば、歩進制御の場合、「M3」がONしているときは、「M0」～「M2」もONしています。ステップ制御の場合、「M3」がONしているときは、他の動作コイルはONしません。

出力回路は次ページ上図のように、単純に動作コイルで出力させているだけです。

シングルソレノイド

シングルソレノイドの場合は、少し工夫が必要です。「M1」と「M2」などが同時に入ることはありません。「M1」のみで動作させておくとハンドが閉じた瞬間上昇してしまいます。そのため、ハンドが閉じる動作「M2」でも下降状態を保持する必要があります。動作工程が多いと下に長くなってしまいます。

接点形比較命令を使い、データレジスタの値を範囲指定すると、短くまとまります。

ステップ制御のメリット

ステップ制御のメリットは、描き方が動作内容の接点を並べてその横に動作完了条件の接点を並べるだけなので、作成が早いことです。そして一番のメリットは、現在の動作位置が数値として扱えることです。GOT（タッチパネル）のコメントと連動させれば、現在の動作状況をGOT上に表示させることはとても簡単です。設備異常で停止したときも、停止位置が数値で扱えるので、その後の対応が簡単です。

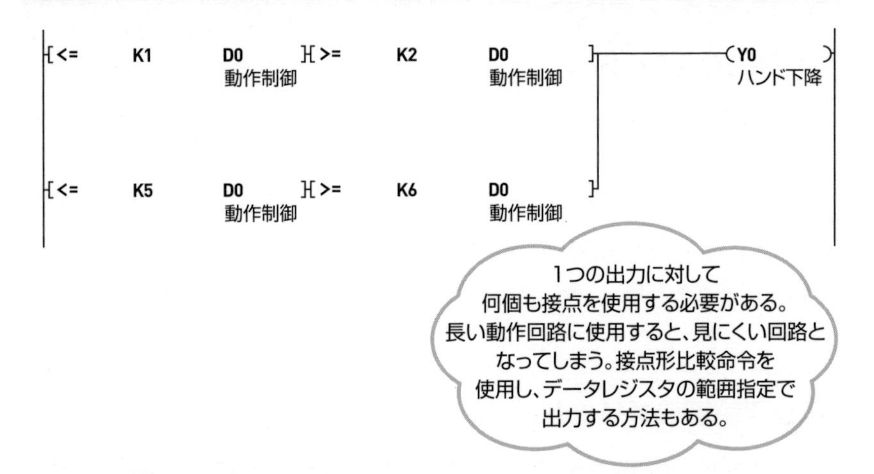

ステップ制御のデメリット

ちなみにデメリットは、動作回路の間にあとから別動作を追加することが困難だということです。いろいろな追加方法がありますが、回路を描き直さない限り、きれいな回路にはなりません。もう1つは、ラダー図のスキルが必要なことです。

6-37

実際のプログラムの流れ①

シーケンサー内で、実際にラダー図がどのように処理されているか説明します。データ処理を行う場合、ラダー図の描く順番で動作が変化するため、注意が必要です。

いままでの説明でのプログラムの流れ

プログラムの流れを説明してください、と聞かれたら答えられますか？　プログラムの流れ？　と思う人もいるかもしれません。接点が入れば、それに対応したコイルが入る。または命令が実行される。プログラムの流れについては、まだ説明していません。次ページの回路図でいうと、「X0」が入ると「M0」が入り、さらにその先の「Y0」が入る。その間にある回路はまったく動作していません。いままでの回路の説明ですと、こんな感じに理解されているはずです。実は少し違うのです。

実際のプログラムの流れ

「M1」が入ると、その先の「FMOVP」命令と「Y1」が同時に入るようになっていますが、実は同時には入っていません。プログラムというものは、基本的に上から下の行に向けて読み込まれていきます。さらに細かくいうと、左から右に読み込まれていきます。

一番上の0ステップから43ステップの「END」まで、高速に読み込んでいます。そして「END」まで行くとまた先頭に戻り、繰り返し読み込んでいます。プログラムが一周してくる時間を**スキャンタイム**と呼びます。パルス命令を使うと、1スキャンだけONします。

出力は無視して、「M0」がONしたことを想定してみます。ステップ18で「M0」がONします。そしてスキャンしながら「END」まで行き、ステップ0に戻ります。ステップ0には「M0」の1スキャンのみONする接点があります。[BMOVP] 命令により、「D100」～「D400」のデータを100個ずつシフトさせます。

このようにデータ演算も1個ずつしか行わないので、プログラムの描く順番によっては、上手に演算ができないことがあります。演算したい順番にプログラムを並べましょう。

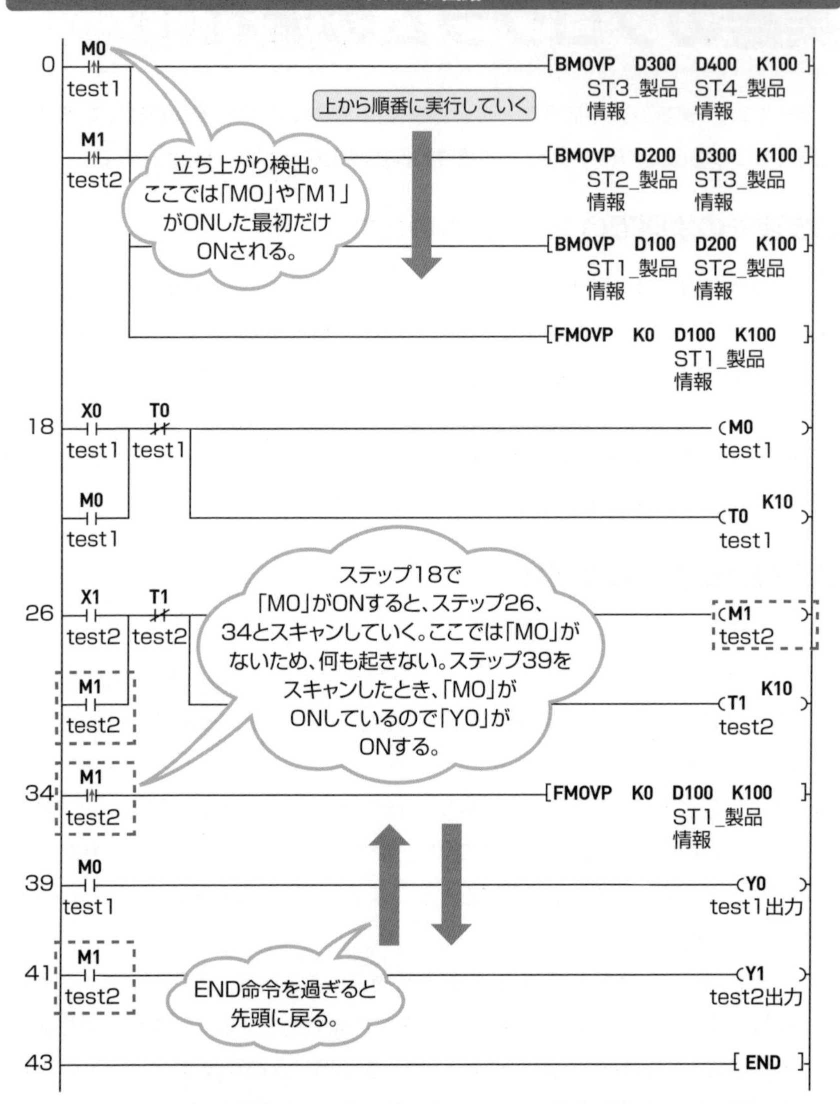

「M1」がONした場合を想定してみる。ステップ26で「M1」がONする。ステップ34で「D100」以降100個のデータをクリアする命令が入っているのでクリアされる。ステップ41で「Y1」が出力される。「END」まで行き、ステップ0に戻る。先に「D100」以降の値がクリアされているので、実行するたびにクリアされた値がシフトしていく。「M1」を3回ONすれば、「D100」から「D499」の値はすべてクリアされる。

6-38

実際のプログラムの流れ②

シーケンサー内でのプログラムの流れを説明します。入出力「X」「Y」についても、出力タイミングが異なります。そのへんを中心に説明します。

数値データの演算

演算も1つずつ行うので、1個のデータレジスタを何回も使用して計算ができます。同じデータレジスタに答えを入れて、そのデータレジスタでさらに演算して同じデータレジスタに戻す、ということも可能です。演算の注意としては、必ずパルスで実行させてください。そうしないと、演算指令が出ている間、プログラムがスキャンするたびに何回も繰り返し計算してしまいます。

しかし、最初のうちは同じデータレジスタで演算することはおすすめできません。それは、モニタ中に演算過程が見えないため、演算エラーが発生した場合、特定が難しいからです。

リフレッシュ方式

次は入出力です。いままでの説明は内部コイルなどの動作でした。しかし、入力「X」や出力「Y」の動作は少し変わってきます。まず「X0」を外部からONすると、どのタイミングでプログラムに反映されるでしょうか？

実はすぐには入りません。プログラムがスキャンして、「END」を読み込んだあと、はじめて入力されます。「END」を過ぎて0に戻ったときに、入力されている「X0」をプログラム上で反映させます。複数の入力があった場合も、まとめて反映されます。これがシーケンサーの入力の遅れとなります。

出力の「Y」も同じです。例えば、「Y0」と「Y1」が出力されたとき、プログラムの「END」をスキャンしたのちに、出力されます。

このように、入力と出力については若干の遅れがありますが、組み立て設備などにはほとんど影響はありません。影響が出るのは、試験装置などの高速演算処理が必要な場合です。このような入出力方法を**リフレッシュ方式**＊と呼んでいます。

＊**リフレッシュ方式**　リフレッシュ方式のほかに**ダイレクト方式**もある。また、入力の遅れを抑えるために、入力フィルタを小さくしたり、割り込み処理をかけるなどの方法がある。

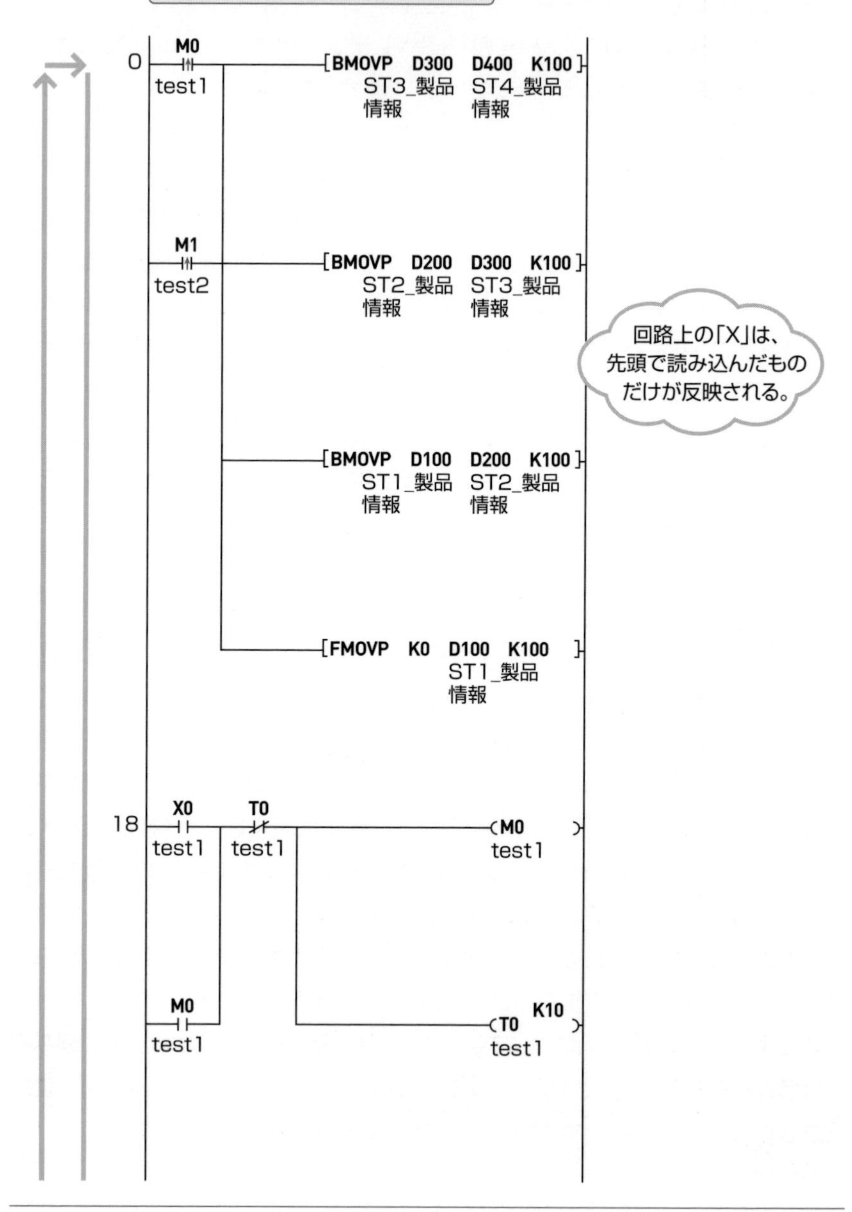
入出力
最初にI/Oの入力「X」をすべて読み込む。
0
M0
test1
[BMOVP D300 D400 K100]
ST3_製品情報
ST4_製品情報
M1
test2
[BMOVP D200 D300 K100]
ST2_製品情報
ST3_製品情報
回路上の「X」は、先頭で読み込んだものだけが反映される。
[BMOVP D100 D200 K100]
ST1_製品情報
ST2_製品情報
[FMOVP K0 D100 K100]
ST1_製品情報
18
X0
test1
T0
test1
(M0)
test1
M0
test1
(T0 K10)
test1

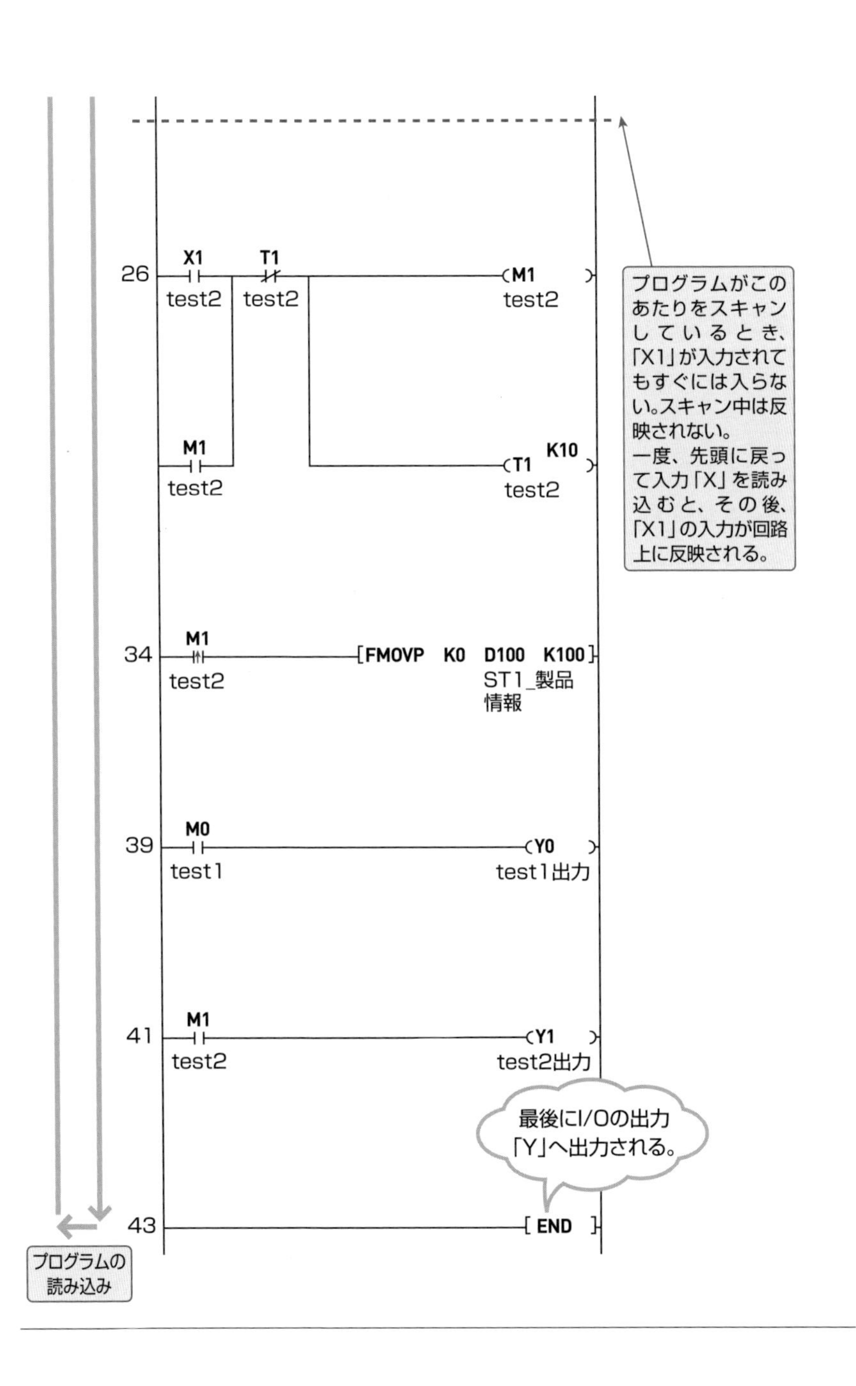
26
X1
test2
T1
test2
M1
test2
M1
test2
T1
K10
test2
プログラムがこのあたりをスキャンしているとき、「X1」が入力されてもすぐには入らない。スキャン中は反映されない。
一度、先頭に戻って入力「X」を読み込むと、その後、「X1」の入力が回路上に反映される。
34
M1
test2
FMOVP　K0　D100　K100
ST1_製品情報
39
M0
test1
Y0
test1出力
41
M1
test2
Y1
test2出力
最後にI/Oの出力「Y」へ出力される。
43
END
プログラムの読み込み

6-39

オルタネイトとモーメンタリ

「3-1　入力機器」でも述べたとおり、押しボタンスイッチにはオルタネイトとモーメンタリという2つのタイプがあります。スイッチなどをカタログで選ぶときにも出てきます。スイッチの仕様で動作が違います。

モーメンタリ

モーメンタリとは、ふつうの押しボタンスイッチのことです。車のクラクションを思い浮かべてください。ハンドルのクラクションボタンを押すと大きな音が出ます。そして離すと音が消えます。つまり、押している間だけ音が出ます。このような動作を**モーメンタリ動作**と呼びます。

シーケンサーに接続すると、押している間だけ「X」に入力されます。

オルタネイト

オルタネイトはモーメンタリとは動作が違い、一度押せば離したあともONの状態のままになり、もう一度押せばOFFの状態に戻ります。テレビの主電源のような感じです。

シーケンサーに接続すると、一度押せば、スイッチを離しても「X」に入力された状態となり、再度押せば、「X」への入力はなくなります。

オルタネイト動作を再現する

シーケンサーに使用するスイッチはモーメンタリが多いので、モーメンタリのスイッチを使用して、プログラムによってオルタネイトのように動作させてみます（次ページの図）。

動作は単純で、一度スイッチを押せばランプが点灯して、再度スイッチを押せばランプは消灯します。それの繰り返しです。一度押せば運転モード、再度押せば停止モード、という動作のプログラムにも使用できます。

少し長くなりますが、このような感じで「X10」を押せば「M203」が入り、再度押せば「M203」は消えます。連動させて「Y10」のランプを点灯させています。

しかし、もっと簡単に描く方法もあります。

182ページの回路図のように描けば、よりシンプルになります。

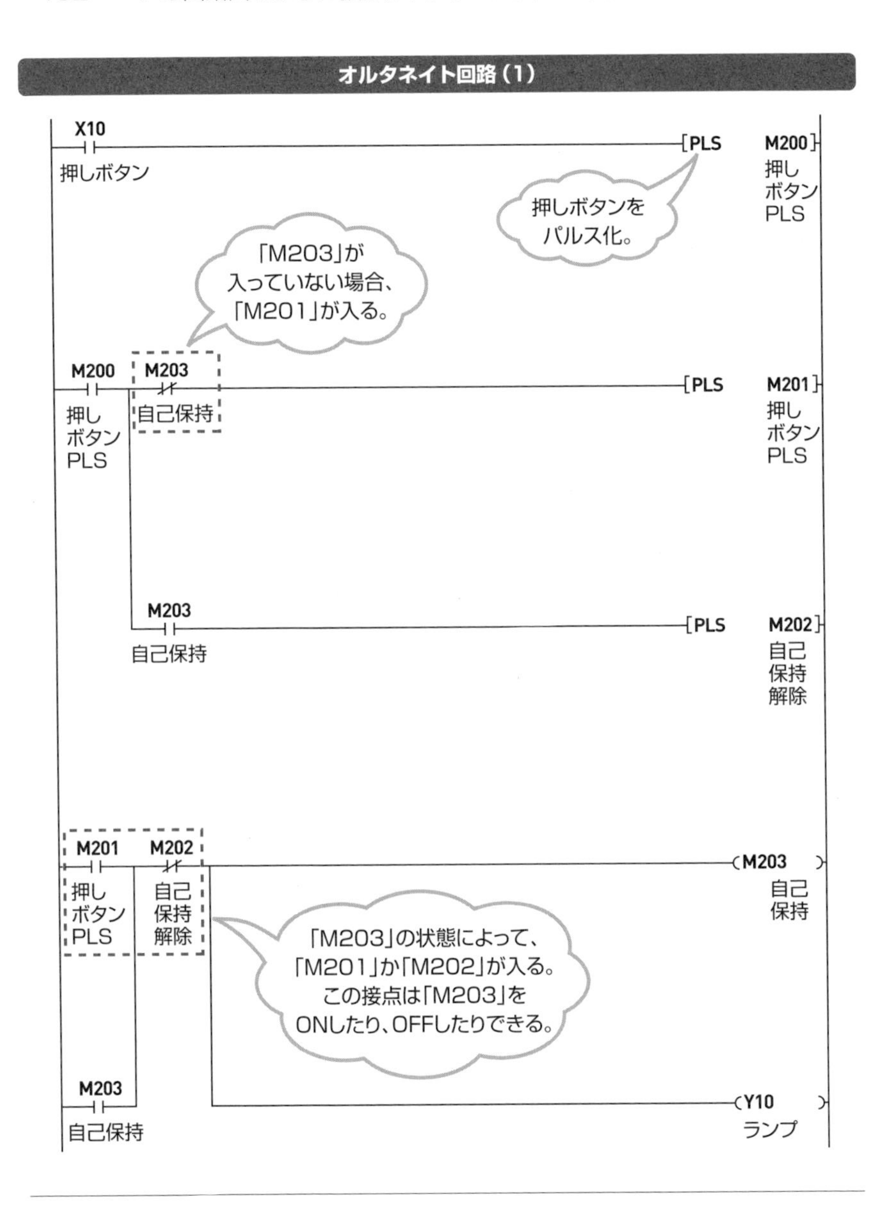

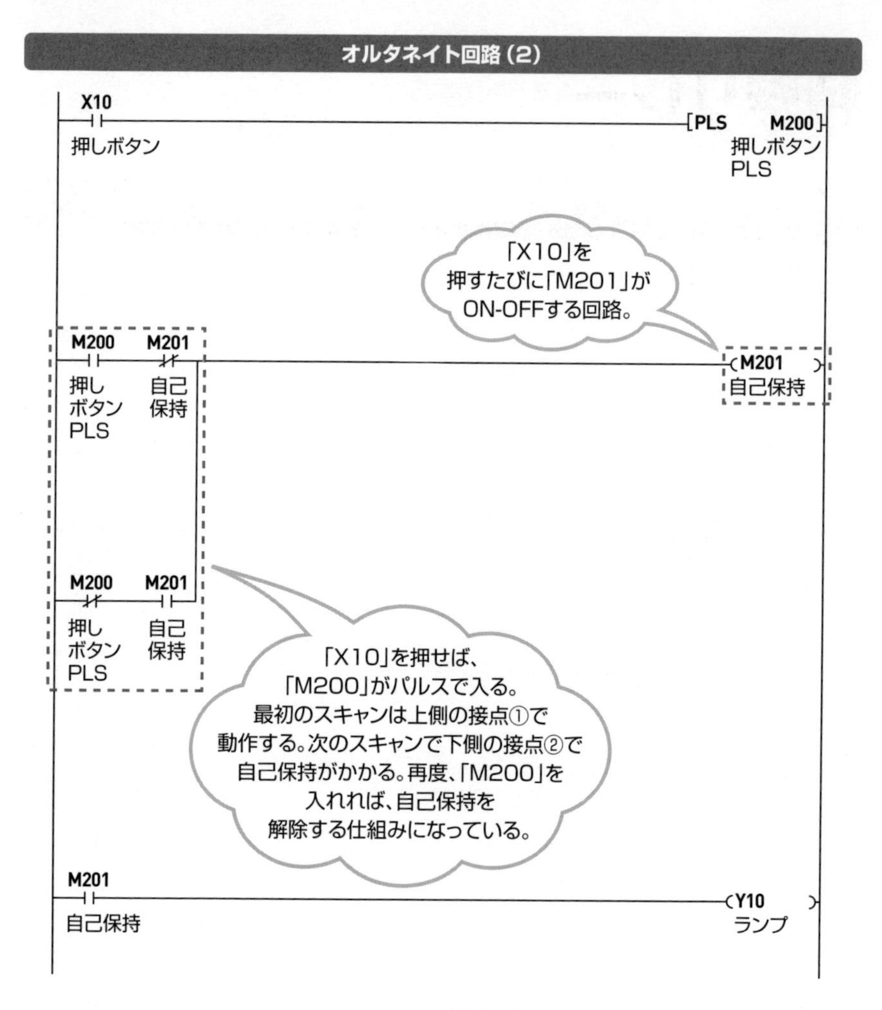
オルタネイト回路（2）
X10
押しボタン
PLS M200
押しボタン PLS
「X10」を
押すたびに「M201」が
ON-OFFする回路。
M200 M201
押し ボタン PLS
自己 保持
M201
自己保持
M200 M201
押し ボタン PLS
自己 保持
「X10」を押せば、
「M200」がパルスで入る。
最初のスキャンは上側の接点①で
動作する。次のスキャンで下側の接点②で
自己保持がかかる。再度、「M200」を
入れれば、自己保持を
解除する仕組みになっている。
M201
自己保持
Y10
ランプ

6-40

特殊リレー

シーケンサー内には、あらかじめ仕様が決まった内部リレーが存在します。**特殊リレー**と呼びますが、シーケンサーが操作するリレーであるため、通常の内部リレーとしては使用できません。

特殊リレー

特殊リレーは、シーケンサー内であらかじめ仕様が決まった内部リレーです。シーケンサーがコントロールする内部リレーであるため、基本的には接点を使用するかたちになります。ただし、シーケンサーの機種によってデバイス番号が変わってきますので注意してください。

特殊リレーの確認方法ですが、「GX Works」のメニューにある「ヘルプ」➡「特殊リレー/レジスタ」から確認できます。

使い方は様々です。常時ON（RUN中ON）のリレーは、デバッグ中にラダー図上のコイルを強制的にONしたり、回路を一時的に停止させたりできます。また、ラダー図の一部の動作をまとめる場合に使用します。ラダー図の描き方の問題ですが、まとめておけばわかりやすい回路になります。

クロック用の特殊リレーは、一定周期でON-OFFを繰り返していますので、ランプの点滅や、時間測定などに使用できます。

バッテリー低下の特殊リレーは、バッテリーの低下でONするので、警告表示をさせておけば、作業者がバッテリー低下に気付きやすいです。バッテリーがなくなるとプログラムが異常停止してしまうため、低下したら交換するようにしてください。

特殊リレー（常時ON）の使い方

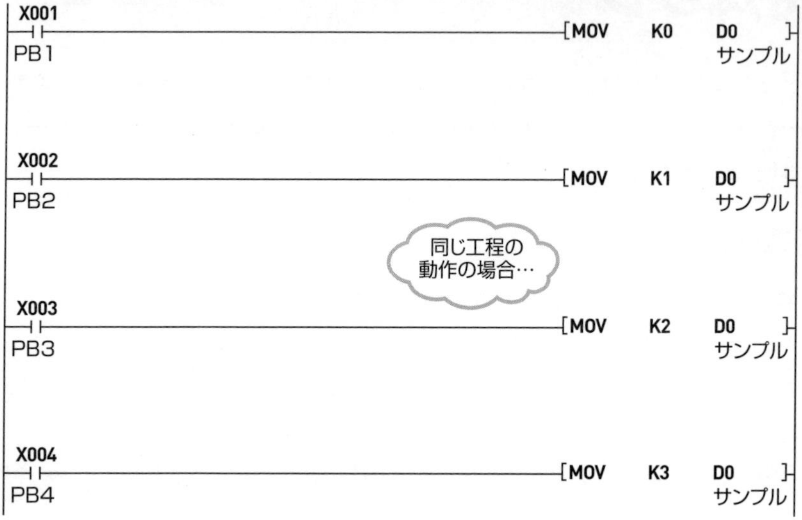
X001
PB1
MOV K0 D0
サンプル
X002
PB2
MOV K1 D0
サンプル
同じ工程の
動作の場合…
X003
PB3
MOV K2 D0
サンプル
X004
PB4
MOV K3 D0
サンプル

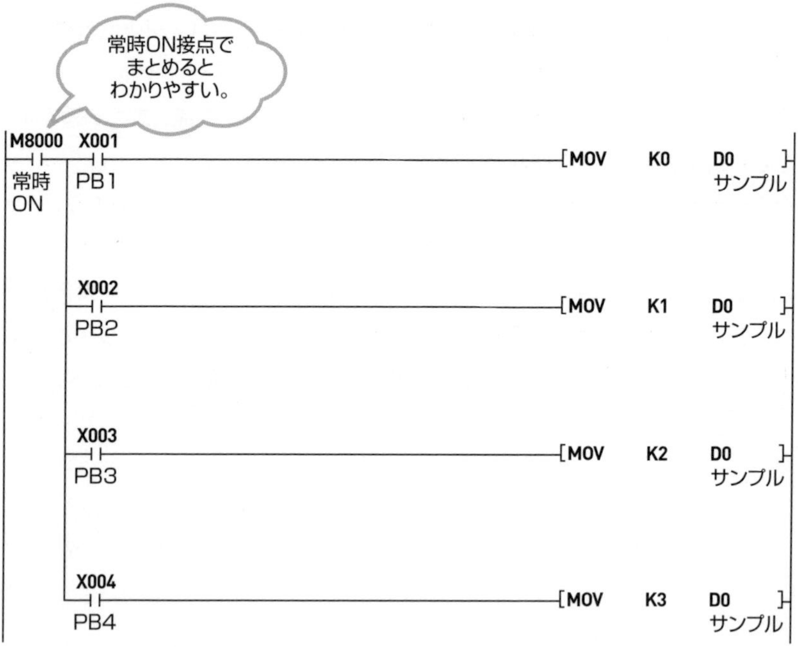
常時ON接点で
まとめると
わかりやすい。
M8000
常時
ON
X001
PB1
MOV K0 D0
サンプル
X002
PB2
MOV K1 D0
サンプル
X003
PB3
MOV K2 D0
サンプル
X004
PB4
MOV K3 D0
サンプル

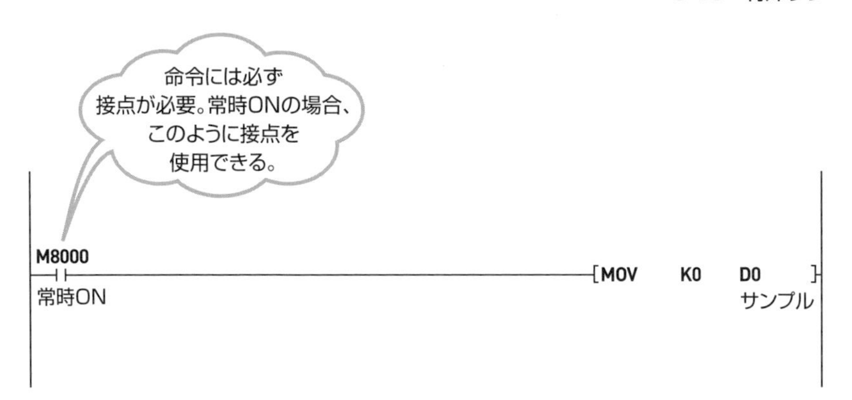

よく使用する特殊リレー

	説明	FXシリーズ	Qシリーズ	Aシリーズ
常時ON	RUN中は常にONしている	M8000	SM400	M9036
常時OFF	RUN中は常にOFFしている	M8001	SM401	M9037
RUN後 1スキャンON	RUNの最初のスキャンのみでPLS出力	M8002	SM402	M9038
0.1秒クロック	0.1秒間隔でON-OFF	M8012	SM410	M9030
1秒クロック	1秒間隔でON-OFF	M8013	SM412	M9032
バッテリー低下	バッテリー低下時ON	M8005	SM52	M9006

特殊レジスタ

特殊レジスタも特殊リレーと同じで、シーケンサーが使っているデータレジスタです。例えば、ある種の特殊リレーはエラー発生でONしますが、その際、ある種の特殊デバイスにはエラー番号が転送されます。そのため、何のエラーかが確認できます。

カレンダー機能が付いているシーケンサーの場合、ある種の特殊レジスタに今日の日付や時間が入って、自分のクロックでカウントしています。

6-41

便利な機能

「GX Works2」にはショートカットキーなど、便利な機能があります。ここでは、よく使うショートカットキーや設定方法を紹介します。

キーボードとマウスは交互に使わない

ラダー図作成時に、マウスで選択してキーボードで入力するというのは、実はとても効率が悪い作業なのです。慣れるまでは問題ありませんが、大きなラダー図を作成する場合、時間がかかりすぎてしまいます。

そこで、編集するポイントまでマウスで移動したあとは、キーボードのみで編集するようにします。キーボードからマウスへの持ち替えがなくなり、ラダー図の作成がスムーズにできます。ただし、キーボードのみで入力するため、ショートカットキーを覚える必要があります。

キーボードでの操作

まず、入力箇所の移動はカーソルキー（矢印が付いたキー）で行えます。a接点を入力するときは、入力したい部分までカーソルキーで移動し、ファンクションキーの[F5]キーを押します。するとa接点の入力状態になりますので、そのまま入力して[Enter]キーを押せば、入力完了です。

コイルは[F7]です。このようにキーボードのみで入力することが可能です。また、リスト回路がある程度読める場合は、直接、**リスト***で入力することも可能です。入力したい場所にカーソルを合わせて「LD X0」と入力すれば、a接点の「X0」を入力できます。

入力後に変換するには、[F4]キーを押します。RUN中書き込みの場合は、[Shift]キーを押しながら[F4]キーを押すと、変換と同時にシーケンサーに書き込めます。

＊**リスト**　リストというのはラダー図のような書き方ではなく、文字で直接条件や命令を入力する方法。**ニーモニック**とも呼ばれる。

強制出力

モニタ時に、内部リレーなどを強制的にONさせることができます。モニタモードに切り替えて、[Shift] キーを押しながら [Enter] キーを押すと、強制ON状態にできます。ただし、1スキャンしかONできないため、自己保持させる必要があります。

キーボードでの入力方法

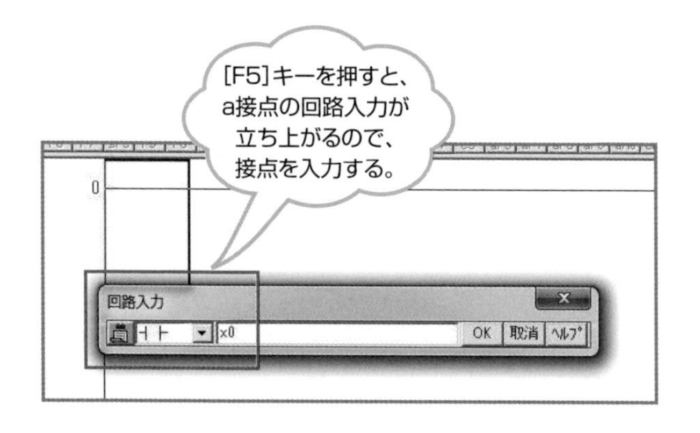

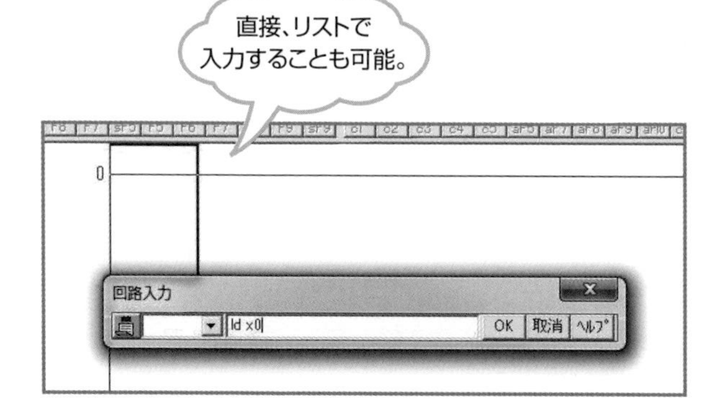

よく使うショートカットキー

	[F2]	[F3]	[F4]	[F5]	[F6]
単独	書込モード	モニタモード	変換	a 接点	b 接点
[Shift] と同時	読出モード	モニタ書込モード	RUN 中書込	a 接点 OR	b 接点 OR
[Ctrl] と同時	—	—	—	コメント表示	—

	[F7]	[F8]	[F9]	[F10]
単独	コイル	応用命令	横線書込	罫線書込
[Shift] と同時	立上がりパルス	立下がりパルス	縦線書込	—
[Ctrl] と同時	—	—	横線削除	縦線削除

[Ctrl]＋[S]	上書き保存
[Ctrl]＋[F]	デバイス検索
[Ctrl]＋[C]	コピー
[Ctrl]＋[V]	貼り付け
[Shift]＋[Insert]	行を挿入する
[Shift]＋[Delete]	行を削除する
[Ctrl]＋[Insert]	列を挿入する
[Ctrl]＋[Delete]	列を削除する
[Shift]＋[Enter]	モニタ中強制デバイスON

6-42

回路作成の考え方①

プログラムが大きくなると、プログラムを分割して作成する必要があります。どのように分割するか？　どのように各プログラムをリンクさせるか？　結論からいうと、この部分でプログラム全体の完成度は決まってしまいます。

プログラムはユニットごとに作成する

部品を置く工程、カバーを置く工程、ねじを締める工程、ねじを確認する工程、そして製品をトランスファーで搬送する工程で構成されている設備があるとします。

プログラムは各工程別に作成します。カバーを置く工程であれば、カバーを置く動作のプログラムを作ります。１台のシーケンサー内に全ユニットのプログラムを作成しますが、各ユニットのプログラムをそれぞれ作成し、それぞれのプログラムがお互いの動作内容を確認しながら動作するようにします。最終的に全体が動作するようになります。

「お互いの動作内容を確認しながら」という部分ですが、前工程が動作に失敗したワークについては、後ろの工程は動作する必要がありません。状況によっては、動作を変化させたい場合もあります。次ページ上図のように、各ユニットのプログラムを他ユニットのプログラムと干渉させて、動作内容を確認することもできます。

各ユニットのプログラムは必要以上に干渉させない

次ページ下図のようなプログラムの作り方は、おすすめできません。ユニットが２個であればまだ何とかなります。しかし、実際は４個の工程があるので、４個のプログラムが重なることになります。搬送関係も入れればさらに増えます。なぜこのようなプログラムの描き方がいけないのでしょうか？　例えば、カバーを置くプログラムに不具合が出たとします。これをデバッグするのですが、お互いのプログラムが重なっていると、どの部分で不具合が生じているのかわかりづらいのです。

さらに、もし設備の改造でカバーを置く部分に動作を追加するとしたら、この場合、単純にはいきません。他のプログラムにまで影響が出る恐れがあります。このようなプログラムは推奨できません。

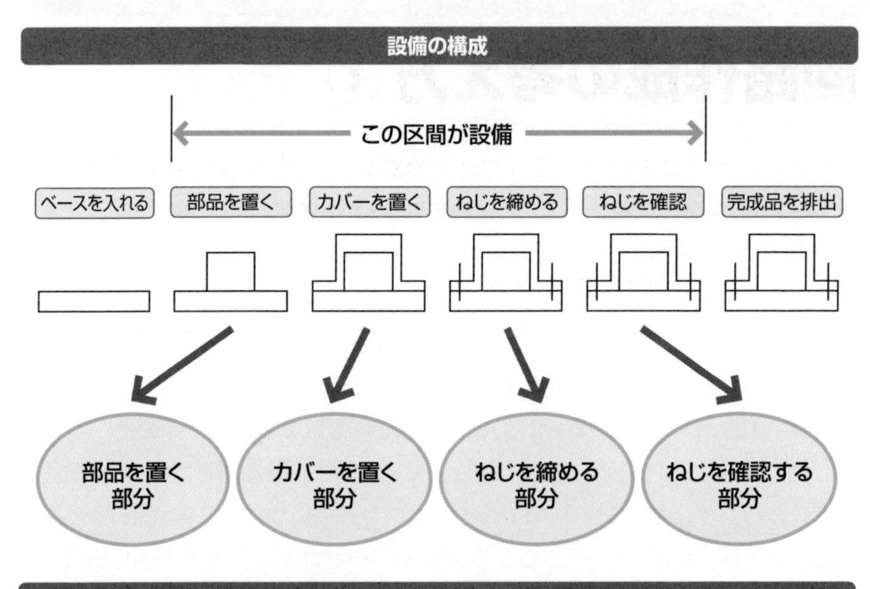

プログラムの干渉

部品を置くステーションと
カバーを置くステーションのプログラムを
作成したあと、お互いの状況
（部品を置くことに失敗したなど）を
確認するために、プログラムの一部を
相手のプログラムに
侵入させている。

部品を置くプログラム

カバーを置くプログラム

お互いの動作を確認しているイメージ

部品を置くプログラムを修正
することで、カバーを置くプログラムと
干渉している部分に影響が出れば、
カバーを置くプログラムも
修正する必要がある。

6-43
回路作成の考え方②

各ユニットのプログラムがお互いの動作を確認するためには、動作情報をユニット外のデータレジスタに転送し、お互いに確認する方法があります。

各ユニットの動作とデータシフト

プログラムを書く人にもよりますが、お互いのプログラムが読み書きできる共通のデータレジスタ（共通デバイス）を設定します。例えば、部品を置くことに失敗した場合、共通デバイスで設定したデータレジスタに、失敗したフラグを立てます。カバーを置くプログラムは、フラグを確認して、カバーを置くかパスさせるかを判断します。

このようにしておけば、片方のプログラムが、もう片方のプログラムに影響を与えません。トラブルがあっても不具合を発見しやすいと思います。

データシフト（次ページ下図）の場合、各プログラムは自分の右側のデータしか見ません。右のデータを確認してプログラムを動作させ、動作完了状態を右側のデータに書きます。

例えば、部品を置く部分で失敗したとします。このとき、失敗したという情報を右側のデータに書き込み、ワークを搬送するとき、右側のデータをデータシフトさせます。　カバーを置く部分の右側のデータには、先ほど失敗した情報が書き込まれています。この情報を見てカバーを置く部分をパスさせるなどの動作をします。

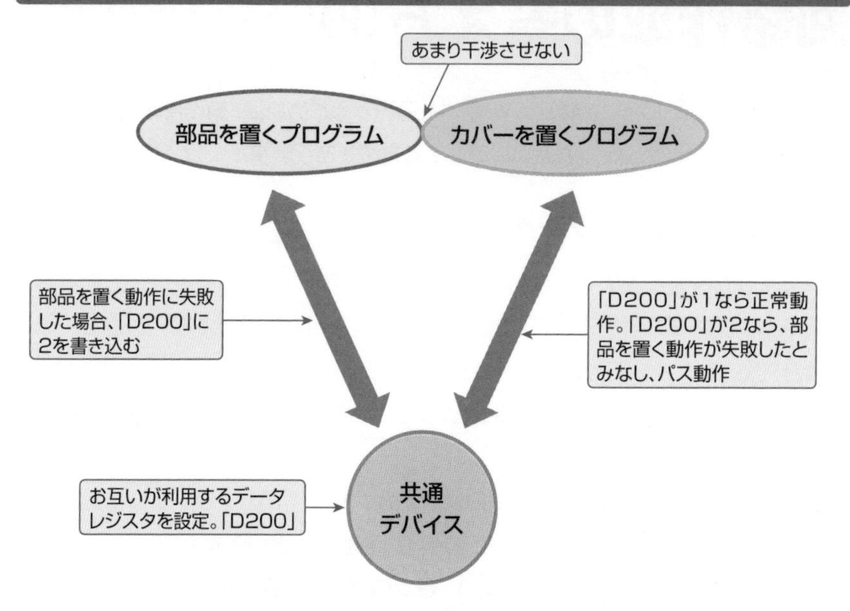
共通デバイスの設定
あまり干渉させない
部品を置くプログラム
カバーを置くプログラム
部品を置く動作に失敗した場合、「D200」に2を書き込む
「D200」が1なら正常動作。「D200」が2なら、部品を置く動作が失敗したとみなし、パス動作
お互いが利用するデータレジスタを設定。「D200」
共通デバイス

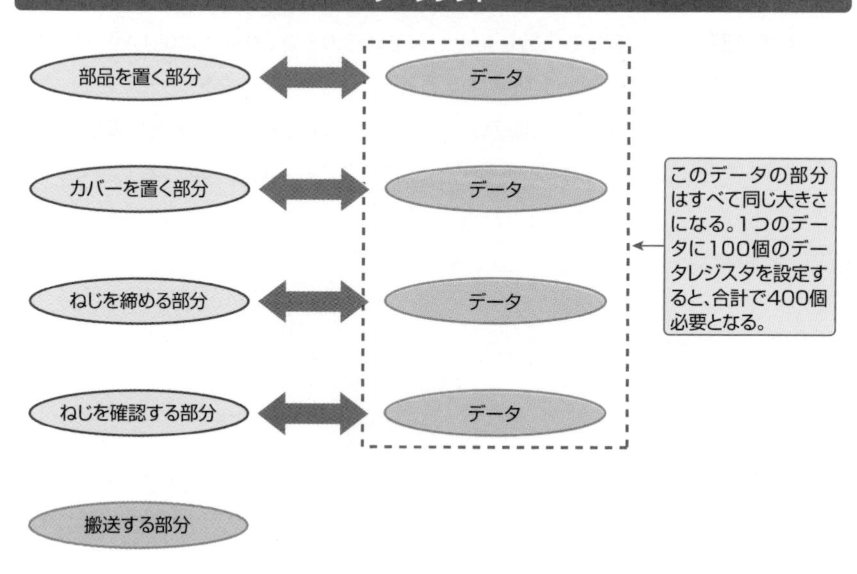
データシフト
部品を置く部分
カバーを置く部分
ねじを締める部分
ねじを確認する部分
搬送する部分
データ
データ
データ
データ
このデータの部分はすべて同じ大きさになる。1つのデータに100個のデータレジスタを設定すると、合計で400個必要となる。

原点復帰

　原点復帰をするプログラムのイメージを説明します。原点復帰とは、設備内のシリンダーなどを初期状態の位置に戻す作業です。もちろん、プログラム内の動作回路も初期位置に戻します。

　作成方法は、まず、部品を置く部分やカバーを置く部分が単体で原点復帰するプログラムを作ります。次に、全体を制御する部分を作ります。

　全体を制御するプログラムを実行すると、部品を置く部分からねじを確認する部分までの４個のユニットに原点復帰指令パルスを出します。そして、４個のユニットが原点復帰を完了したら、搬送する部分に原点復帰パルスを出します。これですべてが原点復帰すれば、全原点復帰完了となり、原点復帰の歩進制御を停止します。

原点復帰

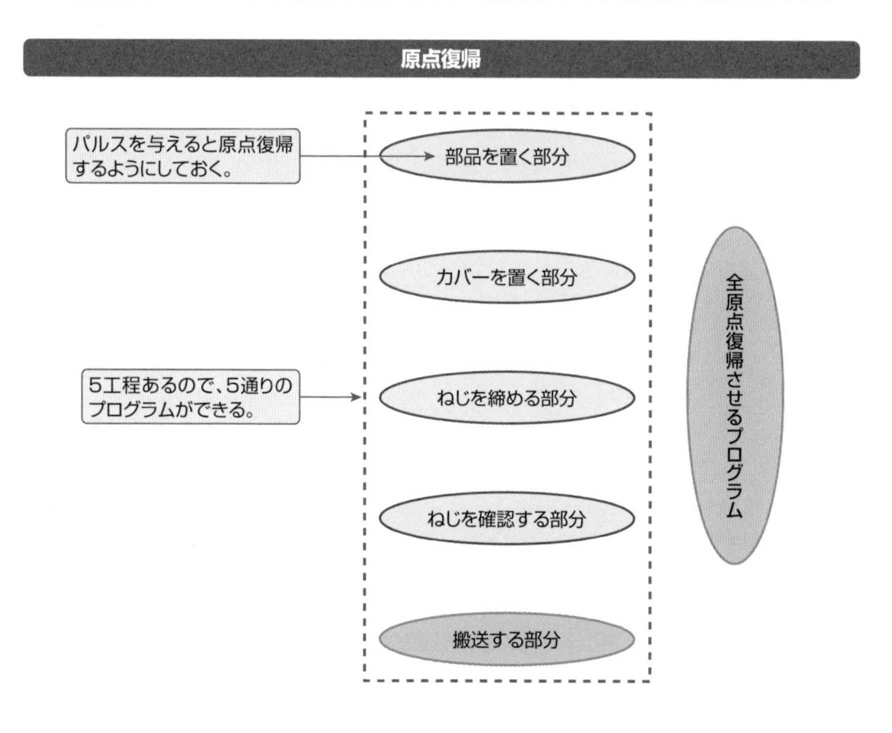

実はビットセット命令*？

シーケンサー内のコイル命令は、実はセット命令のように動作しています。例えば、「X0」のa接点で「M0」のコイルが入るとします。「X0」をONすれば「M0」はONし、「X0」をOFFすれば「M0」もOFFします。どこがセット命令なの？　と思うかもしれません。

セット命令であれば「M0」はONし続けます。実は、「X0」を押している間は、毎スキャンごとに「M0」をONしています。「X0」がOFFすれば、そのスキャンで「M0」をOFFしています。

まったくどうでもいい話で、ふだんは気にする必要もありません。注意しないといけないのは強制出力時です。例えば、「M1」の接点は使用していて、コイルを使用していない場合で説明します。このとき「M1」を強制ONすればONし続けます。ふつうにプログラム上のコイルを強制ONさせる場合、自己保持でもかかっていないとONできません。

これは、プログラム上にコイル命令を使用していないため、コイルをOFFする命令がないことが原因です。これを上手に使えば、デバッグ時に簡単に強制ON-OFFすることが可能になります。

注意が必要なのはエンコード命令です。「M0」～「M15」の16点を使用すると仮定して、実際に使用するのは12点とします。このとき残りの4点は、使用しなくても必ずプログラム上で常時OFFさせておいてください。

経験談ですが、「M15」をデバッグ中に強制ONさせたことを忘れて、エンコード命令の値が常に変化せず、途方に暮れたことがあります。**ラッチ***でもかかっていたらさらに大変です。冷静に考えればわかるのですが、このような場合、冷静になれないんですよね。

*ビットセット命令　コイルをONする命令で、一度命令を実行するとON状態を維持する。

*ラッチ　PLC電源を遮断しても、その状態を維持すること。つまり、ラッチのコイルをON状態でPLCを再起動しても、ラッチのコイルはON状態を維持する。

第7章

シーケンス制御プログラムを作る

実際にプログラムを作成するには、作成する順序があります。最初からプログラムを作成するのではなく、プログラム作成の下準備をする必要があります。慣れればふつうにできることですが、慣れるまでは何から始めればいいのかわかりません。本章では、プログラムの作成手順を説明していきます。

7-1 プログラミングの基本

これからプログラムを作成します。プログラムを作成するための簡単な流れを説明します。最初は何から始めればいいかわからないかもしれません。順番に作業していきましょう。

全体の動きを把握する

設備全体の動きを把握します。自分で設備を設計していれば問題ないのですが、他の業者と共同で作業する場合は、細かい動きまで把握する必要があります。設備の奥の方にある小さいシリンダーの役割に至るまで、完全に理解してください。

I/O表の作成とデバイスの使用範囲

全体の動きが把握できたら、I/Oを決めてください。**I/O表**というものを作成しますが、作成するソフトの指定は特にありません。Excelでもできます。

I/O表とは、シーケンサーにどのような入出力が配線されているかを表示するものです。I/Oがわかればシーケンサーのコメントファイルに書き込んでおきます。

プログラムを作成する前に、デバイスの使用範囲をある程度決めておきます。例えば、設備設定用の範囲は「D1000」から「D1999」の間で行うように設定するとすれば、他の動作制御には使用しないようにします。

内部リレーも同じです。「M100」から「M199」の範囲をワーク搬送用のプログラムに使用するなど、大まかに決めていきます。その後、プログラムを作成していきます。このように、いきなりプログラムを作るのではなく、ある程度、下準備をしてから作成する方が、きれいなプログラムができますし、作成するときもスムーズに進められます。

プログラムの作成

およその下準備ができたら、プログラムを作成していきます。机上である程度作成したあと、実際にシーケンサーに書き込んでデバッグという流れになります。重要なのは下準備です。設備の動きなどは念入りに確認しておいてください。

全体の動きを把握する

I/O表を書く

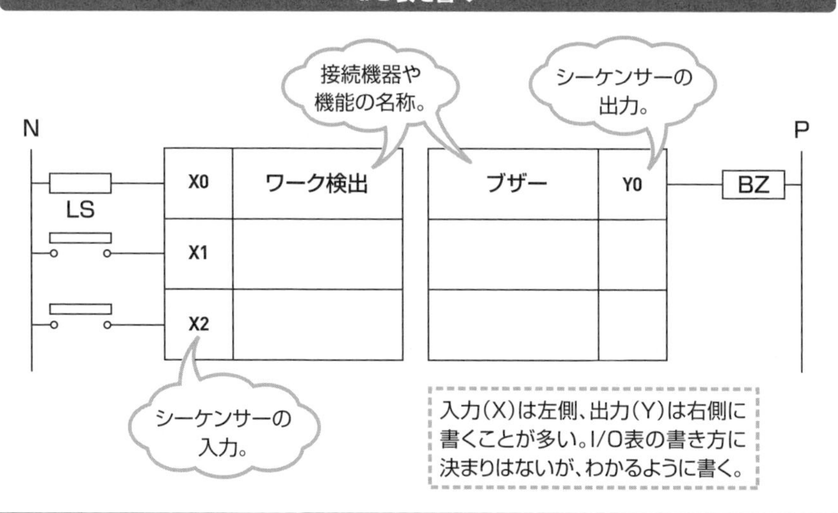

7-2 プログラムの設計（動作イメージ）

プログラムを作成する前に、プログラム全体を設計します。設計するには、まず全体の動きを確認する必要があります。これからプログラムを作成する設備が、何をするための設備かしっかり理解してください。

動作を確認する

まず全体の動きを把握します。各ユニットが何のためにあるのか？　どのような動作をするのか？　各ユニットの動作条件は何か？　など、すべてを把握します。もし、機械図面が手に入るようでしたら入手しましょう。ここでの機械図面は、詳細まで描いてあるものでなくてもかまいません。

機械図面が入手できない場合は、手描きでもいいので簡単に描いてみましょう。そして、各ユニットの動作がイメージできていれば、次の準備に移ります。

動作を書き出す

全体のイメージができたら、各ユニットの動作をすべて書き出します。何をする機構なのかをしっかり理解して、どの順番にシリンダーが動き、ワークに対して何をするのかをすべて書き出します。この作業は、すべてのユニットに対して行います。動作の順番など、間違いがないようによく確認してください。

I/Oを決める

I/OとはInput/Outputの略で、シーケンサーに対する入出力です。前節でも説明したとおり、シーケンサーのどの端子台に、どの入力や出力が接続されているかを表示したI/O表を作成します。

この時点で設備の機械部分が完成し、機体配線が完成していれば、すでにI/Oはわかります。配線した人がI/O表を書いてくれているかもしれません。

しかし、通常、I/O表は先行して作成して、配線をしてくれる人に渡してください。自分で配線する場合は、配線する時期までには完成させてください。

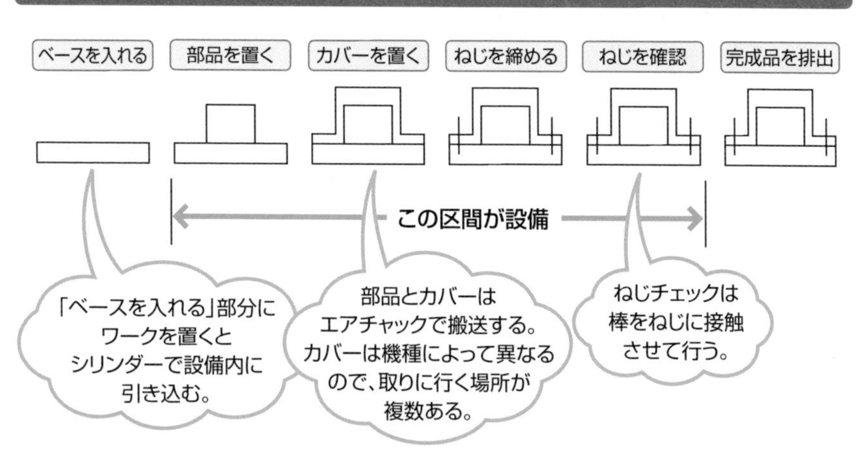

全体の構成を簡単に書き出す

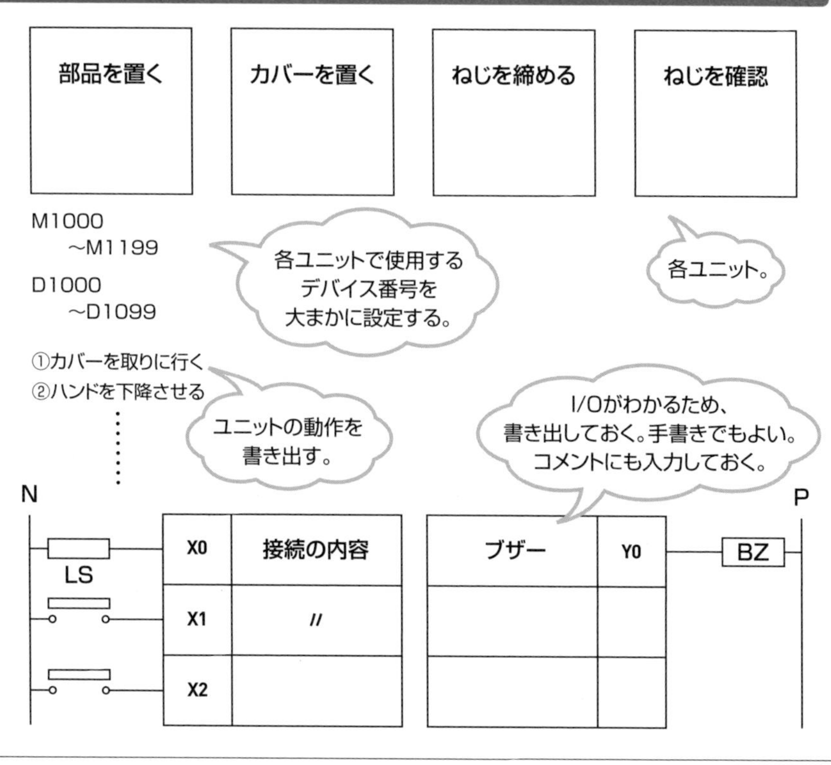

7-3 プログラムの設計（全体のデバイス番号の取り決め）

設備の動作イメージができたら、デバイス番号を決めていきます。詳細に決めるのではなく、動作別に大まかに設定します。

デバイス番号を設定する

デバイス番号を決めておきます。例えば、「部品を置く」ステーションでは「M1000」～「M1199」の200個の内部リレーを使用する、というように取り決めを行います。なぜ、このようなことを決めるのかというと、わかりやすいからです。

一昔前のシーケンサーはメモリ容量も少なく、内部リレーも限られた数しかありませんでした。そのため、使用していないデバイス番号から使用していました。こういう使い方をしないと、内部リレーも足りなくなるからです。そのため、なるべく隙間を空けないように使用するのが一般的でした。

さらに昔のシーケンサーになると、デバイス番号も固定されていて、タイマーコイルなどは数個しか使えない時代もありました。いまは昔と違い、このようなことはありません。内部リレーも大量に用意されていますので、コイルが足りなくなるより先にプログラムのメモリがオーバーすると思います。このように、最近のシーケンサーは性能も向上し、ある程度、余裕のある使用ができるのです。

デバイス番号を決める

デバイス番号を決めます。大まかでよいのですが、プログラミングの経験がほとんどない場合、使用する数の見当がつかないと思います。比較的単純な動作でしたら、内部リレーで200個程度割り当てれば問題はないでしょう。

例えば、部品を置く動作のプログラムでは「M1000」～「M1199」の内部リレーを使用し、製品情報や良否判定用として「D1000」～「D1099」のデータレジスタを使用します。

こうしておけば、デバイス番号によってどこの制御であるのかわかりやすくなります。プログラムを作るときに内部リレーの番号で悩む必要もありません。

デバイス番号を決める

部品を置く

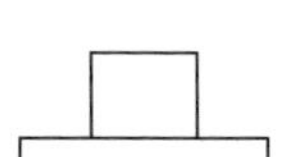

M1000
～M1199

D1000
～D1099

カバーを置く

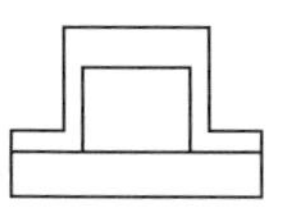

M1200
～M1399

D1100
～D1199

ねじを締める

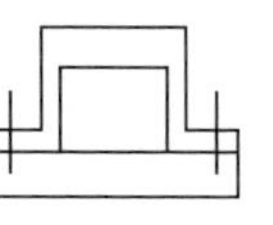

M1400
～M1599

D1200
～D1299

ねじを確認

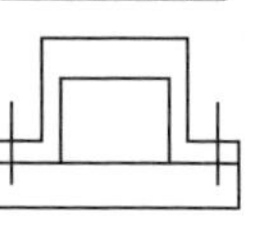

M1600
～M1799

D1300
～D1399

各ユニットごとに
使用する内部リレーや
データレジスタの範囲を
大まかに決めておく。

自分の中での
取り決めなので、範囲以外の
デバイスが使用できない
ということではない。

「部品を置く」　:「M1000」～200個　「D1000」～100個
「カバーを置く」:「M1200」～200個　「D1100」～100個
「ねじを締める」:「M1400」～200個　「D1200」～100個
「ねじを確認」　:「M1600」～200個　「D1300」～100個

決めたことを書き出しておく

部品を置く

カバーを置く

ねじを締める

ねじを確認

M1000
～M1199

D1000
～D1099

デバイス番号が決まれば、
準備した図面上にわかりやすく書いていく。
最終的には電子ファイルにまとめるが、
作成中は紙に書いたものを
見た方が作業しやすい。

7-4

プログラムの設計（動作の考え方）

設備全体で考えると、複数の制御を同時に考えないといけないため、難しく感じると思います。制御はユニット単位で考え、最後に各ユニットを制御するように考えます。

全体動作の考え方

デバイス番号が決まったからといって、すぐにプログラムを作るわけではありません。プログラムの設計は最初が大事で、最初の考え方を間違えると、あとで痛い目にあいます。製作する設備に合わせた設計をしっかりしてください。この作業に時間をかけても問題ありません。設計といっても図面を引いたりするわけではなく、どのように制御するかを考えるのです。

はじめて設計する場合、このプログラム設計の時点でわからなくなる可能性があります。どのように搬送を動かせばいいのか？　どのように部品を置く動作をさせればいいのか？　深く考えれば余計にわからなくなります。それは、制御を上位側から考えようとしているからです。上位側から作成することを**トップダウン**と呼びます。

慣れないうちは下位側から考えてください。下位側というのは、各ユニットの制御のことで、このような考え方を**ボトムアップ**と呼びます。

ユニット動作の考え方

各ユニットの動作条件を決めます。さらに条件は、他のユニットとできる限り統一します。その条件が成立したとき、そのユニットに1サイクルの動作をさせます。例えば、ねじ締め動作条件が成立した場合、「ねじを締める」ユニットはねじ締め動作を1サイクル実行します。このように、各ユニットの動作条件を決めていくことも大切な作業となります。

搬入ユニット*ですが、ここは、「ベースを入れる」位置にワークがあった場合、さらに「部品を置く」位置にワークがない場合と、内部の搬送ユニットが動作していない場合を条件に、搬入動作をさせます。

＊**搬入ユニット**　設備内にワークを取り込むユニットのこと。「搬送」「トランスファー」と同じ。

各ユニットの条件を決める

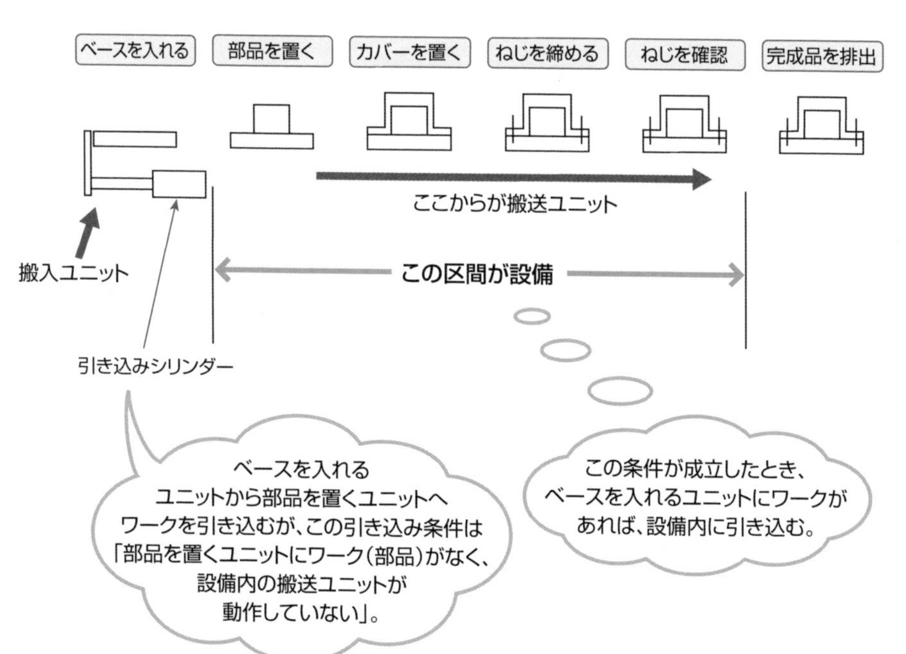

7-5 プログラムの設計（ユニットのデバイス番号の取り決め）

搬送ユニットが動作したら、「D1000」から「D1399」データを100個単位でデータシフトすることにします。シフトさせるデータは各ユニットのデータとなります。

各ユニットの動作条件

各ユニットの動作条件ですが、搬送ユニットが動作したあとに各ユニットを動作させます。この条件も一見いいように見えますが、もし、搬送ユニットが動作したあとに設備を停止させた場合、動かなくなる可能性があります。

もっと単純に考え、「ワークを検出している各ユニットが動作完了していない状態で、搬送ユニットが動作中でなく、原点で待機している場合」という条件にします。この条件は各ユニットに設定されているデータレジスタを使用し、搬送のときにデータシフトさせます。

データの使用例

「カバーを置く」ユニットで考えてみましょう。「D1101」を動作完了確認（ST判定）のデータレジスタとします。「D1101」が「0」の場合、未動作ということでカバーを置く動作をさせます。このとき、搬送ユニットが動作していないこととワークを検出していることも条件にします。

「カバーを置く」ユニットが動作し、サイクルが完了した時点で、正常完了であれば「D1101」に「1」を書きます。トラブルがあった場合などは「2」を書きます。「D1101」の値が「1」以上であれば、動作完了となります。

各ユニットもこのような条件を付け、各ユニットが動作完了すると搬送ユニットが動作します。するとデータシフトするので、「D1101」は「0」となり、次のワークが搬送されてくれば再度動作します。

「ねじを締める」ユニットはどうでしょう。データシフトするので「D1201」は「1」が入っています。「ねじを締める」は「D1202」を使います。この方法だと、動作条件を細かく変えることもできます。

例えば、「ねじを締める」ユニットで「D1201」に「2」が入っていれば、動作させずに、そのまま「D1202」に「3」を書き込み、完了させます。これは、前ユニットで正常に完了していなければ、それ以降のユニット動作は必要ないため、動作をさせないようにする制御です。

各ユニットの割り当て

D1000：部品を置くST判定
D1001：カバーを置くST判定
D1002：ねじを締めるST判定
D1003：ねじを確認するST判定

部品を置くユニットの内容には、すでにねじを締めるユニットなどの項目がある。データレジスタを100個ぶんまとめてシフトさせるので、あらかじめ設定する。先のことまで考えてシステム全体を設計することが大切である。

自分のわかりやすい順序で設定する。

全体での割り当て

部品を置くユニットが「D1000」から100個のデータレジスタを使用する。他のユニットも同じように100個ずつのデータレジスタを使用する。下表のようになる。

	各ユニットで使用するデータレジスタ			
	部品を置く	カバーを置く	ねじを締める	ねじを確認する
部品を置くST判定	D1000	D1100	D1200	D1300
カバーを置くST判定	D1001	D1101	D1201	D1301
ねじを締めるST判定	D1002	D1102	D1202	D1302
ねじを確認するST判定	D1003	D1103	D1203	D1303
⋮	⋮	⋮	⋮	⋮

カバーを置くユニットで失敗した場合、カバーを置くユニットの判定に「2」を書き込む。カバーを置くユニットで発生するため、書き込みデータレジスタは「D1101」。

カバーを置く動作に失敗した場合、搬送を行いデータシフトすれば、「D1201」の値が「2」になっている。ねじを締めるユニットは「D1201」の値が「1」のときしか動作しないようにする。

ねじを締めるユニットは「D1202」に「3」を書き込む。ユニットの動作をパスしたという意味で「3」としたが、別の方法でもよい。「0以外は動作完了」とプログラムを作成して、最初から「3」を書き込んで、ユニットの動作をパスするように設定することもできる。

7-6 プログラムの設計（ユニット動作）

各ユニットの動作部分を設計します。「カバーを置く」ユニットを例に、プログラムを作成していきます。

ユニットの動作条件

全体の制御の設計が終わったら、各ユニットの制御設計を行います。各ユニットの動作完了確認を入れるデータレジスタの値は統一してください。0が未実施、1が正常完了、2が異常完了、3が動作パスです。そして、この値が0ということを動作条件に入れておきます。

次に各ユニットの動作をすべて書き上げてください。ここで重要なのは、条件分岐の考え方です。「カバーを置く」ユニットで見てみます。

機種により置くカバーが違う場合は、機種によりプログラムを変更する必要があります。ただし、この装置で違うのはカバーを取りに行く場所、つまり、ロボシリンダーの座標のみです。そのため、制御するプログラムは同じで、カバーと取りに行く座標部分のみを機種によって変化させます。

ユニットの動作

カバーの種類ごとに別プログラムとする場合は、カバーの種類分だけ、プログラムを作る必要があります。しかし、違うのは次ページの図の❶のカバーを取りに行く場所だけで、他の動作は同じです。つまり、上記の動作の❶の部分で「カバーを取りに行け」という指令を内部リレーで出し、その内部リレーとカバーの種類の設定で場所を変化させるのです。この、場所を変化させている部分をサブとします。

この部分に位置情報と実行指令を出すのです。実行指令と一緒に送る位置情報などの値を**引数**と呼びます。移動が完了したら、移動完了の信号をメイン部分に返して、次のステップに進ませます。これが簡単なサブルーチンの考え方です。ステップ制御による描き方でサンプルを描いてみます。

「カバーを置く」ユニットの動作

動作の書き出し

❶カバーを取りに行く
❷ハンドを下降させる
❸ハンドを閉めてカバーをつかむ
❹ハンドを上昇させる
❺カバーを置く位置まで持ってくる
❻ハンドを下降させる
❼ハンドを開いてカバーを置く
❽ハンドを上昇させる
❾1サイクル完了

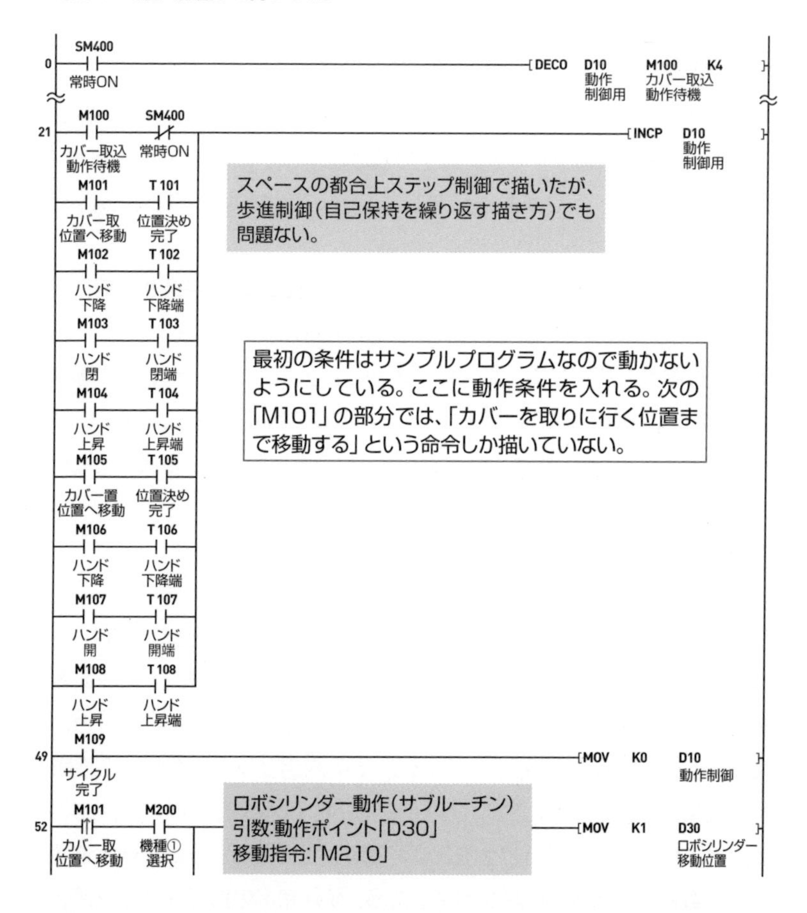

ロボシリンダーの移動部分は、「D30」に移動先ポイントを書き込んで、「M210」をパルスで出力。これで移動する。このような操作をすれば動くように、プログラムを専用に作っているからである。「D30」にポイントを書き込んで実行パルスを出すだけである。このような作り方を**構造化**と呼ぶ。

7-7 プログラムの設計（条件分岐）

条件分岐ですが、「ねじを締める」部分のプログラムで条件分岐を行います。先ほど説明した「カバーを置く」部分で使用したプログラムとの違いを確認してください。

条件分岐

「ねじを締める」ユニットで見てみます。ねじを締める箇所が全部で6ヵ所（①〜⑥ポイント）あるとします。ただし、機種によって締める箇所を変更します。

次ページの上の図のようになりますが、機種によって締め付け箇所を変更します。このとき、何も考えずにプログラムを描くと、機種の数だけプログラムを描いてしまいます。また、悪い例として、無理やり1個のプログラムで実行させようとして、複雑になりすぎてしまうことがあります。

分岐させない

プログラムは、複雑に分岐する必要がない場合は、1個のプログラムにすべての動作を描いて、必要のない部分をパスさせる方向で考えてみましょう。ここでは①〜⑥ポイントのすべてのねじ締めを行うプログラムを作ります。

機種2の場合、⑤⑥のねじ締めをパスさせ、サイクルを完了させます。ここで重要なのは、⑥ポイントの締め付け動作のあとにサイクル完了信号を描くことです。こうすることで、どの機種が来ても、必ずこのサイクル完了を通って終了します。

機種2で④のねじ締めを行ったあと、別のサイクル完了信号を描くのではなく、⑥のねじ締めのあとのサイクル完了信号を利用するのです。

これにより、プログラムが動作して、サイクル完了信号が入って完了する、という1つの流れができ上がります。

この描き方だと、プログラムは分岐せずにまっすぐ進むため、どの部分で動作しているかなどが把握しやすいと思います。また、条件分岐により、同じような動作を何個も描く必要がないので、見た目もシンプルになります。必要ない部分はパスさせればよいだけなので、動きも自由に変更できます。この制御は、ステップ制御の書き方だと簡単に実現できます。

「ねじを締める」ユニットの条件分岐

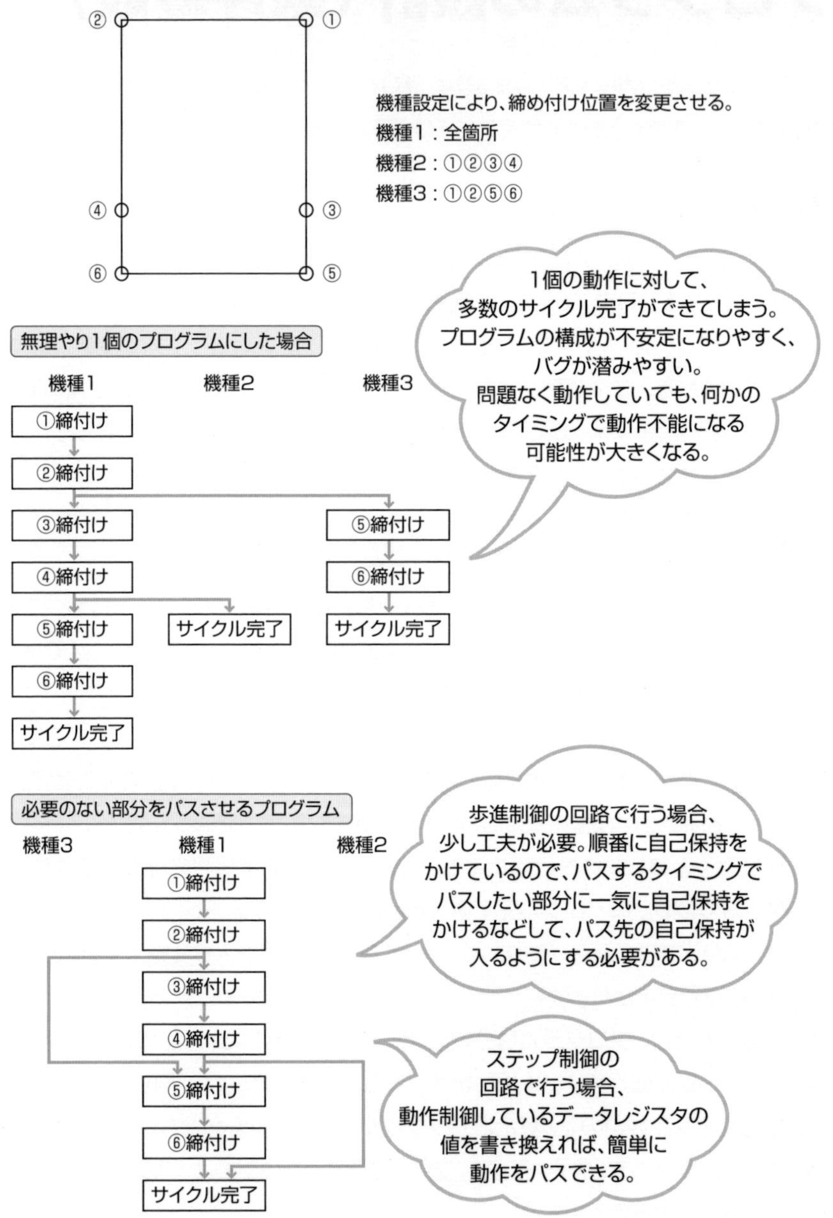

②　①
④　③
⑥　⑤

機種設定により、締め付け位置を変更させる。
機種1：全箇所
機種2：①②③④
機種3：①②⑤⑥

無理やり1個のプログラムにした場合

機種1　機種2　機種3

①締付け → ②締付け → ③締付け → ④締付け → ⑤締付け → ⑥締付け → サイクル完了
（機種2：④締付け → サイクル完了）
（機種3：②締付け → ⑤締付け → ⑥締付け → サイクル完了）

1個の動作に対して、
多数のサイクル完了ができてしまう。
プログラムの構成が不安定になりやすく、
バグが潜みやすい。
問題なく動作していても、何かの
タイミングで動作不能になる
可能性が大きくなる。

必要のない部分をパスさせるプログラム

機種3　機種1　機種2

①締付け → ②締付け → ③締付け → ④締付け → ⑤締付け → ⑥締付け → サイクル完了
（機種3：②締付け → ⑤締付け）
（機種2：④締付け → サイクル完了）

歩進制御の回路で行う場合、
少し工夫が必要。順番に自己保持を
かけているので、パスするタイミングで
パスしたい部分に一気に自己保持を
かけるなどして、パス先の自己保持が
入るようにする必要がある。

ステップ制御の
回路で行う場合、
動作制御しているデータレジスタの
値を書き換えれば、簡単に
動作をパスできる。

7-8 プログラムの設計（回路構成）

シーケンサーのプログラム（ラダー図）は好きなように、自由に作成できます。このことは、作り方によってわかりやすくもわかりにくくもなる、ということを意味します。

各ユニット別に作成する

プログラムの作成方法を説明してきましたが、重要なポイントを説明します。まず、プログラムは必ず各ユニット別に作成してください。各ユニットが単独で動作できるレベルになったら、次のユニットを作成します。

手動で動かす回路と自動で動かす回路は必ず分けてください。手動部分は手動部分でまとめておいた方がよいのです。自動回路の中に手動回路があると、他の人が見て大変、見づらいプログラムとなります。

出力コイルは制御に使用しないこと。いままでの説明では、動作部分に内部リレーを使用し、最後に内部リレーの接点で出力コイル（Y）を動作させていました。実は出力コイルでも自己保持をかけ、制御に使用できます。ただし、このような使い方をすると、別回路で出力させたい場合、出力できない状態になります。出力コイルが使用されている制御回路でしか出力できなくなります。

使いやすいように、プログラムを作る

「7-6　プログラムの設計（ユニット動作）」で、筆者はロボシリンダー部分のプログラムを別に作成しました。何のために？　と思った人も多いと思います。説明用のプログラム程度であれば、別に作成する必要はありません。

実際のプログラムでは、ロボシリンダーを複数のポイントで動作させ、さらに手動操作でも動作させる必要があります。ロボシリンダーを動かす部分で、毎回同じプログラムを作成するのもスマートではないので、移動先ポイントを入れて実行すれば、簡単に動作するプログラムを別に作成しました。

これはロボシリンダーに限ったことではありません。構造化の一手法として、プログラム外にサブルーチンを作るという方法がありますので、積極的に使ってください。

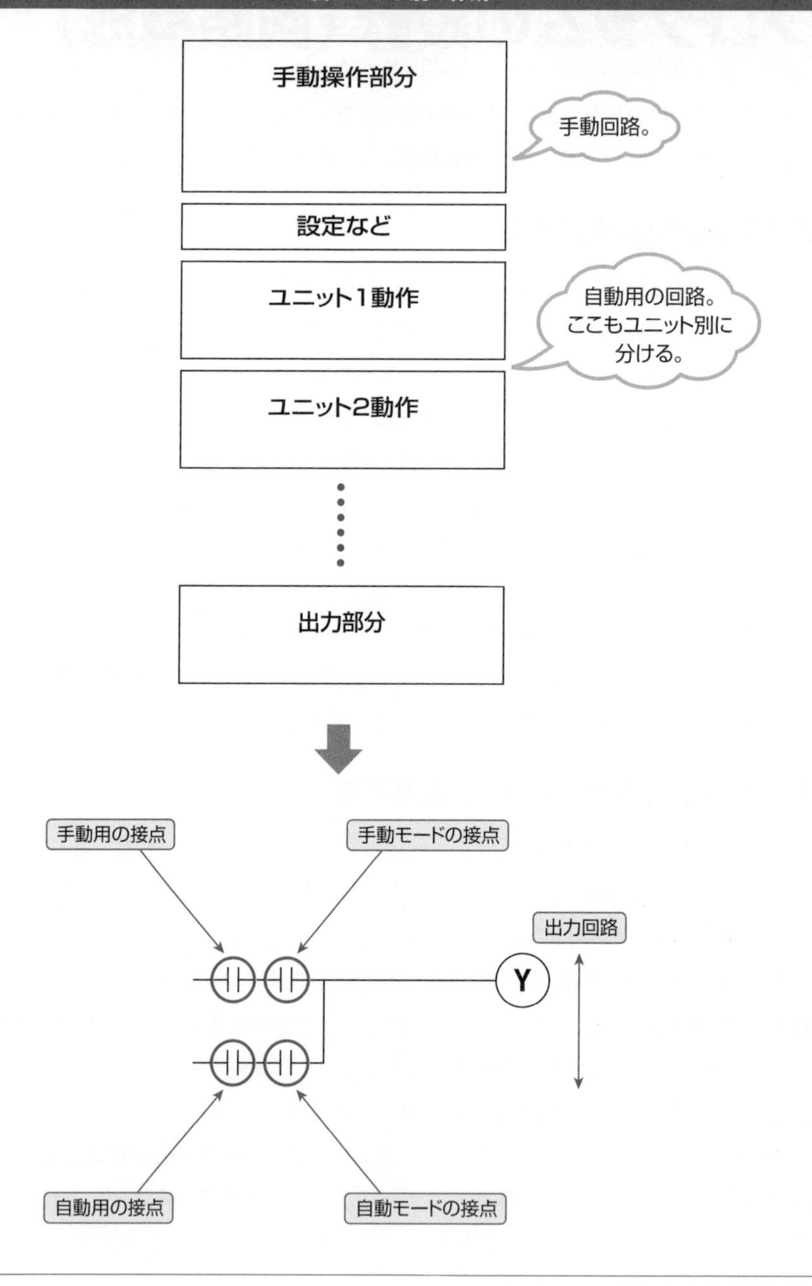
各ユニット別の作成
手動操作部分
手動回路。
設定など
ユニット1動作
自動用の回路。
ここもユニット別に
分ける。
ユニット2動作
出力部分
手動用の接点
手動モードの接点
出力回路
Y
自動用の接点
自動モードの接点

7-9

PCパラメータを設定する

プログラムの作成を始める前に、PCパラメータの設定を行います。設定しなくても動作することもありますが、とても重要な部分なので必ず確認してください。

設定方法

Qシリーズなどの高機能なシーケンサーを使用する場合、PCパラメータを設定する必要があります。PCパラメータの設定画面は、次ページ上図のように、プロジェクト一覧の中の［パラメータ］➡［PCパラメータ］をダブルクリックすれば表示されます。PCパラメータを変更しても、そのままでは反映されません。画面下にある［設定終了］ボタンを押せば設定が反映されます。反映させたくない場合は［キャンセル］を押してください。

設定項目

最初に設定したい項目は「デバイス設定」です。この項目では、内部リレーやデータレジスタのどの範囲をラッチ領域に設定するかを決めます。**ラッチ領域**とは、電源を切っても保存される領域です。「M100」をラッチ領域に設定して、自己保持をかけてシーケンサーを再起動しても、「M100」は入り続けます。データレジスタの場合は値が保持されます。

次は「プログラム設定」です。ここを設定しないとプログラムは動きません。Qシリーズは、シーケンサー内に複数のプログラムを作成できます。どのプログラムを動作させるかを設定する必要があります。

「I/O割付設定」では、シリアルコミュニケーションなど、特殊ユニットの設定ができます。スイッチ設定から行います。設定内容は各ユニットのマニュアルに記載されています。シーケンサーにパラメータを書き込んだあと、シーケンサーを再起動すれば設定が反映されます。再起動を忘れないようにしてください。

「PCファイル設定」では、シーケンサー内のメモリをどのように使用するかを設定できます。例えば、シーケンサー内にはプログラム用のメモリと標準RAMと呼ばれるメモリがあります。この標準RAMを**ファイルレジスタ***として設定できます。

＊**ファイルレジスタ**　三菱PLCは「データレジスタ」とは別にデータを保存する専用の領域がある。それをファイルレジスタと呼ぶ。

PCパラメータの設定

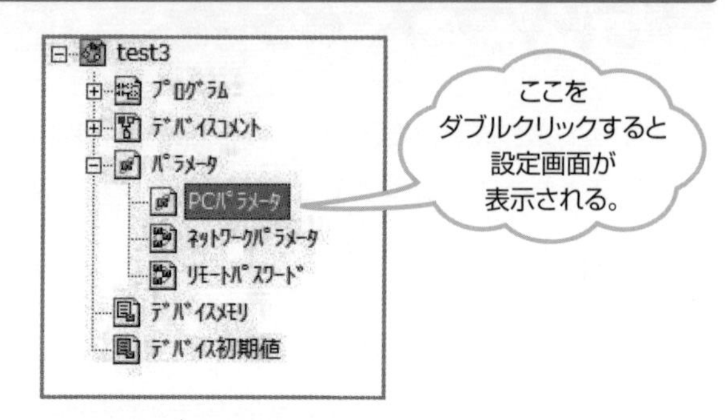

▼パラメータ設定 (1)

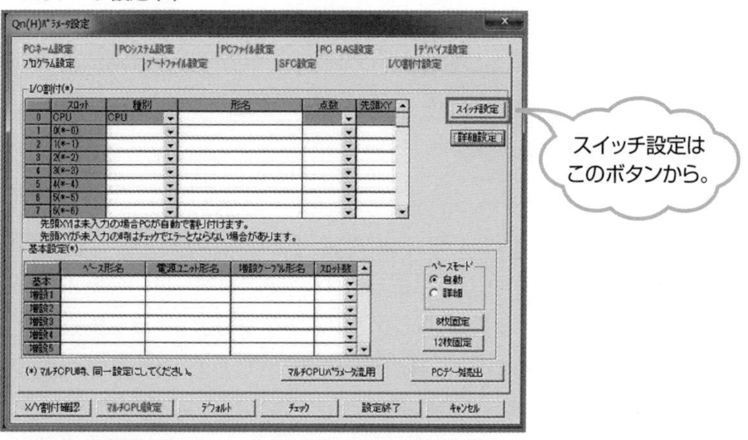

▼パラメータ設定 (2)

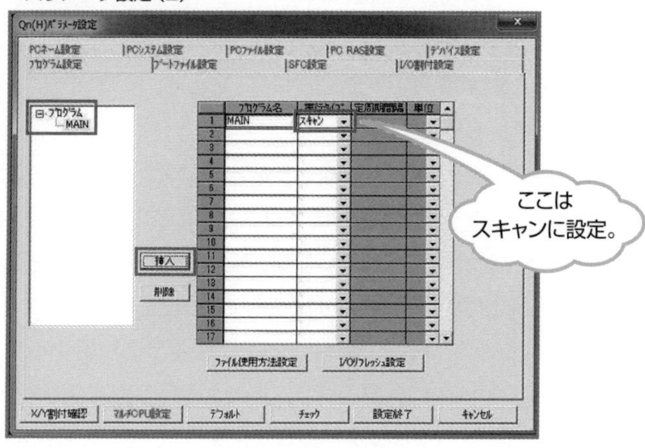

7-10

プログラムを作る

プログラムの設計が終わり、PCパラメータを設定したあとは、いよいよプログラムの作成です。いままでの説明を理解していれば、プログラムはすぐに作成できるようになります。動作部分と原点復帰部分を例に説明しましょう。

動作部分

プログラムの設計で使用した設備構成のうち、部品を置くユニットで考えてみます。動作を順番に歩進制御で描いていきます。動作回路の前に動作条件を描きます。「D1000」はユニットが正常に動作完了したら1を書き込みます。まだ何も動作していないため、0が入っています。一応、「M1100」に出力します。

次の行では、自動モードで搬送が動作しておらず、ユニットが未動作でワーク検出していれば、ユニットを動作させるコイルを出力します。このコイルにより、ユニットの動作プログラムが実行されます。

ユニット動作は、歩進制御です。順番に動作をしていきます。次ページの図では途中工程は省略しています。ユニット動作の最後にサイクル完了の信号を出します。サイクル完了の接点で歩進制御の先頭の自己保持を解除します。

サイクル完了時に「D1000」へ「1」を書き込みます。これはユニットが正常完了したということです。これで、「M1100」は出力されないので、再度動作することはありません。

「部品を置く」ユニットの動作

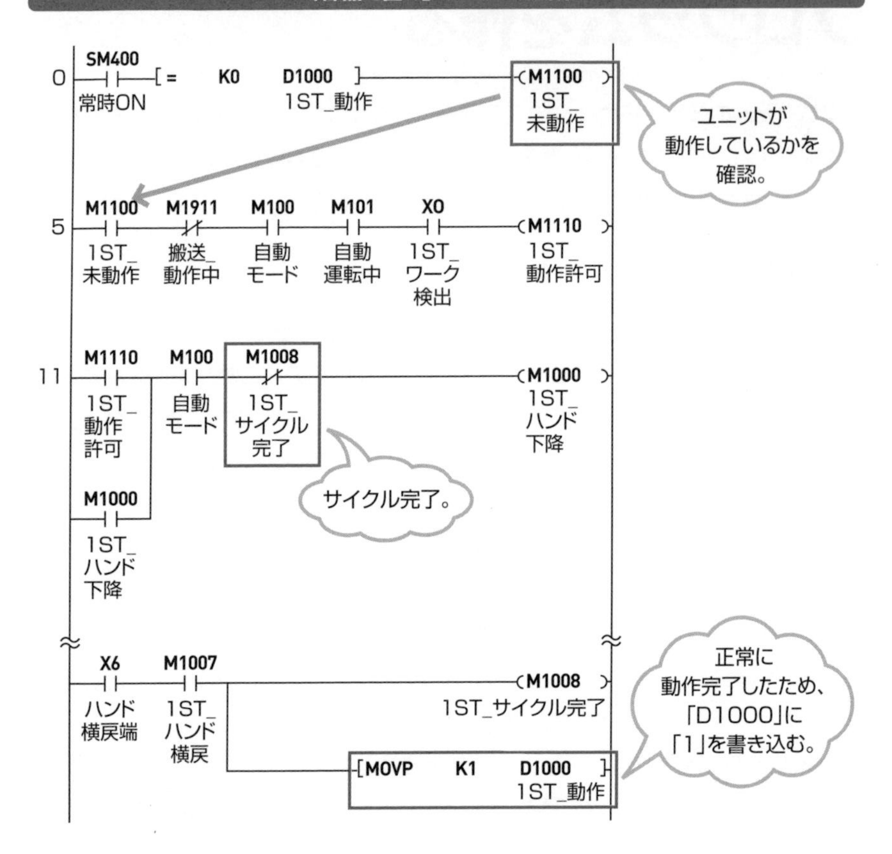

原点復帰動作

原点復帰はシリンダーなどを初期位置に戻しますが、同時に戻すと大変危険です。このユニットはハンドで部品を運びます。ハンドが下降している状態で横移動すると引っかかり、ユニットを破損させる可能性があります。

確実にハンドを上昇させて横移動させてください。ハンドの上下移動用と横移動用の電磁弁はダブルソレノイドを使用します。シングルソレノイドだと、電源を切った瞬間に原点位置に戻り始めてしまうからです。ハンドのつかむ部分は、シングルでも問題はありません。ただし、高価なワークの場合、落下させないためにダブルを使います。

原点復帰動作

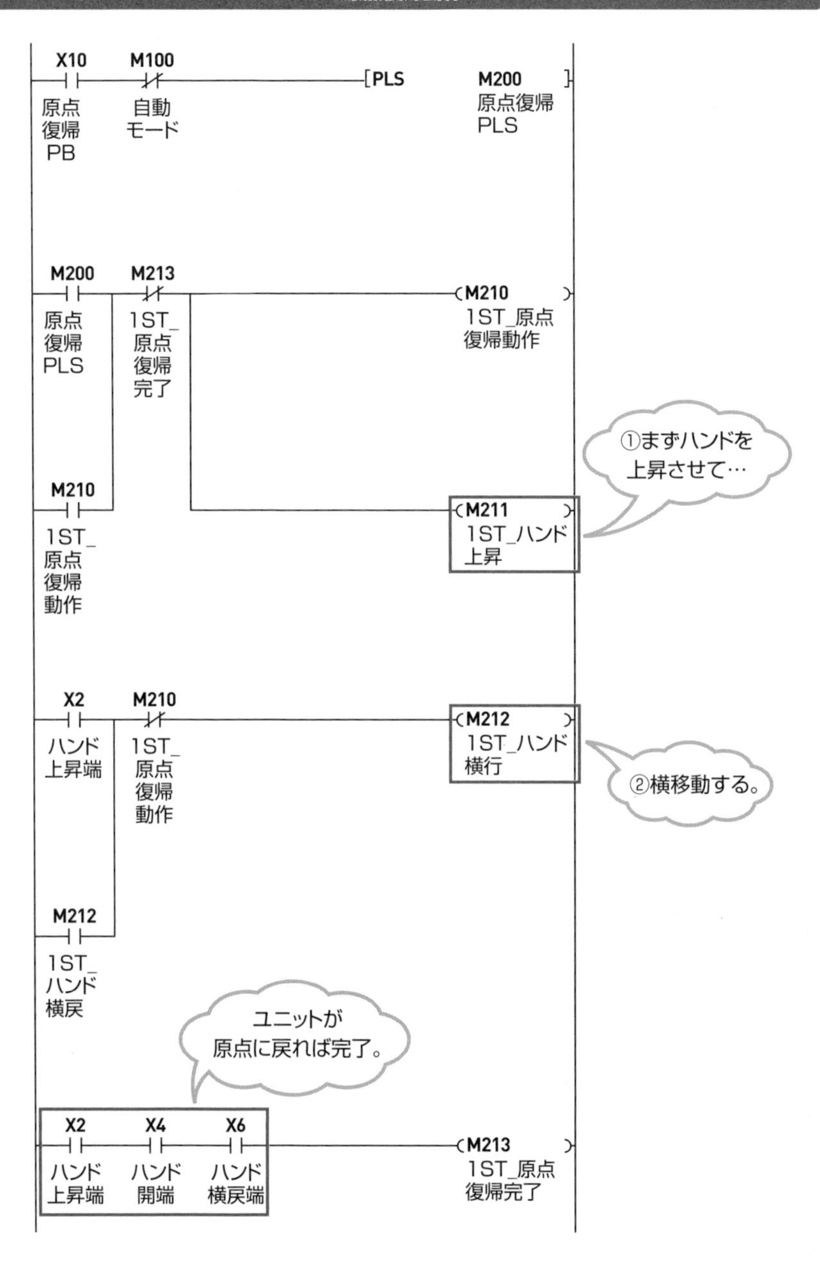
X10
M100
PLS
M200
原点復帰PLS
原点復帰PB
自動モード
M200
M213
M210
1ST_原点復帰動作
原点復帰PLS
1ST_原点復帰完了
①まずハンドを上昇させて…
M210
M211
1ST_ハンド上昇
1ST_原点復帰動作
X2
M210
M212
1ST_ハンド横行
ハンド上昇端
1ST_原点復帰動作
②横移動する。
M212
1ST_ハンド横戻
ユニットが原点に戻れば完了。
X2
X4
X6
M213
1ST_原点復帰完了
ハンド上昇端
ハンド開端
ハンド横戻端

7-11
出力回路を作る

自動動作部分と原点復帰部分のプログラムを作成しました。しかし、このままでは動作しないため、出力部分を作成します。

出力回路

自動運転や原点復帰のプログラムを作りましたが、このまま実行すると、内部リレーまでは動作します。しかし、内部リレーの動作ではシーケンサー内で動作するだけで、実際にシリンダーなどを動作させることはできません。

内部リレーから出力用のコイル（Y）を動作させます。出力コイルはシーケンサーに接続されている出力端子です。それぞれに番号がありますので確認してください。プログラムの描き方は、内部リレーを動作させるのと同様に、（Y）を動作させれば実際にシーケンサーから出力されます。

自動運転に使用した内部リレーの接点を使います。そのため、動作回路をあらかじめ作成し、最後に出力回路を作成します。出力回路が最後になるため、出力用のコイルを描いたあと、さらにその接点を使用して制御回路を作成することは避けてください。ラダー図は自由度が高いため、このようなこともふつうにできますが、これは特別な場合を除いて混乱の原因となることから、行わないでください。

ダブルソレノイドとシングルソレノイドの違い

サンプルの回路では、最初のユニットで部品をつかむシリンダーにシングルソレノイドを使用しています。シングルソレノイドの場合、出力を出している状態でハンドが閉じます。出力を切ると開きます。ハンドを閉じておくには常に出力を出し続けないといけません。

ハンドを上下・横移動させるシリンダーにはダブルソレノイドを使用しています。ダブルソレノイドの場合、出力を出すと動作します。出力を切っても動作し続けます。例えば、ハンドを下降させる場合、下降用の出力を出します。ハンドが下降を開始したら出力を切っても問題ありません。上昇させるには上昇用の出力を出します。シングルソレノイドに比べ、倍の数の出力I/Oが必要となります。

出力回路

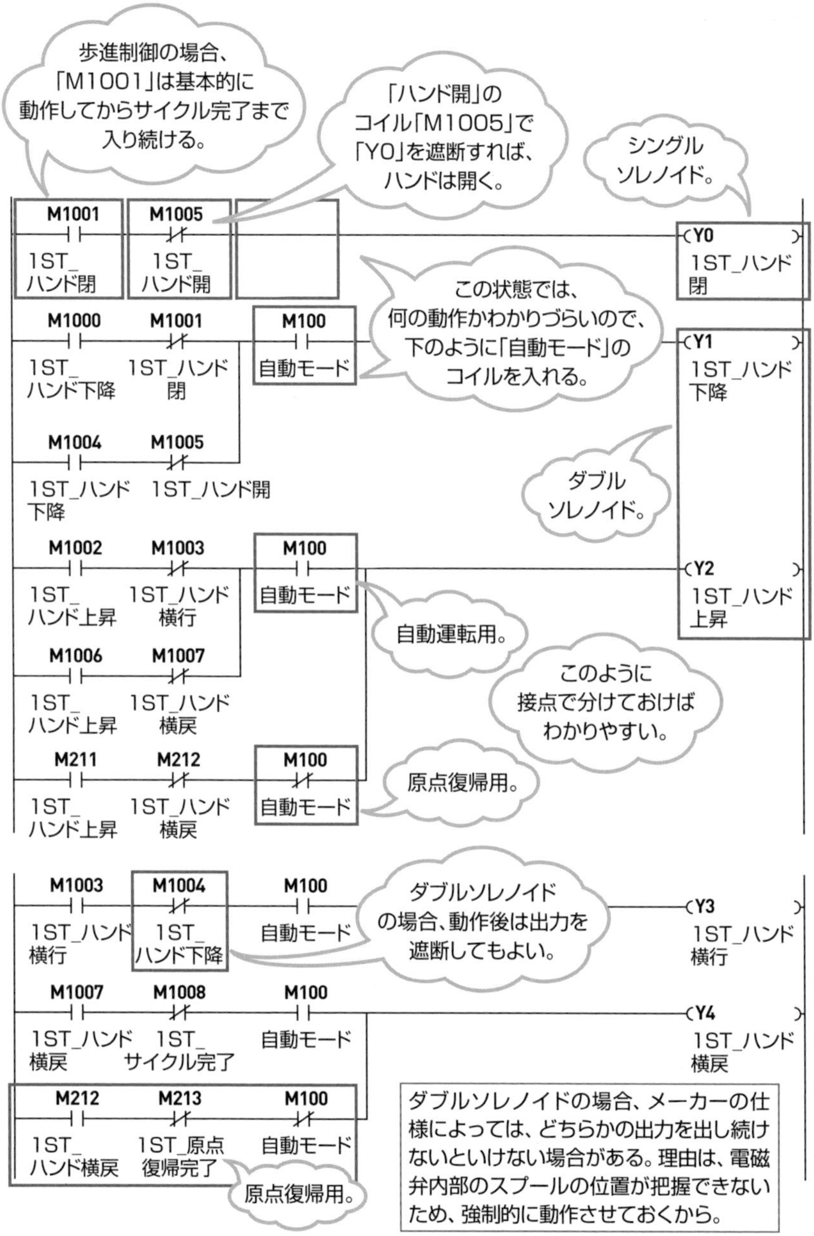
歩進制御の場合、「M1001」は基本的に動作してからサイクル完了まで入り続ける。
「ハンド開」のコイル「M1005」で「Y0」を遮断すれば、ハンドは開く。
シングルソレノイド。
M1001
1ST_ハンド閉
M1005
1ST_ハンド開
Y0
1ST_ハンド閉
M1000
1ST_ハンド下降
M1001
1ST_ハンド閉
M100
自動モード
この状態では、何の動作かわかりづらいので、下のように「自動モード」のコイルを入れる。
Y1
1ST_ハンド下降
M1004
1ST_ハンド下降
M1005
1ST_ハンド開
ダブルソレノイド。
M1002
1ST_ハンド上昇
M1003
1ST_ハンド横行
M100
自動モード
Y2
1ST_ハンド上昇
自動運転用。
M1006
1ST_ハンド上昇
M1007
1ST_ハンド横戻
このように接点で分けておけばわかりやすい。
M211
1ST_ハンド上昇
M212
1ST_ハンド横戻
M100
自動モード
原点復帰用。
M1003
1ST_ハンド横行
M1004
1ST_ハンド下降
M100
自動モード
ダブルソレノイドの場合、動作後は出力を遮断してもよい。
Y3
1ST_ハンド横行
M1007
1ST_ハンド横戻
M1008
1ST_サイクル完了
M100
自動モード
Y4
1ST_ハンド横戻
M212
1ST_ハンド横戻
M213
1ST_原点復帰完了
M100
自動モード
原点復帰用。
ダブルソレノイドの場合、メーカーの仕様によっては、どちらかの出力を出し続けないといけない場合がある。理由は、電磁弁内部のスプールの位置が把握できないため、強制的に動作させておくから。

7-12

電動シリンダーを操作する

最近、安価になってきた電動シリンダーを使用します。電動シリンダーといってもエアシリンダーのようにコンパクトになっています。動作も簡単なことから、機会があれば使ってみてください。

専用のプログラムを作る

電動シリンダーは、エアシリンダーとは異なり、ストローク範囲内であれば自由に停止できます。停止ポイントを登録し、シーケンサーからポイントをBCDやMOVなどで出力し、スタート信号を出すと、そのポイントまで移動します。

例えば、電動シリンダーの1ポイント目を引端側、2ポイント目を出端側、3ポイント目を中間位置に設定します。中間位置に移動したい場合は、BCDやMOV出力で3を出力し、スタート信号を入れると3ポイント目に移動します。

移動先ポイントを出力してスタート信号を出力するプログラムになりますが、動作プログラムの中でこの部分のプログラムを描くと大変なので、簡単に操作できるように専用のプログラムを作ります。

ここでは、わかりやすくBCDと書きましたが、MOV命令であれば、16進数であるため16ポイント出力可能です。BCDは10で桁上がりしますので、すべてのポイントを使用することができません。また、プログラムを作るといっても、特に作り方に決まりはありません。

使い方

使い方は簡単です。移動先ポイント用のデータレジスタを使います。データレジスタに移動先ポイントを書き込んで、実行パルスを出します。この実行パルスで電動シリンダー専用プログラムを動作させるようにします。

動作プログラム内では、データレジスタにポイントを転送して実行パルスを出すだけです。ポイントを変更したい場合は、データレジスタに転送する値を変更するだけです。これだけで動作します。このように、動作する仕組みをプログラム内に作ることで、全体的にシンプルなプログラムになります。

専用プログラムと動作プログラム

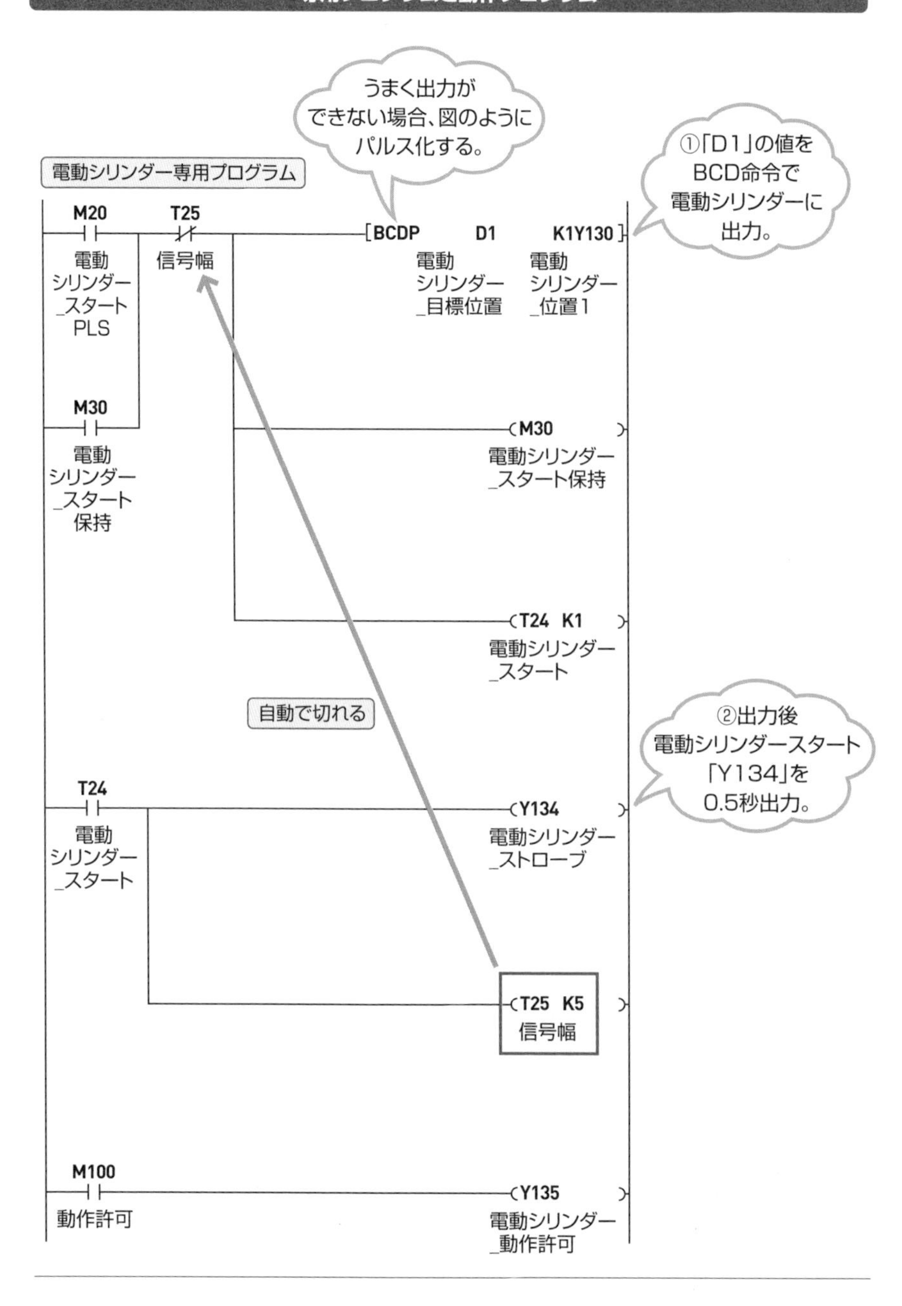

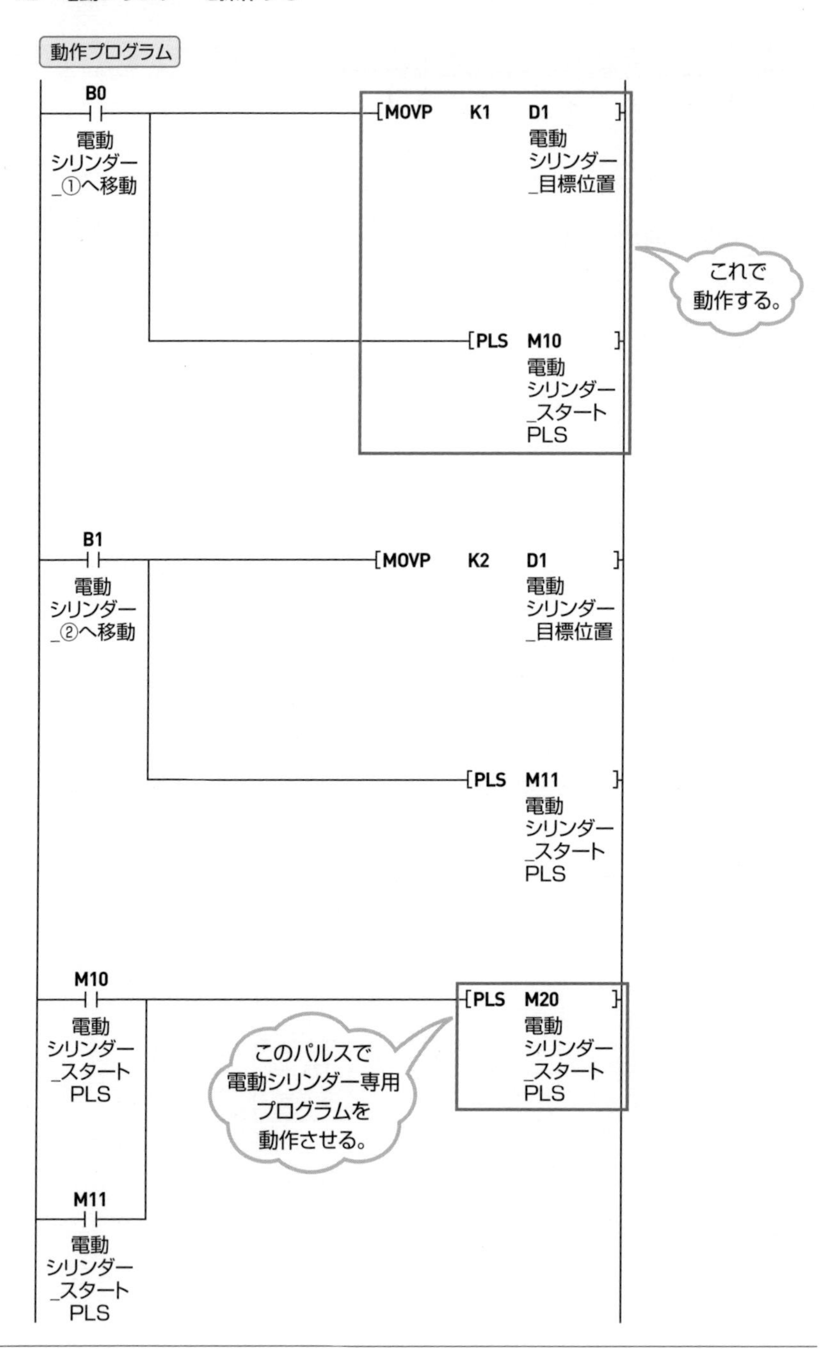
動作プログラム
B0
電動
シリンダー
_①へ移動
MOVP K1 D1
電動
シリンダー
_目標位置
PLS M10
電動
シリンダー
_スタート
PLS
これで
動作する。
B1
電動
シリンダー
_②へ移動
MOVP K2 D1
電動
シリンダー
_目標位置
PLS M11
電動
シリンダー
_スタート
PLS
M10
電動
シリンダー
_スタート
PLS
PLS M20
電動
シリンダー
_スタート
PLS
このパルスで
電動シリンダー専用
プログラムを
動作させる。
M11
電動
シリンダー
_スタート
PLS

7-13

I/Oチェックを行う

プログラムを書き込む前に、I/Oチェックを行ってください。いくらプログラムが正しくても、I/Oの設定を間違えていると正常に動作しません。また、動かすものによっては大変危険でもあるため、I/Oチェックを必ず行います。

入力の確認

入力の確認は簡単にできます。シーケンサーの電源を投入してセンサーなどを動作させるだけです。シーケンサーのRUN/STOPスイッチは必ずSTOP側にして、停止させてください。

エアシリンダーなどは、エアが入っていると手で押したりして動作させることは困難です。一度エアを抜いて、手で動作させられるようにしておきます。この状態でシリンダーを動かし、シリンダーセンサーをONさせます。するとシーケンサーに信号が入るので、モニタして確認します。

I/O表と照らし合わせて、すべての入力に対して確認してください。間違いがあれば、配線かI/O表を修正してください。センサーは反応しているのに、シーケンサーに入力されない、配線はつながっているのになぜ？　となる場合があるかもしれません。そのときは、センサーの電源がシーケンサーとは別の電源で駆動しているかもしれません。センサーを駆動している電源のマイナスとシーケンサーのCOMを接続してください。

出力の確認

出力の確認はデバイステストで行います。メニューの［オンライン］➡［デバッグ］➡［デバイステスト］から開けます。この画面から出力を強制的にONにして動作確認を行います。このとき、シーケンサーは必ずSTOP状態にしてください。プログラムが入っている場合、1スキャンしか出力できない場合があるからです。

プログラム作成に慣れてくると、あらかじめプログラムを書き込んでおき、ショートカットキーで出力テストをすることも可能です。慣れてきたら行ってください。

デバイス一括モニタ

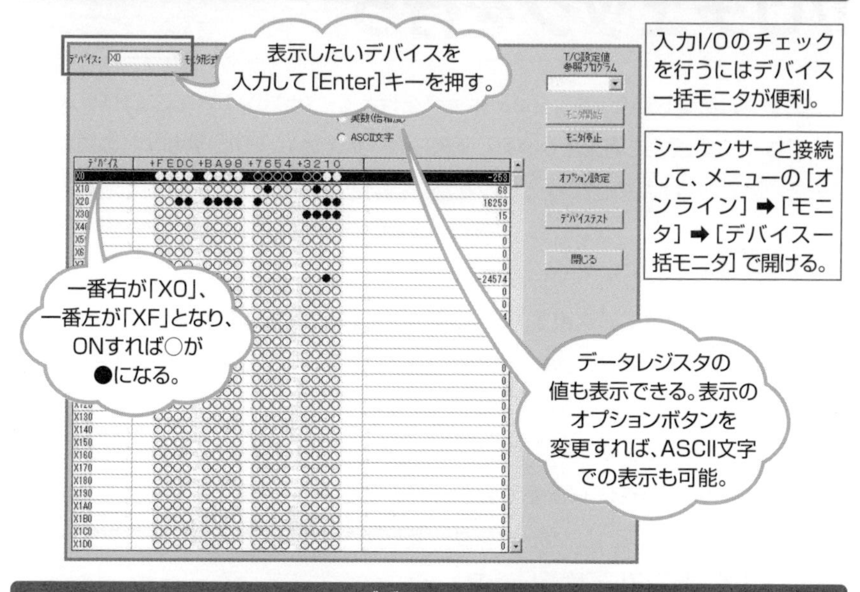

入力I/Oのチェックを行うにはデバイス一括モニタが便利。

シーケンサーと接続して、メニューの[オンライン]➡[モニタ]➡[デバイス一括モニタ]で開ける。

デバイステスト

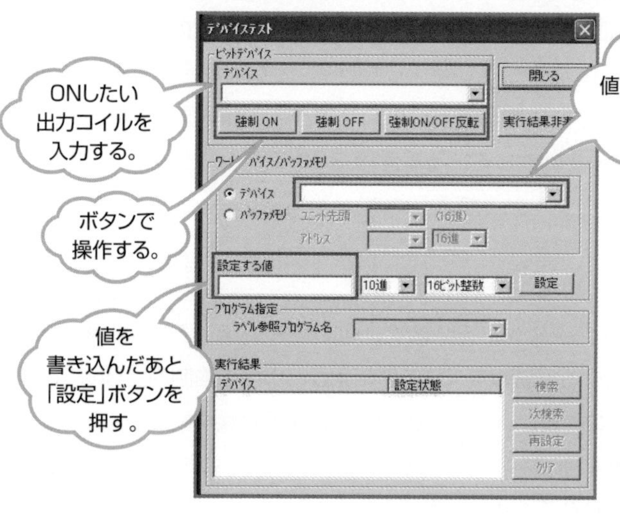

出力I/Oのテストをする場合、デバイステストが便利。このとき、CPUはSTOP状態にする。RUN状態だと、プログラムが動作しているため、1スキャン後にプログラムによってOFFされる。

シーケンサーと接続して、メニューの[デバッグ]➡[現在値変更]で開ける。

7-14

シーケンサーへの書き込みと検証

プログラムがある程度できたら、実際にシーケンサーに書き込んでみます。机上では動作するように作ったつもりでも、実際にシーケンサーに書き込んで動作させると、思ったとおりに動かないことがほとんどです。

シーケンサーへの書き込み

プログラムがある程度でき上がったら、実際にシーケンサーに書き込んで動作確認を行います。

最初に、シーケンサーのRUN/STOPスイッチをSTOP側に倒してください。RUN状態からでも、リモートでSTOP状態にして書き込めますが、最初のうちは危険であるため、慣れるまでは、一度、STOP状態にして書き込んでください。

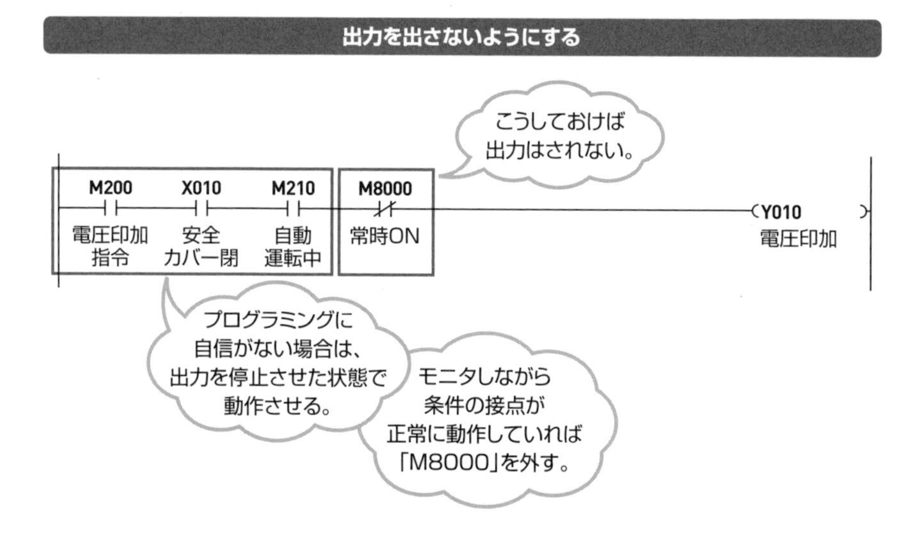

プログラミングに自信のない人は、最初のうちはシーケンサーの「常時ON」接点などにより、出力コイルが動作しないようにしておきます。ブザーやランプなどは、特にこのようなことはしなくてもよいのですが、シリンダーなどは、突然、予定外の動作をすると大変危険であるため、よく確認したうえで出力を出すようにしてください。

次にRUN/STOPスイッチをRUN側に倒します。

動作とデバッグ

いよいよプログラムを動かしていきます。モニタモードにして回路状態をモニタしながら、自分が考えた動作どおりに動いているかを確認します。ここからの作業は非常に大変ですが、モニタしながら1つずつ修正していきます。

手動回路がすべて動作したら、自動回路を動作させてみます。回路が間違っていると、突然動作しなくなったりします。モニタしてどの条件が入っていないかを確認し、修正していきます。このような作業を**デバッグ**と呼びます。

デバッグ中は、タイムオーバーなどのエラーはキャンセルしておきます。**タイムオーバー**とは、各動作時間を測定し、動作が異常に長い場合、エラーを出して設備を停止させる回路です。タイムオーバーなどの異常回路は、基本的に最後に作成しても問題ありません。

正常に動作したら、最後に“いじわるテスト”をしてみます。通常動作ではありえないことをします。このテストをクリアすれば完成です。

タイムオーバーとは

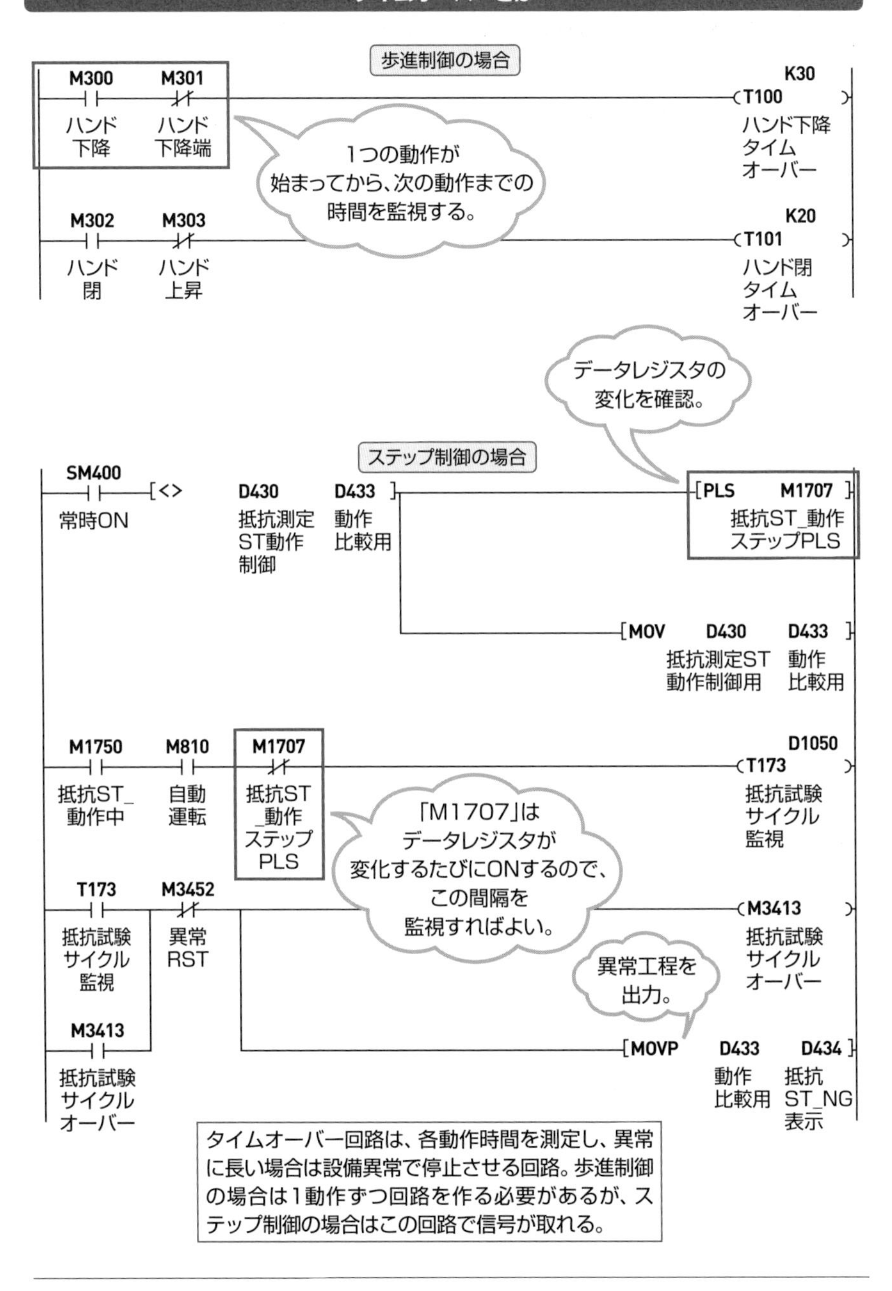

タイムオーバー回路は、各動作時間を測定し、異常に長い場合は設備異常で停止させる回路。歩進制御の場合は1動作ずつ回路を作る必要があるが、ステップ制御の場合はこの回路で信号が取れる。

7-15 プログラムの質

同じ動作をするプログラムでも、良いプログラムと悪いプログラムがあります。他の人が見てわかりやすいプログラムが、一般的に良いプログラムといわれます。

わかりやすく描く

プログラムは、きれいに描くことを心がけてください。それぞれのユニットごとにプログラムを分けて、条件などの回路は、ユニットの先頭にまとめておきます。出力用の回路は、プログラムの最後の方にまとめます。部屋の中を片付けるように、プログラムの並べ方もそろえておきます。

プログラムは、動作の順に描くようにしてください。そして大切なことは、自分がわかるプログラムを描いてください。自分勝手なプログラムを描くという意味ではなく、最低限、自分がわからないと、他の人はわからないからです。

バグは隠すな

プログラムは人が作る以上、誤りが発生します。この誤りを**バグ**といいますが、通常、デバッグ時にほとんどのバグは修復できます。厄介なのは、何らかのタイミングによって、通常とは違う動作をするバグです。100回動作させて通常と違う動作を1回するようなバグの場合、すぐには原因がわからないことも少なくありませんが、プログラムをモニタしながらバグを探してください。必ず原因があるはずです。

プログラムの作成方法によってもバグが発生します。例えば、設備の異常を解除する**異常リセットボタン**。通常、この異常リセットボタンで、異常発生時の自己保持コイルを解除します。この解除条件の設定によっては、異常発生中のときしか異常リセットが効かない場合があります。

異常を解除するのだから、異常発生中のときに動作をするのは正しいことです。しかし、プログラム上で何らかの条件で異常発生中の状態を表すコイルが切れてしまい、自己保持だけが残ってしまった場合、この自己保持は解除できなくなってしまいます。異常発生時に自己保持を解除するためだけの異常リセットボタンであれば、条件なしで問題ありません。

異常リセットでの自己保持解除

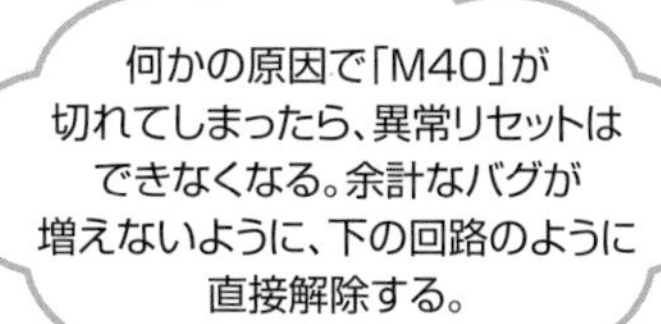

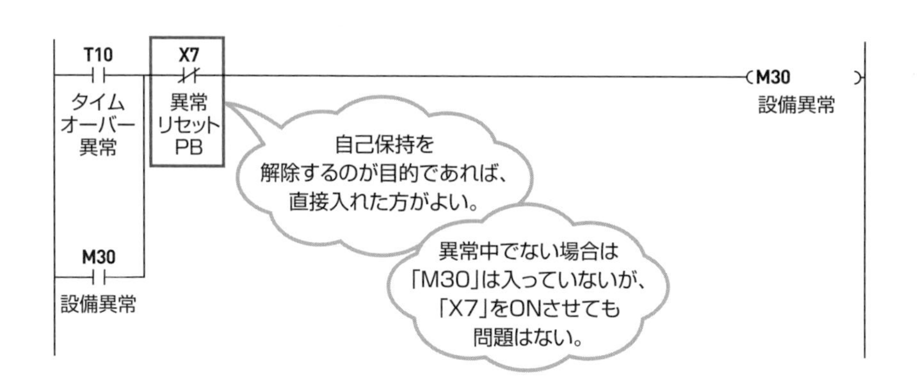

7-16

バッファメモリアクセス

ここでは特殊ユニットがどのようなものか簡単に説明したうえで、特殊ユニットとのやりとりに使うバッファメモリについて少し説明しておきましょう。

特殊ユニット（インテリジェント機能ユニット）

シーケンサーには、**特殊ユニット**（インテリジェント機能ユニット）と呼ばれるユニットを取り付けられます。通常の入出力ユニットでは、シーケンサーCPU内のプログラムが出力「Y」を出力すれば、出力ユニットに出力されますし、入力ユニットから信号の入力があれば、CPU内のプログラムに直接反映されました。

特殊ユニットになると少し状況が変わってきます。入力ユニットでは入力されたビットをそのままCPUに渡すだけですが、特殊ユニットは自分である程度のデータ処理をします。そして、処理されたデータは、特殊ユニット自身のバッファメモリに保存されます。

例えば、シリアル通信ユニット（シリアルコミュニケーション）を使用し、外部の機器と通信します。外部機器からデータが転送されてくると、シリアル通信ユニットは転送されたデータを処理し、人間が理解できるように数値化し、バッファメモリに保存してくれます。

データがバッファメモリに保存されたら、「データがありますよ」という信号が特殊ユニットから送られてきますので、それを監視して、バッファメモリ内のデータをCPUへ転送するかたちになります。

バッファメモリ

バッファメモリは、特殊ユニット自身が持っているメモリです。特殊ユニットで処理されたデータは、このバッファメモリを通してCPUに入ってきます。

バッファメモリからデータをCPUへ読み込むには、「FROM」命令を使用します。特殊ユニットにもI/Oがあり、バッファメモリにデータがある場合、特殊ユニットが装着されている割り当ての「X」がONになることで教えてくれます。同じように「Y」もあり、特殊ユニットに何か動作させたい場合は、「Y」を出力します。

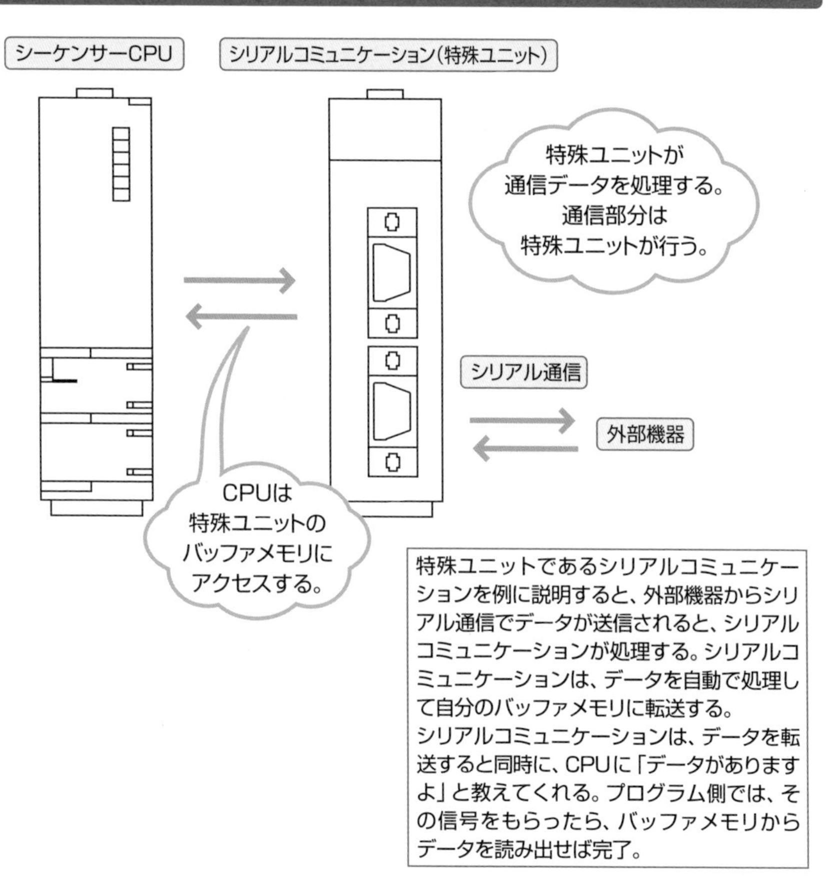

バッファメモリへのアクセス命令

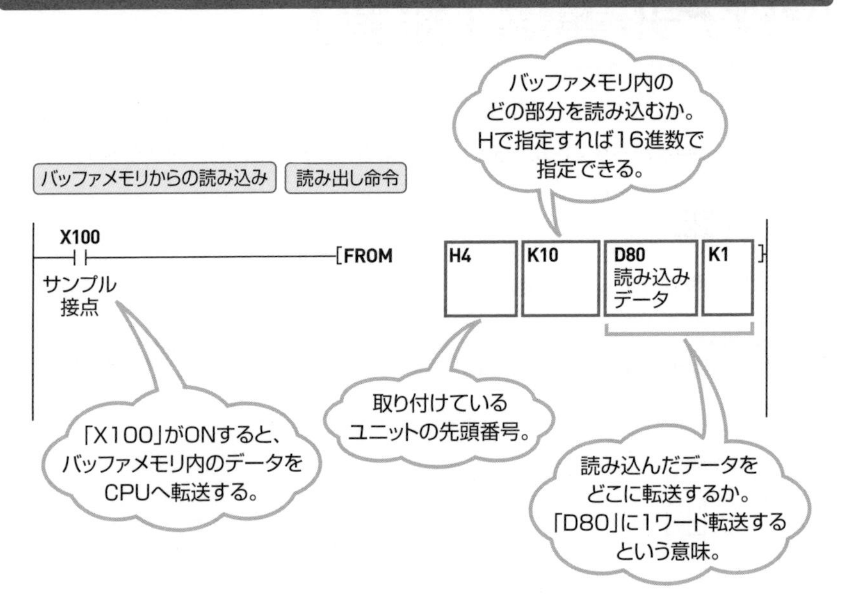

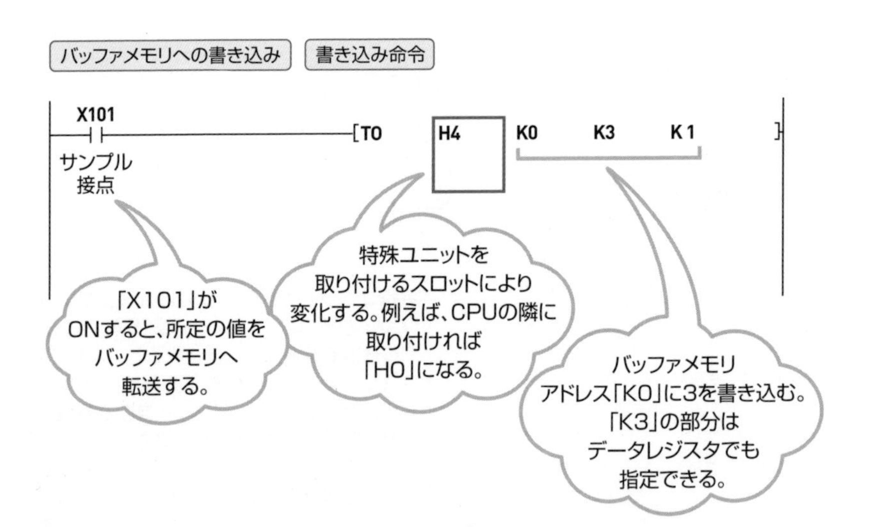

7-17

シリアル通信（概要）

シリアルコミュニケーションを使用して、RS-232Cという規格によるシリアル通信を行います。通信相手からたくさんのデータが取得できますので、幅広い制御が行えます。

シリアル通信

RS-232C規格によるシリアル通信について、必要最低限の説明を行います。シリアルコミュニケーションには、次ページ上図のようなD形のコネクタが付いています。これは**D-sub 9ピン**と呼ばれるコネクタで、このコネクタ内の信号線で通信します。一般に**シリアルポート**と呼びます。

配線図の2番ピンのRX（RD）が受信用、3番ピンのTX（SD）が送信用となります。左側からの送信TXを右側の受信RXに接続します。これで左からの送信データを右側で受信できます。反対側も同じように接続します。このような接続を**クロス接続**と呼び、このケーブルを**クロスケーブル**と呼びます。

次ページの結線図では1番ピンを除くすべての接続をしていますが、実際に使用する接続については接続機器のマニュアルを参考にしてください。2番ピン、3番ピン、5番ピンは必ず接続するかたちになりますが、その他の配線については省略されることが多いです。

通信設定を行う

通信線の配線ができたら、通信設定を行います（次ページ下図）。ここでは無手順方式で通信します。**無手順**とは、お互いの機器同士が送信や受信の確認をせず、一方的に送信する方式です。データのチェックなどはしないので信頼性は下がりますが、手軽にできるためよく使用されています。

通信設定としては、通信速度、データビットなどの設定を行います。それぞれの設定の内容までは説明しませんが、お互いの機器が同じ設定であれば通信できます。

シリアルコミュニケーションに接続する機器の通信設定に合わせて、シリアルコミュニケーションの設定を行います。通信設定はスイッチ設定から行います。PCパラメータ内の［I/O割付設定］➡［スイッチ設定］のボタンを押せば、設定できます。

配線方法（ピンアサイン）

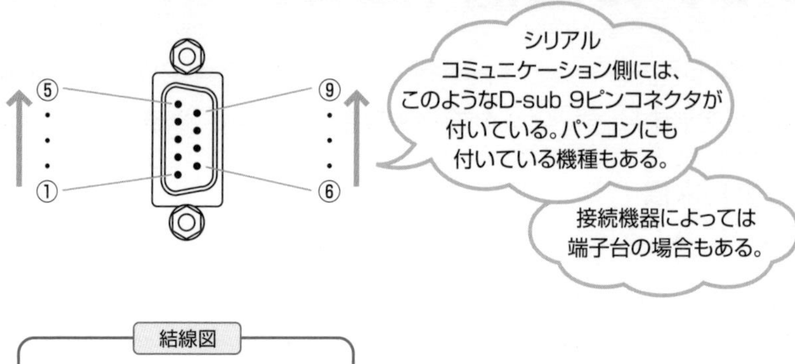

結線図

(D-Sub 9ピン メス)	(D-Sub 9ピン メス)
RX(RD)②	RX ②
TX(SD)③	TX ③
DTR(DR)④	DTR ④
GND(SD)⑤	GND ⑤
DSR(ER)⑥	DSR ⑥
RTS(RS)⑦	RTS ⑦
CTS(CS)⑧	CTS ⑧

接続には
基本的に②③⑤を
使用する。残りの配線は
接続機器のマニュアルを
参考にする。

スイッチ設定

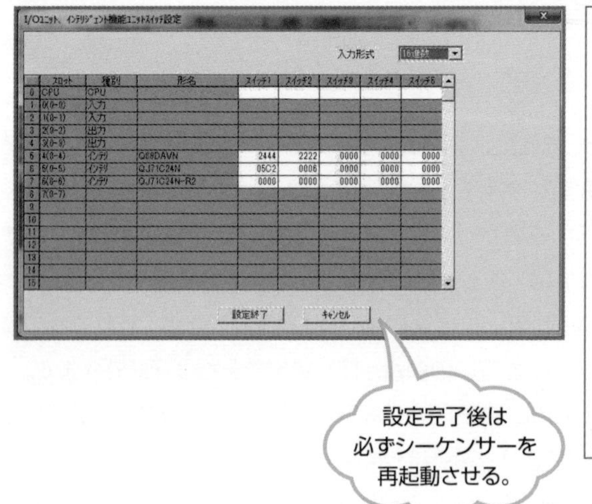
I/Oユニット、インテリジェント機能ユニットスイッチ設定

入力形式 16進数

	スロット	種別	形名	スイッチ1	スイッチ2	スイッチ3	スイッチ4	スイッチ5
0	CPU	CPU						
1	0(0-0)	入力						
2	1(0-1)	入力						
3	2(0-2)	出力						
4	3(0-3)	出力						
5	4(0-4)	インテリ	Q68DAVN	2444	2222	0000	0000	0000
6	5(0-5)	インテリ	QJ71C24N	05C2	0006	0000	0000	0000
7	6(0-6)	インテリ	QJ71C24N-R2	0000	0000	0000	0000	0000
8	7(0-7)							
9								
10								
11								
12								
13								
14								
15								

設定終了　キャンセル

設定例
スイッチ1と2が上のコネクタ、3と4が下のコネクタ用の設定。
スイッチ1：05C2
スイッチ2：0006
05は通信速度で9600bps
C2は
　動作設定⇒独立
　データビット⇒8
　パリティビット⇒なし
　奇数パリティ⇒どちらでも可
　ストップビット⇒1
　RUN中書込⇒許可
　設定変更⇒許可
0006は無手順。

7-18

シリアル通信（専用命令）

シリアルコミュニケーションへの配線と設定が完了したら、プログラムを作成します。バッファメモリへのアクセス命令の説明を先にしましたが、まずは専用命令にてデータを受信します。使用するCPUはQシリーズを想定しています。

プログラム（受信）

プログラム作成の前に通信設定を行ってください。PCパラメータのスイッチ設定を行い、PCパラメータをシーケンサーに書き込みます。書き込み完了後、シーケンサーを再起動させてください。シーケンサー起動時に通信設定は反映されます。

次ページのプログラム（受信方法）を説明すると、「D200」以降にあらかじめ設定を書き込んでおきます。「D200」以降というのは、一番下の[G.INPUT U0C D200 D210 M602]の部分で指定しています。

例えば、「D200」は受信チャンネルで、K1となっているので1チャンネル目を使用します。もう1つの232Cポートを使用する場合はK2とします。しかし、このままでは「D200」に値が入っただけなので、G.INPUT命令を実行するのです。

「X0DE」はバッファにデータが入ってきたらONします。つまり、データを受信したらONするので、「X0DE」を条件にデータを吸い出します。

このプログラムによって、RS-232Cでデータを受信するたびに、「D210」以降に受信データが入ってきます。ただし、注意しないといけないのは、入ってくるデータはASCIIコードです。相手機器が"3"を送れば、シーケンサーにはH33（Hは16進数）と入ってきます。必要であれば数値に変換します。

プログラム（送信）

シーケンサー側からデータ要求コマンドを機器に送ると、機器側からデータが送られてきます。このように、コマンドを送信することも可能です。この送受信データもASCIIコードであるため、処理が必要です。

データ送信は、G.INPUTをG.OUTPUTに変更すればいいのですが、送信用と受信用のデータレジスタとしては別々のアドレスを指定しておきましょう。

受信方法

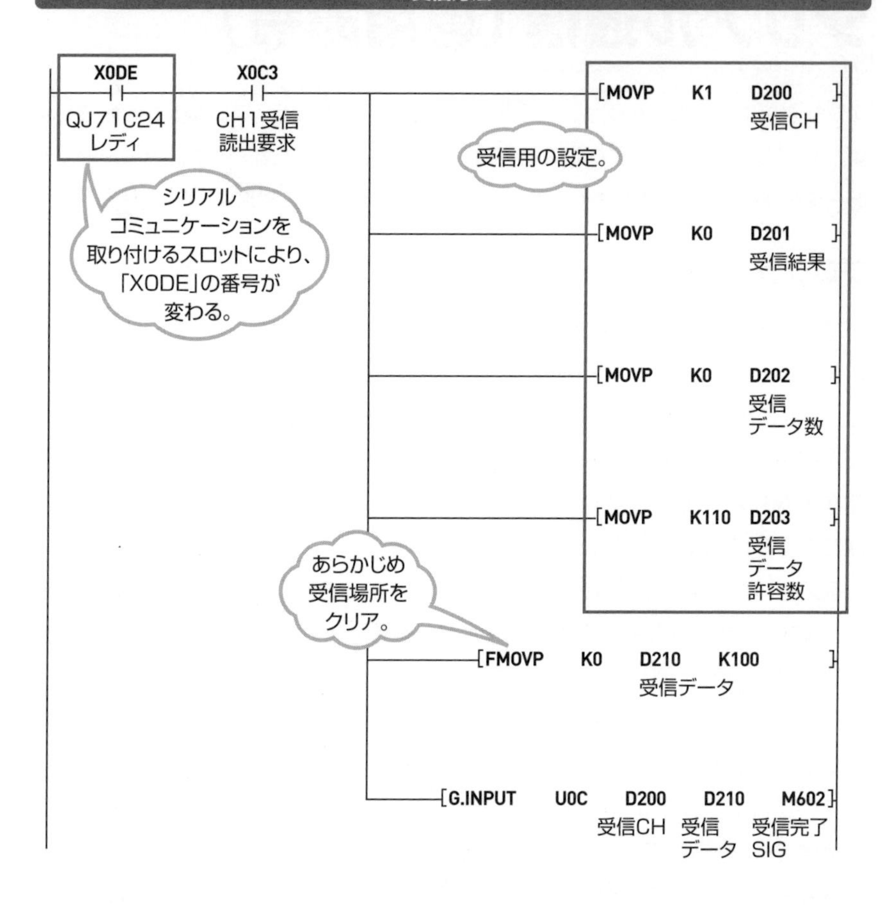

受信データは無条件にCPUに読み込んだ方がよい。受信に条件を付けるのであれば、一度CPUに読み込んで、そのデータを使うか破棄するかに条件を付ける。バッファがたまるとエラーとなるためである。

RS-232Cでデータを受信しても、直接はCPUに反映されない。シリアルコミュニケーションの中にはバッファ領域といって、データを一時的に保存する場所がある。RS-232Cでデータを受信すると、バッファ領域に一時的に保存される。このバッファ領域からデータを呼び出す必要がある。

送信方法

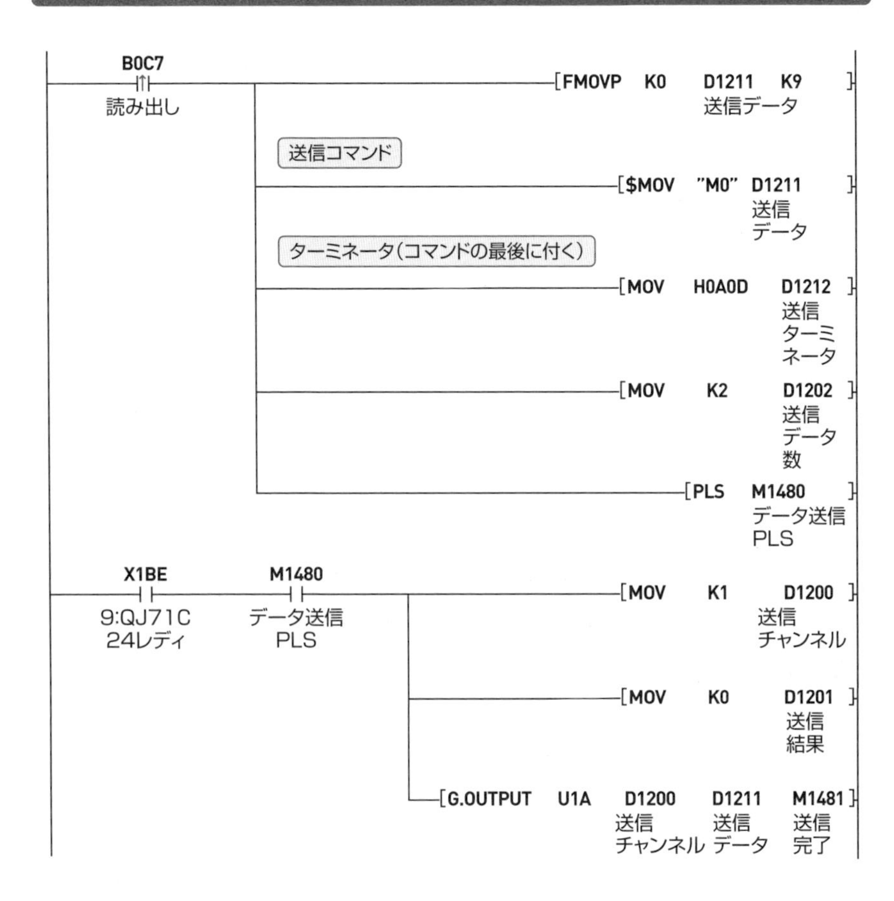

RS-232Cによる相手機器とのやりとりについて簡単にいうと、シーケンサーから見て、相手機器に対して「データをよこせ!」「設定を変えなさい!」などと命令している。この命令文は一般的に「コマンド」などと呼ばれている。

「D1211」以降の送信データをシリアルコミュニケーションのバッファメモリへ書き込む。書き込み後は、自動で外部に送信される。

送信ができない場合は、D-sub 9ピンの7番、8番を短絡させてみる。

7-19

シリアル通信（基本命令）

「TO」「FROM」命令は、**バッファメモリアクセス命令**と呼びます。前節では専用命令でバッファメモリからデータを読み込みました。ここでは、バッファメモリアクセス命令を使って、直接、バッファメモリからデータを読み込みます。基本的にどの特殊ユニットにも使用できる命令です。

通信設定

注意しないといけないのが、この命令の場合、バッファメモリのアドレスをあらかじめ調べておく必要があることです。これは特殊ユニットのマニュアルの仕様部分に載っていますので確認してください。

実際の機器を使用して説明します。ここで使用する機器は計算機リンクユニットです。Aシリーズを使用します。

Aシリーズにはシリアルコミュニケーションのような専用命令がないので、このバッファメモリアクセス命令でデータを受信する必要があります。また、Aシリーズの計算機リンクユニットには、スイッチ設定という項目はありません。ユニット表面にあるディップスイッチで通信設定を行うかたちになります。最初にディップスイッチで通信設定をします。モード設定スイッチ（丸いやつ）は無手順であれば「5」に設定しておきます。

設定の書き込み

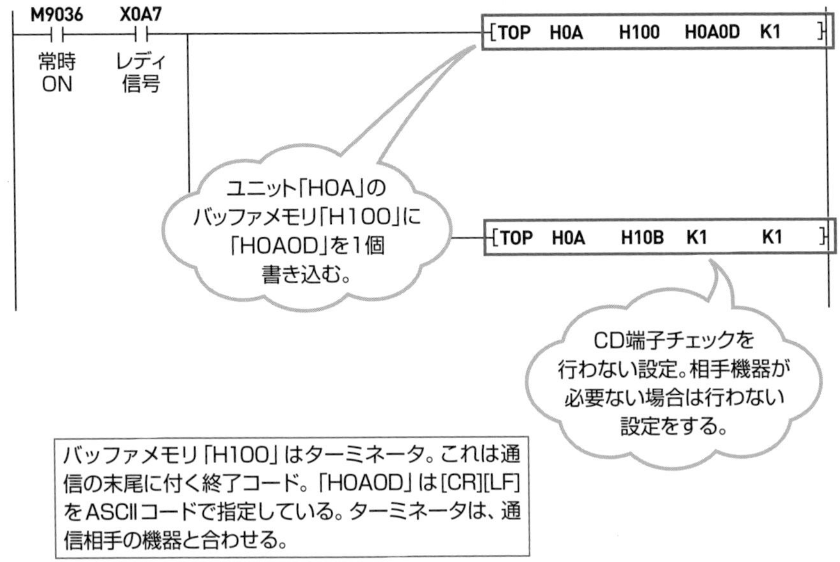

```
M9036   X0A7
─┤├────┤├──┬────────[TOP  H0A   H100   H0A0D  K1  ]
 常時   レディ  │
 ON     信号    └────────[TOP  H0A   H10B   K1     K1  ]
```

ユニット「H0A」のバッファメモリ「H100」に「H0A0D」を1個書き込む。

CD端子チェックを行わない設定。相手機器が必要ない場合は行わない設定をする。

バッファメモリ「H100」はターミネータ。これは通信の末尾に付く終了コード。「H0A0D」は[CR][LF]をASCIIコードで指定している。ターミネータは、通信相手の機器と合わせる。

送受信

外部機器がデータを送信してくると、計算機リンクユニットはデータを受信します。このとき、計算機リンクのバッファメモリに保存されるので、これを読み込まなければいけません。

次ページの図の最初のFMOV命令で、「D200」以降、50個のデータレジスタに"0"を書き込み、受信領域をクリアします。FROM命令で、バッファメモリのアドレスH80からデータを受信し、「D248」に転送しています。

これは、バッファメモリに読み込まれた受信データ数を先に読み込んでいるのです。その受信データ数をインデックスレジスタ（7-24節参照）の「Z」に書き込んでいます。

次のFROMで実際のデータを受信しています。バッファメモリのアドレス「H81」以降、データ受信数だけデータを受信して「D200」以降に転送しています。

最後に、計算機リンクに「受信しましたよ」と教えるために、「Y0B1」をONします。

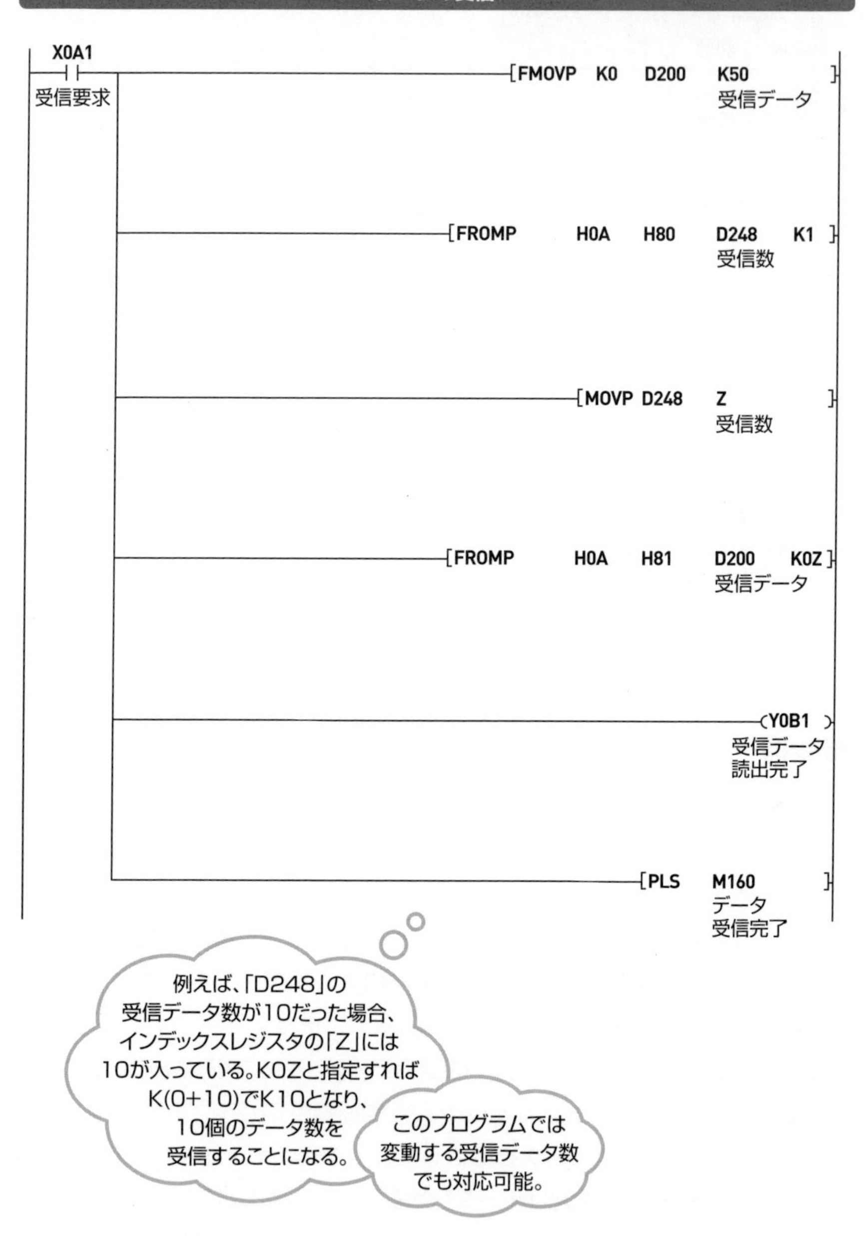
データの受信
X0A1
受信要求
FMOVP K0 D200 K50
受信データ
FROMP H0A H80 D248 K1
受信数
MOVP D248 Z
受信数
FROMP H0A H81 D200 K0Z
受信データ
Y0B1
受信データ
読出完了
PLS M160
データ
受信完了
例えば、「D248」の受信データ数が10だった場合、インデックスレジスタの「Z」には10が入っている。K0Zと指定すればK(0+10)でK10となり、10個のデータ数を受信することになる。
このプログラムでは変動する受信データ数でも対応可能。

7-20

アナログ変換（概要）

D/A変換とは、アナログ出力のことで、シーケンサー内のデジタル値をアナログ値として出力します。またA/D変換とはアナログ入力のことで、外部からのアナログ入力をデジタル値に変換してシーケンサー内で扱います。

アナログとは

押しボタンスイッチをイメージしてください。いままでの説明では、ボタンを押すとON、離すとOFFでした。中間位置はなく、押しボタンを押し込んでいくと、一定の位置でONになります。これを**デジタル**と呼びます。

アナログでは、ボタンを押し込んでもONになりません。押し込んだ量が出力されます。この量をシーケンサーに値として取り込むことを**A/D変換**といい、そのためのユニットをA/Dユニットと呼びます。例えば、ボタンがOFFのときは0、押し込んでいくと値が増加し、最後まで押し込むと値が4000となります。

通常の出力についても同じで、ONかOFFです。1～5Vの途中の値を出力したいとします。ここで登場するのが**D/A変換**であり、そのためのユニットがD/Aユニットです。D/Aユニットは出力値を滑らかに変動させることができます。

配線とパラメータ

次ページの回路図は、単純に回路の電流を測定する回路です。交流電源から負荷に電源が供給され、回路に最大100Aまでの電流が流れます。CTは電流を小さくするトランスで、電流の測定に使われます。CTは筒状になっていて、その中に電線を通します。電線に電流が流れたら、CTの二次側にも電流が流れます。

100Aの電流を流したら、CTの二次側には5Aの電流が流れます。つまり、元の電線の1/20の電流が流れます。この電流を測定するのですが、まだA/Dユニットには入力できないため、図のような接続を行います。

配線が終わったらスイッチ設定をします。[パラメータ] ➡ [PCパラメータ] ➡ [I/O割付設定] ➡ [スイッチ設定] で設定画面が表示できます。マニュアルに記載されていますので、内容をよく確認して設定しましょう。

アナログ入力の配線

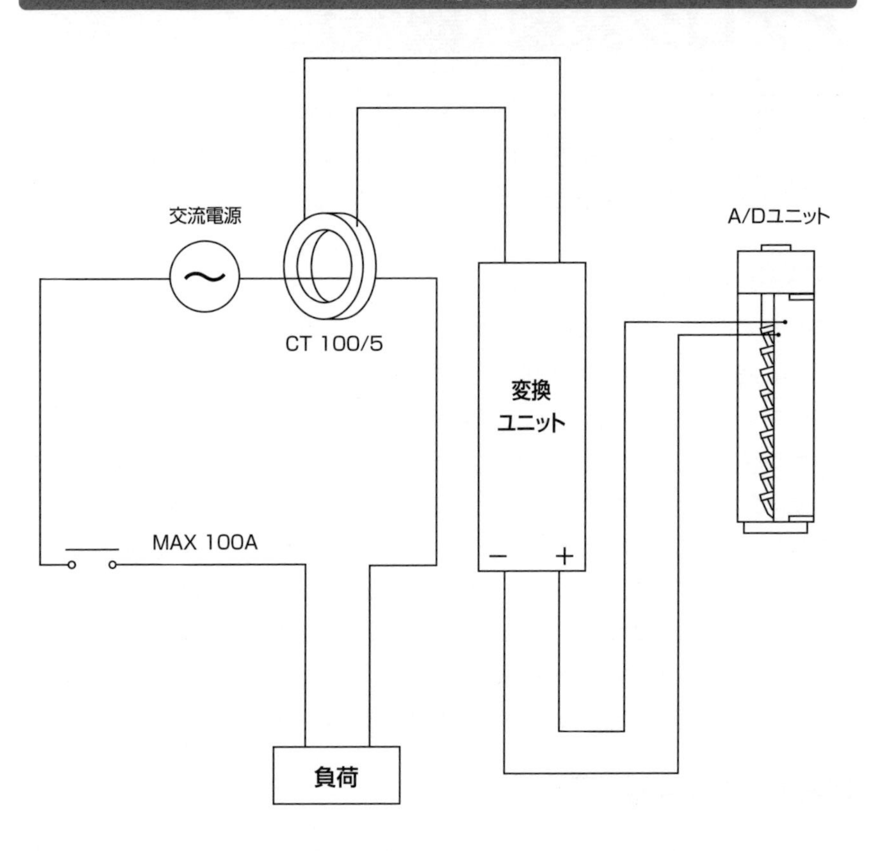

5Aでもまだ A/Dユニットには大きすぎる。CTで測定できるものは変化する交流。CTの二次側も交流が発生する。A/Dユニットには直流で入力するため、変換ユニットで変換する。

変換ユニットへの入力を交流で0〜5Aとし、出力で直流4〜20mA程度発生するものを選定しておく。A/Dユニットは電圧でも入力できるため、電圧に変換しても問題ない。A/Dユニットの仕様とレンジを確認して、設定に合ったユニットを取り付ける。

A/Dユニットのスイッチ設定

	設定項目
スイッチ1	入力レンジ設定 □□□□H CH4 CH3 CH2 CH1
スイッチ2	入力レンジ設定 □□□□H CH8 CH7 CH6 CH5
スイッチ3	アキ
スイッチ4	□□□□H 上位1桁：0H：通常モード（A/D変換処理）／1H～FH（0H以外の数値）：オフセット・ゲイン設定モード 2桁目：0H：通常分解能モード／1H～FH（0H以外の数値）：高分解能モード 下位2桁：00H：温度ドリフト補正あり／01H～FFH（00H以外の数値）：温度ドリフト補正なし
スイッチ5	0H：固定

アナログ入力範囲	入力レンジ設定値
4～20mA	0H
0～20mA	1H
1～5V	2H
0～5V	3H
−10～10V	4H
0～10V	5H
ユーザレンジ設定	FH

CH1が1～5V、CH2が0～5Vの場合はスイッチ1="0032"となる。

各チャンネルの入力レンジを設定する。入力レンジを「1H」の0～20mAに設定すれば、シーケンサーのプログラム内では0～4000の値で取り扱う。A/Dユニットへの入力が20mAのときは、シーケンサー内では4000の値が入ってくる。

8CHすべて0～20mAに設定するには、スイッチ1="1111"、スイッチ2="1111"、スイッチ3,5は0。スイッチ4は必要であれば設定。

7-21 アナログ変換(プログラム)

アナログ変換について、前節では、PCパラメータのスイッチ設定により初期設定を書き込みました。次はプログラムを作成します。

初期設定部分

プログラムは「TO」「FROM」命令でも可能です。ここでは、インテリジェント機能ユニットデバイスを使用します。「U4」はユニット番号なので、ユニットを差し込むスロットに合わせます。

最初の命令でユニットの4の「G0」に「H0EF」を書き込んでいます。どのチャンネルをA/D変換させるかの設定です。

次の命令の「G1」ですが、平均回数か平均時間を入れます。このプログラムでは、平均時間を入れています。平均時間を設定すると、一定時間の入力の平均値を返してきます。

最後の「G9」ですが、これは使用するチャンネルの「G1」~「G8」の設定を、平均回数にするか、平均時間にするかの設定です。先ほど「G1」に平均時間を入れたので、「G1」の部分を平均時間の設定にします。最後に「Y49」で設定を反映させます。設定が完了すれば「Y49」はリセットされます。

サンプルプログラム

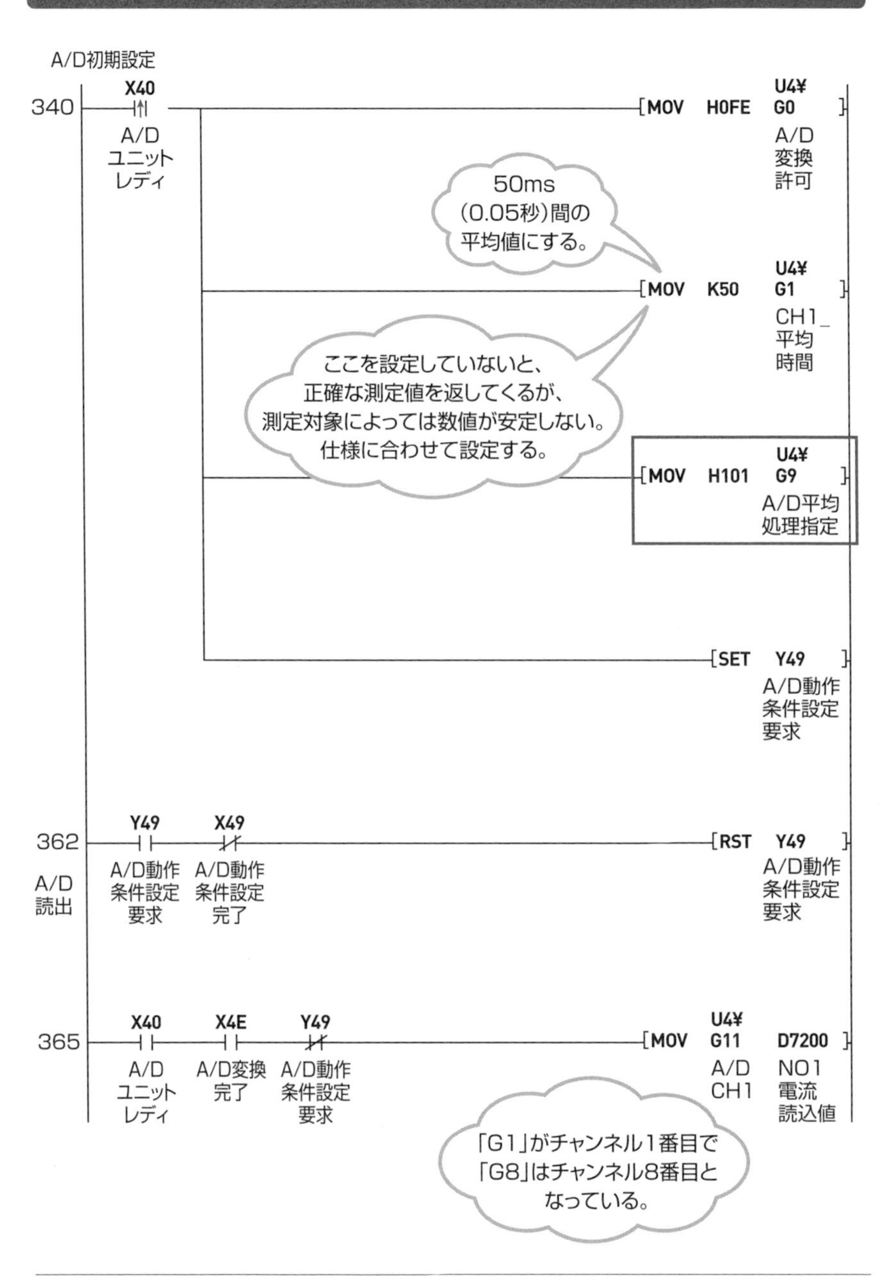
A/D初期設定
340
X40
A/D
ユニット
レディ
[MOV H0FE U4¥ G0]
A/D
変換
許可
50ms
(0.05秒)間の
平均値にする。
[MOV K50 U4¥ G1]
CH1_
平均
時間
ここを設定していないと、
正確な測定値を返してくるが、
測定対象によっては数値が安定しない。
仕様に合わせて設定する。
[MOV H101 U4¥ G9]
A/D平均
処理指定
[SET Y49]
A/D動作
条件設定
要求
362
A/D
読出
Y49
A/D動作
条件設定
要求
X49
A/D動作
条件設定
完了
[RST Y49]
A/D動作
条件設定
要求
365
X40
A/D
ユニット
レディ
X4E
A/D変換
完了
Y49
A/D動作
条件設定
要求
[MOV U4¥ G11 D7200]
A/D
CH1
NO1
電流
読込値
「G1」がチャンネル1番目で
「G8」はチャンネル8番目と
なっている。

値取得部分

値の取得は簡単です。チャンネル1番の値は「G11」に入っていますので、これを読み出すだけです。ここでは「D7200」に転送しています。注意が必要なのは、この値は電流値ではないことです。

例えば、測定回路に100Aが流れたとします。すると、CTの二次側には5Aが流れ、変換ユニットにより20mAに変換されます。A/Dユニットには20mAで入力されますので、実際に「D7200」に入ってくる値は4000となります。

D/Aユニットも基本的には、A/Dユニットと考え方は同じです。シーケンス内の値を外に出すのがD/Aユニットです。プログラムの考え方も基本的にはA/Dと同じで、入力と出力が逆になっているだけです。

「G9」の設定

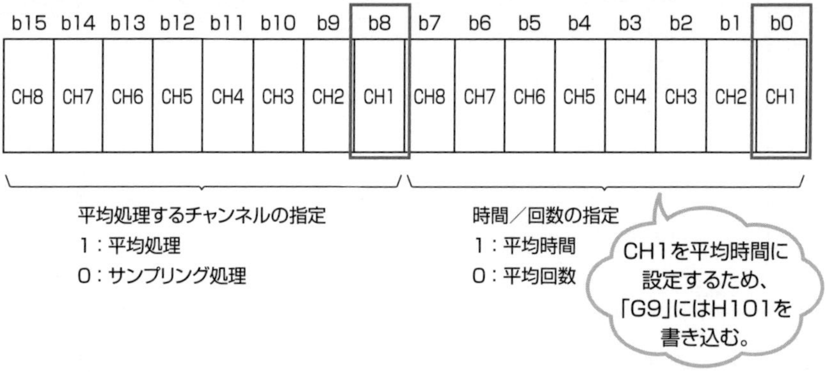

b15	b14	b13	b12	b11	b10	b9	b8	b7	b6	b5	b4	b3	b2	b1	b0
CH8	CH7	CH6	CH5	CH4	CH3	CH2	CH1	CH8	CH7	CH6	CH5	CH4	CH3	CH2	CH1

平均処理するチャンネルの指定
1：平均処理
0：サンプリング処理

時間／回数の指定
1：平均時間
0：平均回数

CH1を平均時間に設定するため、「G9」にはH101を書き込む。

0〜20mAの設定で20mA入力されるとPLC内では4000という値が入力されます。ここでは100A測定時に4000と入力された場合、4000を40で割れば実際の電流値になります。

7-22

構造化というテクニック

構造化という、少し難しそうな言葉が出てきました。構造化は、プログラムの作成方法です。近年、複雑化する傾向にあるプログラムをシンプルに作成できる方法です。

構造化

制御において同じ動作が複数ある場合、同じ動作をするプログラムを何回も描く必要があります。ねじ締め装置のプログラムは、ねじ締めを行う部分を何回も描く必要があり、大変です。構造化されたプログラムでは、このねじ締めの部分を別の場所に描き、メインプログラムから実行するのみとなります。この、別の場所に描いたプログラムを**サブルーチン**と呼びます。メインのプログラムはふつうにスキャン（演算）していますが、サブルーチン部分はプログラム「END」外にあるため、通常はスキャンしません。命令を実行したときのみスキャンするため、スキャンタイム短縮にもなります。構造化では、細かい動作部分を1つのプログラムとして作成します。もっとわかりやすくいうと、専用の動作命令を作成するというイメージです。

引数と戻り値

構造化の方法を実用的に使用するには、引数と戻り値を理解しておく必要があります。あるサブルーチンに値を与えて演算を実行させます。演算が終わると答えが返ってきます。与える値を**引数**（ひきすう）、返ってくる答えを**戻り値**（もどりち）と呼びます。

サブルーチン：a+100=b

例えば、上のようなサブルーチンがあるとします。aに10を代入してサブルーチンを実行すれば、bに110が入ります。このaに代入する10という値が引数で、答えの110が戻り値となります。

プログラムは先頭から演算していき、ENDで先頭に戻ります。サブルーチンを描くときはENDの前にFENDと書きます。プログラムはFENDで先頭に戻ります。このFENDとENDの間にサブルーチンのプログラムを描くのです。この場合、回路の左側に「P0」のように「P+番号」を付けてください。

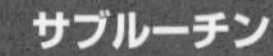
サブルーチン

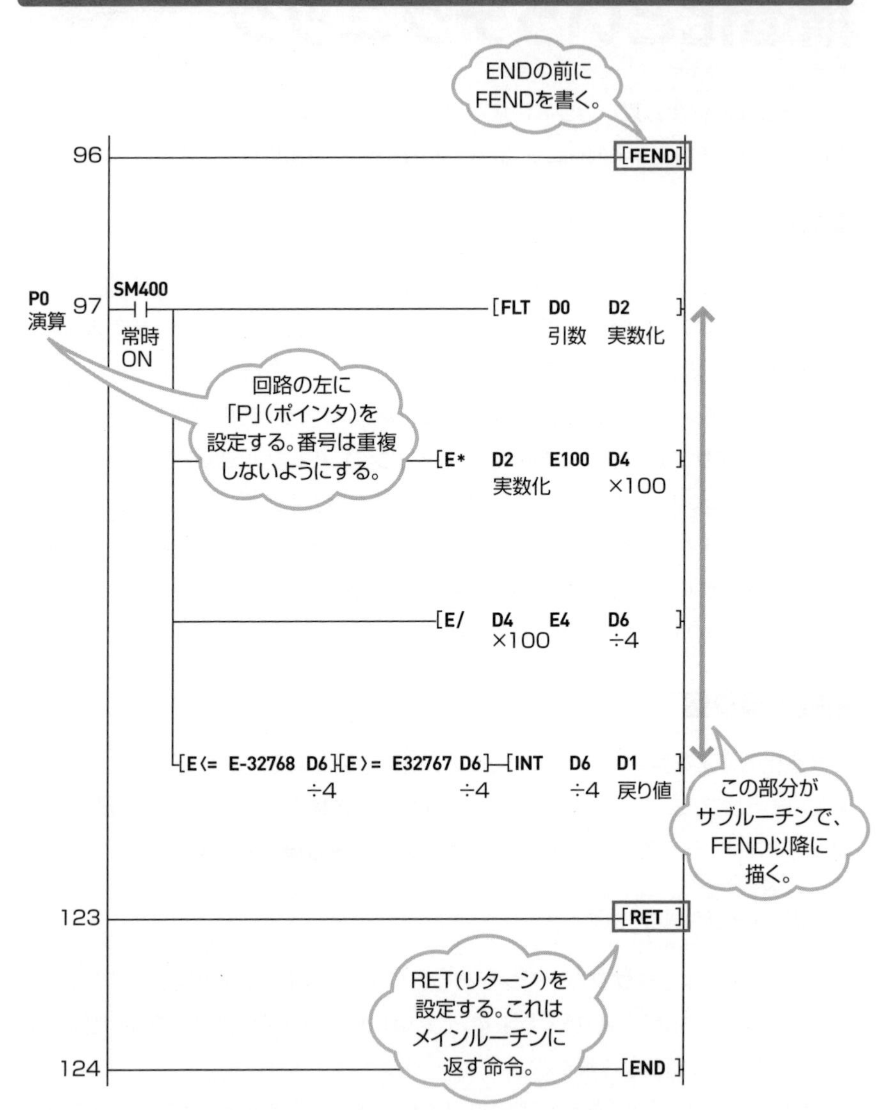
ENDの前に
FENDを書く。
96
[FEND]
P0
演算
97
SM400
常時
ON
[FLT D0 D2]
引数 実数化
回路の左に
「P」(ポインタ)を
設定する。番号は重複
しないようにする。
[E* D2 E100 D4]
実数化 ×100
[E/ D4 E4 D6]
×100 ÷4
[E<= E-32768 D6][E>= E32767 D6]-[INT D6 D1]
÷4 ÷4 ÷4 戻り値
この部分が
サブルーチンで、
FEND以降に
描く。
123
[RET]
RET(リターン)を
設定する。これは
メインルーチンに
返す命令。
124
[END]

メインルーチン

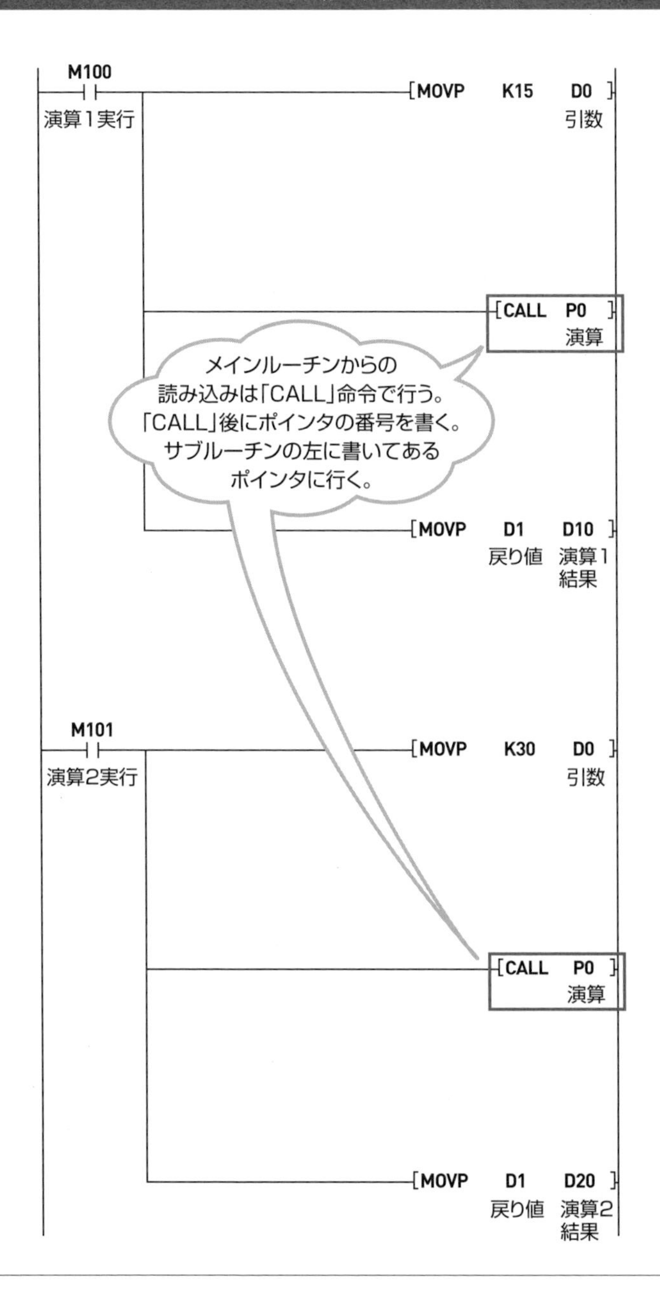
M100
演算1実行
[MOVP K15 D0]
引数
[CALL P0]
演算
メインルーチンからの
読み込みは「CALL」命令で行う。
「CALL」後にポインタの番号を書く。
サブルーチンの左に書いてある
ポインタに行く。
[MOVP D1 D10]
戻り値
演算1
結果
M101
演算2実行
[MOVP K30 D0]
引数
[CALL P0]
演算
[MOVP D1 D20]
戻り値
演算2
結果

7-23 プログラムを構造化する

前節のねじを締める動作を例とし、実際にプログラムを作成します。CALL（サブルーチンコール）命令は使用せず、手軽に使用してみたいと思います。

ねじ締め部分の構造化

ねじを締める例で考えてみます。ねじを締めるポイントにドライバーが移動したら、ドライバーを下降させてねじを締めにいきます。このとき、ねじ締めをする対象の高さ、ねじの種類が同じであれば、動作はまったく同じになります。この、ねじを締めるという動作部分を構造化します。ここでは説明用に単純化するため、ねじについては、ドライバービットの先端に自動的に装着されるものとします。

今回行う構造化は、CALL命令を使用してサブルーチンをプログラム外に描くのではなく、ねじ締め動作のプログラムを手軽に使用できるように、そのままプログラムの中に描きます。そのため、この部分も毎回スキャンされますので、高速な試験を行う設備などでは不向きとなります。

プログラムのイメージ

サンプルのプログラムなのでそのままでは使用できませんが、雰囲気がわかればいいと思います。「M0」から動作が始まって「M2」がねじ締め開始となります。「M2」の接点は少し下にあり、「M310」のパルスを出しています。このパルスによってねじ締め動作を行います。

ねじ締め動作が完了したら、「M320」が0.1秒ONします。「M320」をメイン側の制御に返すとメインのステップは進む仕組みになっています。このねじを締める動作は1回しか描いていません。この部分を何回も使用しています。

今回はCALL命令を使用していませんが、これが構造化であり、メイン制御側がだらだらと長くなって読みにくくなるのを防ぐ描き方です。

さらに、ねじ締め動作を変更したい場合、構造化した部分だけを変更すればすべてのねじ締め動作を変更できるので大変便利です。作成するときもデバッグするときも便利なので、積極的に使っていきましょう。

サンプルプログラム

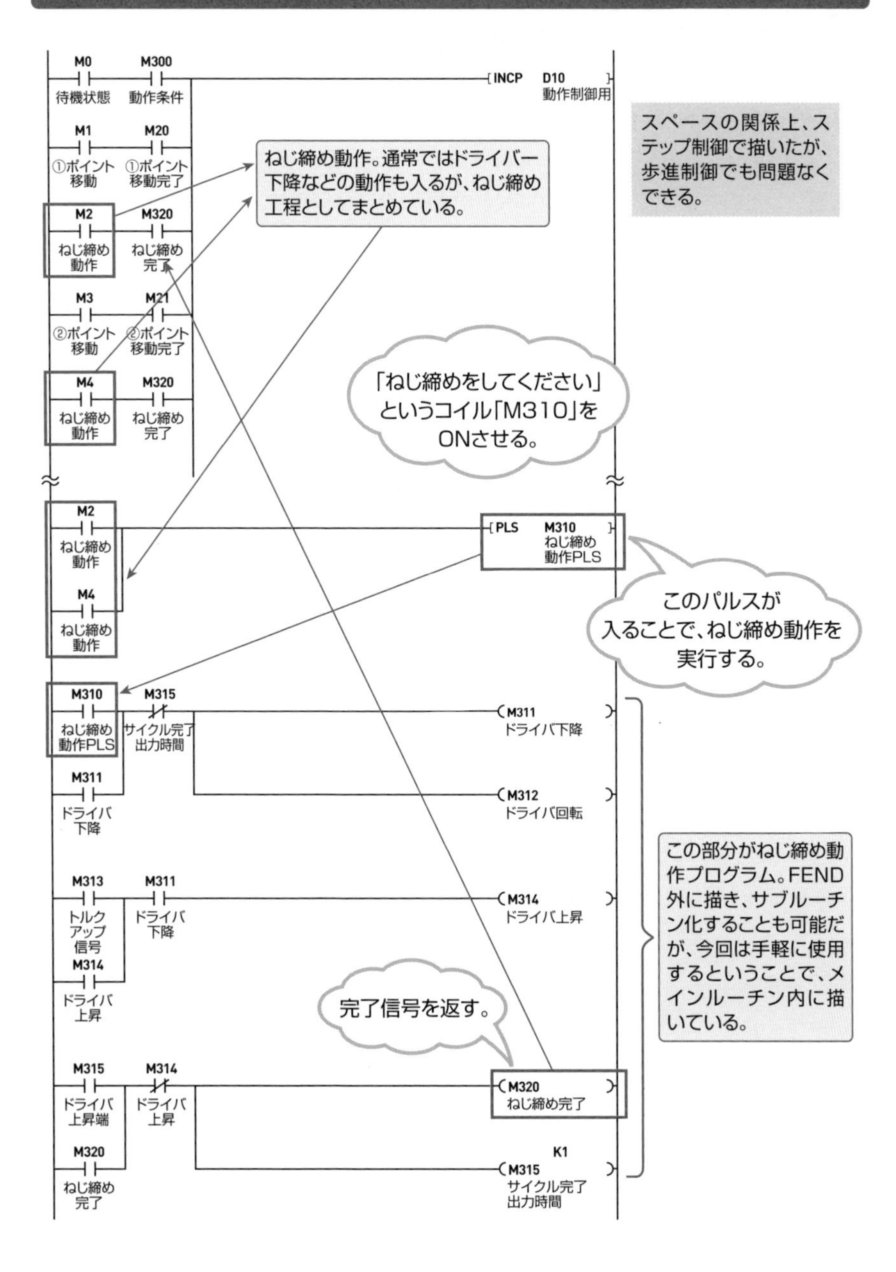
M0
待機状態
M300
動作条件
INCP D10
動作制御用
M1
①ポイント移動
M20
①ポイント移動完了
M2
ねじ締め動作
M320
ねじ締め完了
M3
②ポイント移動
M21
②ポイント移動完了
M4
ねじ締め動作
M320
ねじ締め完了
ねじ締め動作。通常ではドライバー下降などの動作も入るが、ねじ締め工程としてまとめている。
スペースの関係上、ステップ制御で描いたが、歩進制御でも問題なくできる。
「ねじ締めをしてください」というコイル「M310」をONさせる。
M2
ねじ締め動作
M4
ねじ締め動作
PLS M310
ねじ締め動作PLS
このパルスが入ることで、ねじ締め動作を実行する。
M310
ねじ締め動作PLS
M315
サイクル完了出力時間
M311
ドライバ下降
M311
ドライバ下降
M312
ドライバ回転
M313
トルクアップ信号
M311
ドライバ下降
M314
ドライバ上昇
M314
ドライバ上昇
この部分がねじ締め動作プログラム。FEND外に描き、サブルーチン化することも可能だが、今回は手軽に使用するということで、メインルーチン内に描いている。
完了信号を返す。
M315
ドライバ上昇端
M314
ドライバ上昇
M320
ねじ締め完了
M320
ねじ締め完了
K1
M315
サイクル完了出力時間

7-24 インデックス修飾

インデックス修飾は、データ処理などを多用する場合に大変便利な機能です。データレジスタの値を変更することは簡単ですが、データレジスタの番号の変更は、どうでしょう？　それを可能にしてくれるのがインデックス修飾です。

インデックスレジスタ

マニュアルには、「インデックス修飾は、インデックスレジスタを使用した間接設定です」と記載されています。難しく書いていますが、実際に使ってみれば簡単です。データを扱うことが多い場合に、使用するとよいでしょう。

データレジスタの値を変更することは簡単です。では、データレジスタのデバイス番号（要素番号）を変更することは可能でしょうか。例えば、プログラム上では「D0」と指定していますが、この「D0」を「D3」や「D100」のようにいろいろなアドレスに変更することができるのです。これを可能にする機能がインデックス修飾であり、そのために使うものが**インデックスレジスタ**となります。

データレジスタは「D」ですが、インデックスレジスタは「Z」を使用します。値はデータレジスタのように使用でき、MOVで書き込みができます。使い方も簡単で、まず、[MOVP K3 Z1]として「Z1」のインデックスレジスタに3を書き込みます。そして、「D0Z1」のように対象のデータレジスタの後ろに続けて、インデックスレジスタを書けば、「D0Z1」=「D3」のことになります。

[MOVP K1 D0Z1]と書き、「Z1」の値をあらかじめ設定して書き込めば、条件によっていろいろなアドレスに変更でき、書き込み先のデータレジスタのアドレスを変更できます。

インデックスレジスタ

[MOV K3 Z1] の命令で Z1 の値を 3 にする。
「D0Z1」のように、「D0」のあとに「Z1」を続けて書く。
すると…

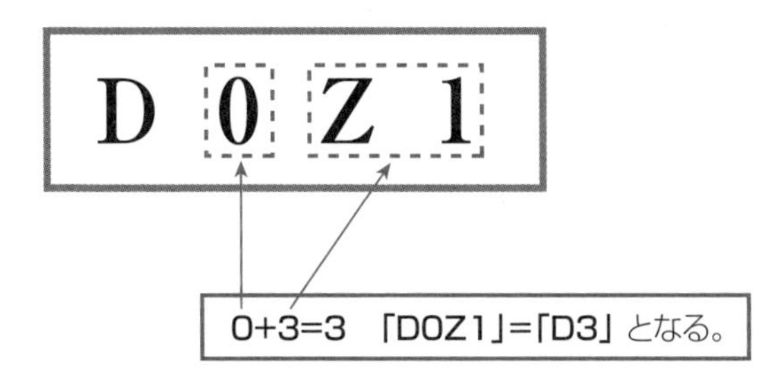

データレジスタだけでなく、内部リレーに対しても使用可能。「M0Z1」などのように書く。「Z1」の値が100なら「M100」を指定したことと同じになる。
「M1Z0」ならば、「M1」のアドレス部分である1と「Z0」の値を足すかたちとなる。例えば「Z0」の値が10であれば「M11」となる。「Z」も0から始まって、CPUにより上限はあるが、複数個が用意されている。機種によっては「V」も使用できる。

使用方法

ここまでの説明だけでは、使う必要は特にないように感じます。簡単な使用方法について、先ほどの構造化で使用したねじ締め動作を例に説明します。

大量のデータを処理する場合、プログラムがとても簡単に作成できますので、いまは使う必要がなくても、「このような機能がある」ということを覚えておいてください。

インデックスレジスタの使用例

回路図は、ねじ締め機を操作する回路の一部である。制御するねじ締め機は、シーケンサーからスタート信号を入れると、ねじを10箇所順番に締めていくとする。現在、何番目のねじを締めているかという情報は「D0」に入るとする。
ねじ締め機が動作している間は「X10」が入る。各ポイントのねじ締めが正常に完了した場合は「X11」に、ねじ締め不良となった場合は「X12」に、信号が0.5秒程度入ってくるとする。

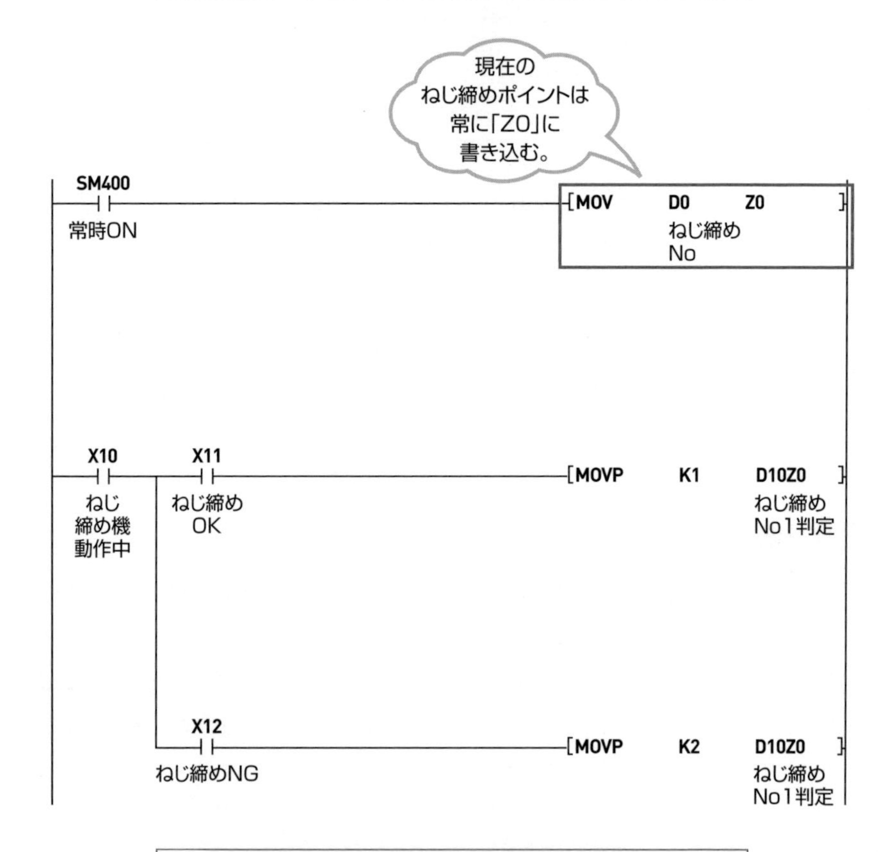

ねじ締めOKのときは1を、NGのときは2を書き込む。上記の回路のようにする。すると、1番目のねじ締め情報は「D11」に入り、2番目のねじ締め情報は「D12」に入る。インデックスレジスタを付けているため、順番に振り分けられる。

7-25

インデックス修飾の使用方法

インデックス修飾を実用的に使用してみます。ただし、使用状況は限られているため、無理に使用する必要はありません。必要になったとき使用してください。

データを並べる

1台の設備を1種類の製品加工のみに使うこともありますし、複数の機種に対応した設備もあります。複数の機種に対応した設備の場合、機種により、動作や判定値を変更する必要があります。

複数の機種といっても、10機種程度であれば特に問題はないのですが、1万種程度になると大変です。次ページの表のように機種を一定の法則で振り分けます。

「大条件」は機種を大きく分ける条件であり、車でたとえると「メーカー」です。「条件」はさらに詳細な条件であり、車でたとえると「排気量」になります。

ここで注意が必要です。メーカーAの車には1600ccがあり、メーカーBには1600ccがなくても、メーカーBにも1600ccという条件を設定しておかなければいけません。もちろん、ここには値が入ってきませんが、並び方を一定にしておかなければ演算ができません。

データを読み込む

「大条件2」の「条件5」への機種変更を例に説明します。「D0」には2、「D1」に5を入力してください。

「D0」と「D1」の値が1以上になっていることを確認して、両方とも1を引きます。つまり、0から始まるようにしてください。「D0」は1、「D1」は4になりました。1つの「大条件」が40個のファイルレジスタで構成されています。そして1つの「条件」は4個のファイルレジスタで構成されています。次の式で計算させます。

(「D0」×40)+(「D1」×4)=(1×40)+(4×4)=56

データを並べる

●大条件1

条件	値1	値2	値3	値4
1	ZR0	ZR1	ZR2	ZR3
2	ZR4	ZR5	ZR6	ZR7
3	ZR8	ZR9	ZR10	ZR11
4	ZR12	ZR13	ZR14	ZR15
5	ZR16	ZR17	ZR18	ZR19
6	ZR20	ZR21	ZR22	ZR23
7	ZR24	ZR25	ZR26	ZR27
8	ZR28	ZR29	ZR30	ZR31
9	ZR32	ZR33	ZR34	ZR35
10	ZR36	ZR37	ZR38	ZR39

●大条件2

条件	値1	値2	値3	値4
1	ZR40	ZR41	ZR42	ZR43
2	ZR44	ZR45	ZR46	ZR47
3	ZR48	ZR49	ZR50	ZR51
4	ZR52	ZR53	ZR54	ZR55
5	ZR56	ZR57	ZR58	ZR59
6	ZR60	ZR61	ZR62	ZR63
7	ZR64	ZR65	ZR66	ZR67
8	ZR68	ZR69	ZR70	ZR71
9	ZR72	ZR73	ZR74	ZR75
10	ZR76	ZR77	ZR78	ZR79

ZRはファイルレジスタで、ラッチ領域のデータレジスタでも問題ない。大条件や条件は数値で指定する。例えば、「D0」が1のときは大条件1、「D1」が5のときは条件5、つまり「ZR16」～「ZR19」の値を読み込む。

大条件や条件を増やせばさらに機種も増える。さらに細かく条件設定することも可能。

「大条件2」の「条件5」の先頭（表の左端、値1の欄）のアドレスを見ます。「ZR56」となっています。上記演算で出た答えと一致します。４個のデータがあるため、順番に読み込めばデータを得られます。今回のデータ量は少ないですが、実際には20000個以上のファイルレジスタから、必要なデータを読み込むことも簡単にできます。

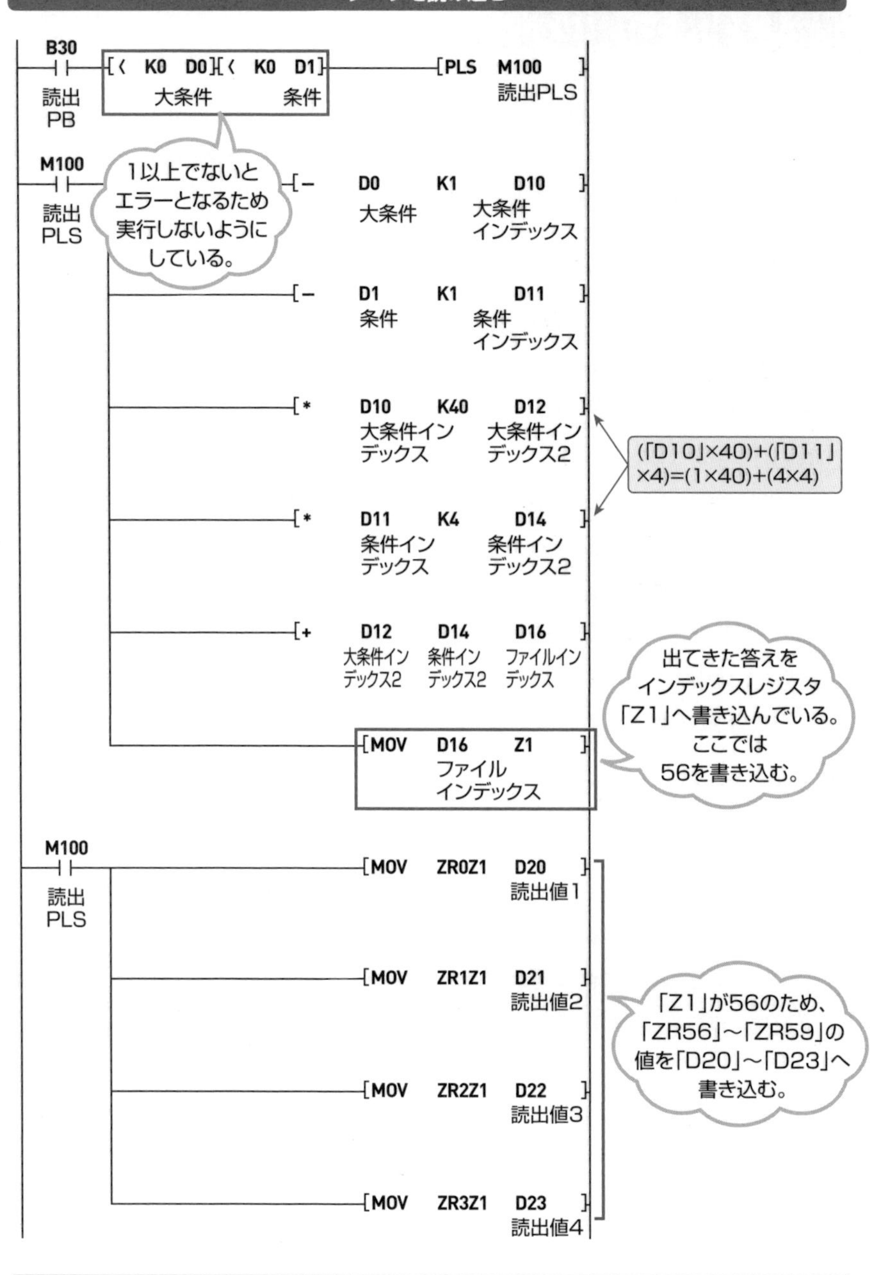
データを読み込む
B30
[＜ K0 D0][＜ K0 D1]
大条件 条件
[PLS M100]
読出PLS
読出
PB
M100
読出
PLS
1以上でないと
エラーとなるため
実行しないように
している。
[− D0 K1 D10]
大条件 大条件 インデックス
[− D1 K1 D11]
条件 条件 インデックス
[* D10 K40 D12]
大条件インデックス 大条件インデックス2
([D10]×40)+([D11]×4)=(1×40)+(4×4)
[* D11 K4 D14]
条件インデックス 条件インデックス2
[+ D12 D14 D16]
大条件インデックス2 条件インデックス2 ファイルインデックス
[MOV D16 Z1]
ファイルインデックス
出てきた答えを
インデックスレジスタ
「Z1」へ書き込んでいる。
ここでは
56を書き込む。
M100
読出
PLS
[MOV ZR0Z1 D20]
読出値1
[MOV ZR1Z1 D21]
読出値2
[MOV ZR2Z1 D22]
読出値3
[MOV ZR3Z1 D23]
読出値4
「Z1」が56のため、
「ZR56」〜「ZR59」の
値を「D20」〜「D23」へ
書き込む。

7-26

繰り返し処理

ラダー図では、繰り返し処理はほとんど見かけないと思います。BASICなどの言語では当たり前のように使用します。制御する対象が違うため、ラダー図ではあまり使用されませんが、使い方だけ簡単に説明しましょう。

繰り返し処理

「FOR」「NEXT」を使った**繰り返し処理**を行います。そもそも繰り返し処理とは、プログラムが先頭から「END」まで動作するとき、「FOR」と「NEXT」で囲んだ区間について指定回数だけ繰り返す、というものです。

「NEXT」までスキャンしたら、再度「FOR」まで戻って、また「NEXT」まで行くと「FOR」に戻ります。この区間を指定回数だけ繰り返すと、プログラムの「END」までスキャンし、再度プログラムの先頭に戻ります。

実際のところ、繰り返し処理は、インデックスレジスタを使いこなさないとまったく意味がありません。同じ処理を複数回繰り返しても結果は同じです。意味のある繰り返し処理のためには、1回の処理を行うたびにインデックスレジスタの値を変化させ、参照するデバイスを変化させます。

「FOR」「NEXT」を使ってみる

次ページのプログラムでは、「X0」が入ると「M0」がパルスで入ります。その下に繰り返し命令があります。K10となっているので10回繰り返します。[MOV K0 D0]という命令が10回繰り返されます。

このプログラムにはどのような意味があるでしょうか。実は何も意味がありません。何回繰り返しても結果は同じです。つまり、繰り返す必要はありません。

実際の繰り返し処理は、次ページのプログラムのように、インデックスレジスタと組み合わせるかたちになります。使いこなせば、複雑な処理でも簡単に描くことが可能になります。

「FOR」「NEXT」を使ってみる

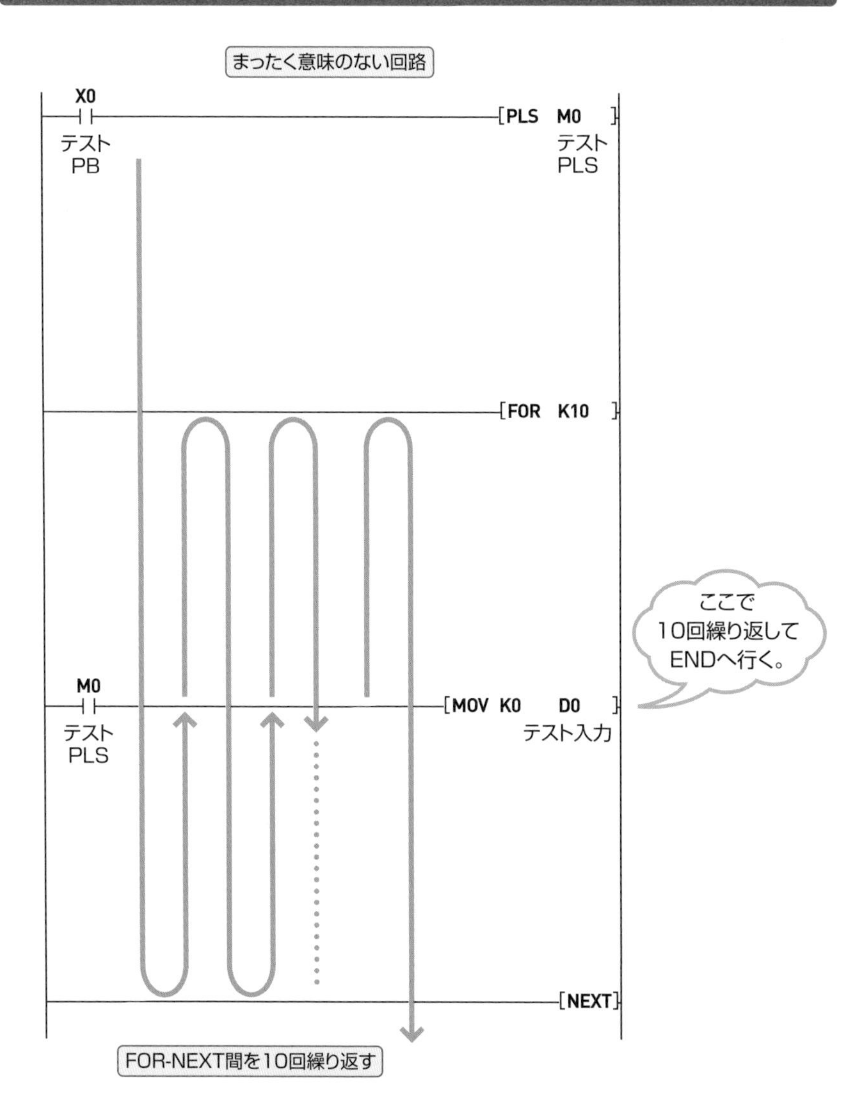

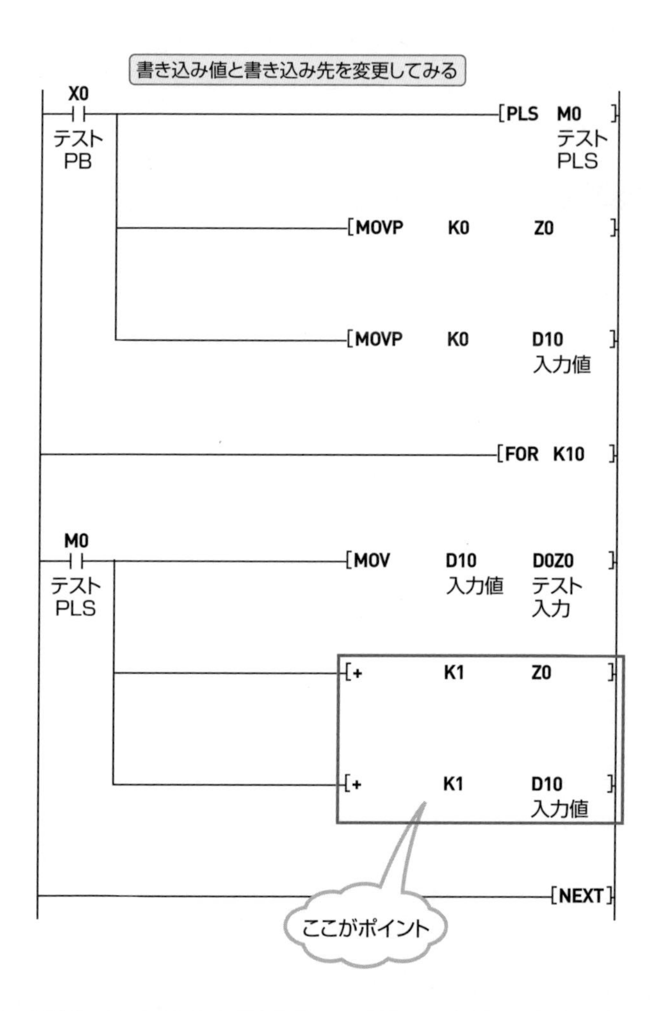

転送元の値と転送先の場所を、繰り返す回数によって変化させている。これにより「D1」には「1」が入り、「D2」には「2」が入り、「D9」には「9」が入る。このように、データレジスタに対して、数値が連番で入っていく。

繰り返し処理を使いこなせば、複雑な処理でも簡単に描くことが可能になる。

7-27

浮動小数点・文字列の扱い

いままでは、数値（整数）のみを使うプログラムについて説明してきました。最後に数値以外の値を使用してみます。難しそうなイメージですが、使い方を中心に説明しますので、難しく考える必要はまったくありません。

浮動小数点

実数とも呼ばれる表現の方法です。例えば、データレジスタは16個のビットを使用して、組み合わせで整数を表現しています。**浮動小数点**はデータレジスタを2個（32ビット）使用して、小数部分まで表現できます。

ビットのフォーマットはマニュアルに記載されていますが、とりあえず不要なのでここでの説明は省きます。小数が扱えるため、除算時も小数点以下の桁まで計算してくれます。使い方ですが、命令の前に「E」を付けると、命令内ではすべて実数として扱ってくれます。

ただし、命令内はすべて実数となるため、定数の「K10」などは使用できません。「E10」などと実数で指定する必要があります。

現在のデータレジスタの値も実数への変換が可能です。変換にはFLT命令を使用します。変換後はデータレジスタにも実数として書き込まれます。現在のデータレジスタの値を実数として扱うことを指定するために、「E」などを使います。

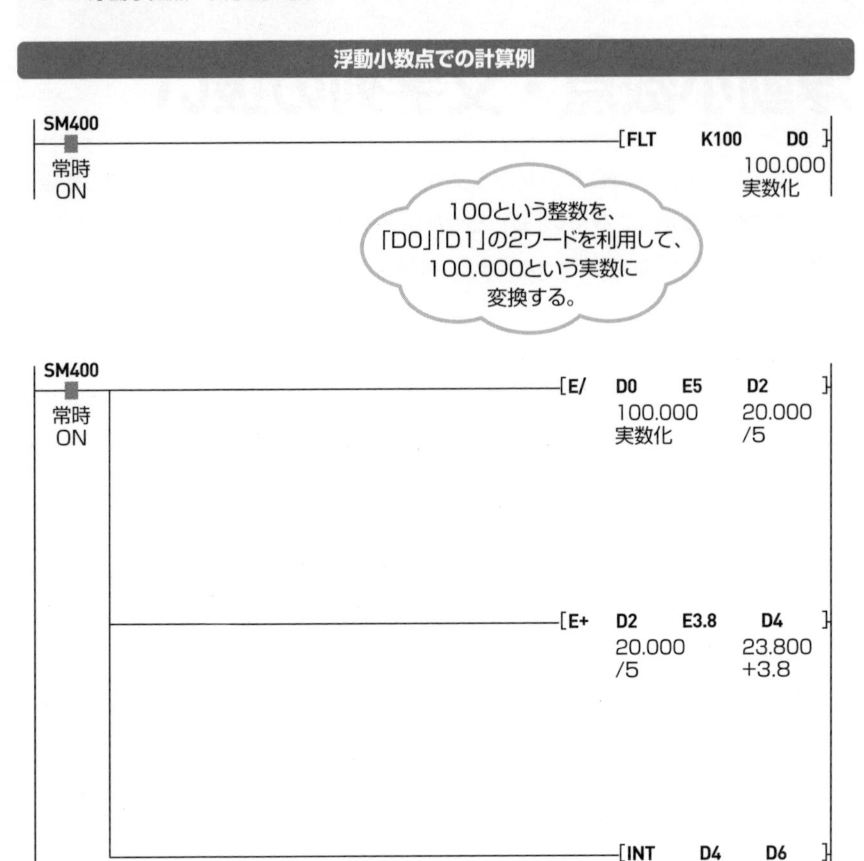

命令の先頭に「E」を付けることにより、データレジスタの値をすべて実数として扱う。定数も実数で指定する必要があるため、「E3.8」のように指定する。小数も扱える。最後のINT命令は、実数を16ビット整数に戻すもので、必要に応じて使用する。

文字列

実数と同じように**文字列**も扱えます。文字列といってもここではASCIIコード（厳密には「JIS 8単位符号」という）を使用します。シリアル通信などでコマンド送受信を行うには、基本的にASCIIコードを用います。

ASCIIコードでは英数字とカタカナが使用でき、データレジスタ1個に2文字格納できます。データレジスタに文字を直接入れるのではなく、ビットの組み合わせにより文字列を表現しています。基本的には16進数で表現します。

文字列を扱うには命令の先頭に"$"を付けます（CPUによっては扱えない）。

シリアル通信にてデータを受信したとき、測定値は文字列の数字であり、整数に変換しなければならないことに注意が必要です。

文字列の操作例

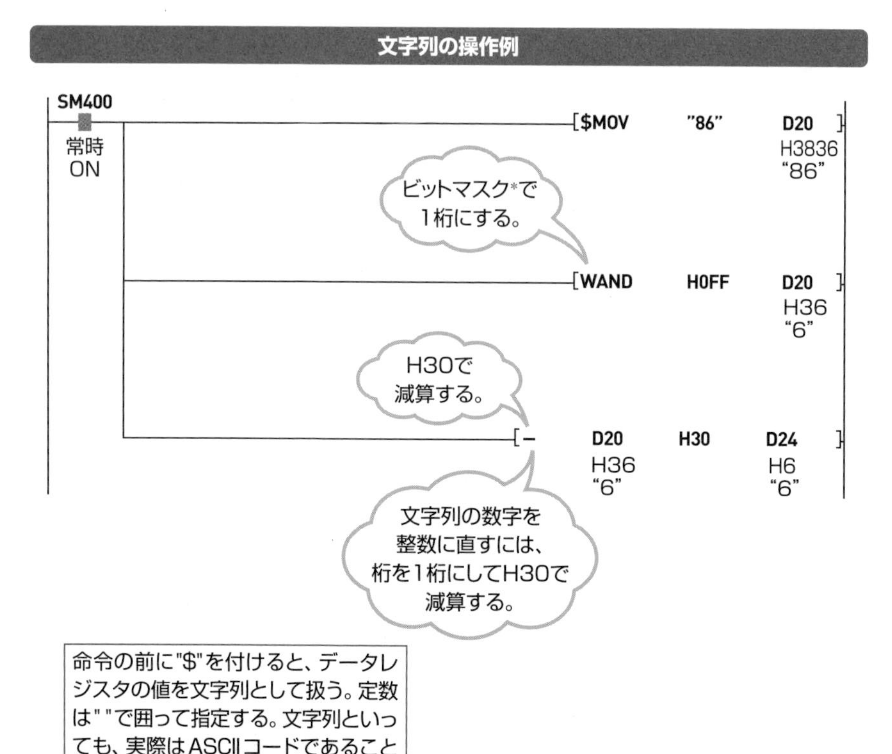

＊**ビットマスク**　特定のビットを無視させる方法。

ASCIIコード表

下位4ビット ＼ 上位4ビット	0	1	2	3	4	5	6	7	8	9	A	B	C	D	E	F
0	NUL	DLE	Sp	0	@	P	`	p				ー	タ	ミ		
1	SOH	DC1	!	1	A	Q	a	q			。	ア	チ	ム		
2	STX	DC2	"	2	B	R	b	r			「	イ	ツ	メ		
3	ETX	DC3	#	3	C	S	c	s			」	ウ	テ	モ		
4	EOT	DC4	$	4	D	T	d	t			、	エ	ト	ヤ		
5	ENQ	NAK	%	5	E	U	e	u			・	オ	ナ	ユ		
6	ACK	SYN	&	6	F	V	f	v			ヲ	カ	ニ	ヨ		
7	BEL	ETB	'	7	G	W	g	w			ァ	キ	ヌ	ラ		
8	BS	CAN	(	8	H	X	h	x			ィ	ク	ネ	リ		
9	HT	EM	)	9	I	Y	i	y			ゥ	ケ	ノ	ル		
A	LF	SUB	*	:	J	Z	j	z			ェ	コ	ハ	レ		
B	VT	ESC	+	;	K	[	k	{			ォ	サ	ヒ	ロ		
C	FF	→	.	<	L	¥	l	¦			ャ	シ	フ	ワ		
D	CR	←	_	=	M	]	m	}			ュ	ス	ヘ	ン		
E	SO	↑	,	>	N	^	n	~			ョ	セ	ホ	゛		
F	SI	↓	／	?	O	_	o	DEL			ッ	ソ	マ	゜		

プログラミングは経験

シーケンス制御に限ったことではありませんが、良いプログラミングには経験が必要です。どういうことかというと、プログラムは自分の好きなように作成できます。描き方も順番も自由です。10人が作成すれば、10通りのプログラムができ上がります。もちろん動作も同じです。何が違うのでしょうか？

違いはプログラムの構想です。プログラムの命令文などは、マニュアルを見れば記載されています。同じように作成すれば動作します。初心者と上級者の違いは結局のところ、プログラムの構想なのです。ある処理を行うときの仕組みや考え方が違うのです。

良いプログラムを作る力は、経験でしか身に付きません。いろいろなプログラムを見て、悪い部分と良い部分を見分け、良い部分を自分のプログラムにも取り入れていくしかありません。もちろん、人のプログラムを真似するだけでは身に付きません。処理の内容によって臨機応変に対応する必要があります。

しかし、あせる必要もありません。これからシーケンス制御を勉強する中で徐々に身に付けていってください。誰でも最初から良いプログラムはできません。経験を積んで上達していくものです。あせらず確実に学習していってください。

索　引
INDEX

あ行

か行

さ行

た行

な行

は行

ま行

や行

ら行

わ行

アルファベット

●著者紹介

武永　行正（たけなが　ゆきまさ）

福山職業能力開発短期大学校（制御科）を卒業。
生産技術（設備関係）の業務を手がけている。
「基礎からはじめる　シーケンス制御講座」
https://plckouza.com/

●イラストレーター

まえだ　たつひこ

●編集協力

株式会社エディトリアルハウス

図解入門 よくわかる最新
シーケンス制御と回路図の基本［第2版］

発行日　2021年　5月20日　　第1版第1刷
　　　　2024年　2月15日　　第1版第4刷

著　者　武永　行正

発行者　斉藤　和邦
発行所　株式会社　秀和システム
〒135-0016
東京都江東区東陽2-4-2　新宮ビル2F
Tel 03-6264-3105（販売）Fax 03-6264-3094
印刷所　三松堂印刷株式会社　　Printed in Japan

ISBN978-4-7980-6473-4 C3055

定価はカバーに表示してあります。
乱丁本・落丁本はお取りかえいたします。
本書に関するご質問については、ご質問の内容と住所、氏名、電話番号を明記のうえ、当社編集部宛FAX または書面にてお送りください。お電話によるご質問は受け付けておりませんのであらかじめご了承ください。